Die Lebenskraft

Der Naturwissenschaftler Dipl.-Math. Klaus-Dieter Sedlacek studierte in Stuttgart neben Mathematik und Informatik auch Physik. Nach fünfundzwanzig Jahren Berufspraxis in der eigenen Firma widmet er sich nun seinen privaten Forschungsvorhaben und veröffentlicht die Ergebnisse in allgemein verständlicher Form. Darüber hinaus ist er der Herausgeber mehrerer Buchreihen unter anderem der Reihen 'Wissenschaftliche Bibliothek' und 'Wissen gemeinverständlich'.

Norbert Wrobel, in Berlin lebend, studierte Medizin und approbierte sich 1984 als Arzt. In einer breit angelegten universitären Grundausbildung an der FU Berlin spezialisierte er sich nachfolgend in den Bereichen Innere Medizin und Intensiv- und Notfallmedizin, später noch in der Altersmedizin, und ist seitdem in der stationären Krankenversorgung aktiv. Wegen des gesellschaftlichen Wandels, der immer mehr ältere Menschen hervorbringt, werden Mediziner konsekutiv mit neuen, unbekannten und komplexen Problemkonstellationen konfrontiert. Diese unterliegen allerdings bis heute einer veralteten mechanistisch-physikalischen Denkweise, die sich vor mehr als hundert Jahren entwickelt hat. Norbert Wrobel hat sich deshalb vorgenommen, sich von dieser Denkweise zu lösen, um zu erforschen, was tatsächlich "die Welt in ihrem Innersten zusammenhält".

Klaus-Dieter Sedlacek
Norbert Wrobel

Die Lebenskraft

Wie Enzyme, Bewusstsein und quantenbiologische Effekte das Leben regulieren

Wissen gemeinverständlich Bd. 04

Bibliographische Information Der Deutschen Bibliothek:
Die Deutsche Bibliothek verzeichnet diese Publikation in der
Deutschen Nationalbibliographie; detaillierte
bibliographische Daten sind im Internet über
http://dnb.ddb.de
abrufbar.

Paperbackausgabe:

Klaus-Dieter Sedlacek
Cover: Sedlacek
Internet: https://klaus-sedlacek.de
© 2016, 2019
Herstellung und Verlag: BoD – Books on Demand,
Norderstedt.
ISBN: 9783749419685

Inhaltsverzeichnis

1. Einführung in die Triebkräfte des Lebendigen

Einem griechischen Schöpfungsmythos zufolge ist erstes Leben aus der Verbindung von Dunkelheit und Chaos entsprungen, wobei Prometheus bekanntlich dazu verhalf, den Menschen aus Ton zu formen und dem irdischen Leben hinzuzufügen. Dass Leben stets etwas Zusammengesetztes sei, dessen Elemente und Verbindungen man nur genügend erforschen müsse, um es womöglich selbstständig herzustellen, gehört zu den häufig geträumten Träumen der Künste wie auch der wissenschaftlichen Laboratorien dieser Welt. Die in diesen Laboren waltende Spannung zwischen technischer Herstellbarkeit und wundersamer Uneinholbarkeit des Lebens spiegelt auch die Mehrdeutigkeit des Lebendigen.[1]

Im 17. Jahrhundert begann eine Kontroverse zwischen den Vitalisten und den Mechanisten. Als »Vitalismus« bezeichnet man solche biologisch-philosophischen Positionen, die davon ausgehen, dass dem Leben eine eigene treibende Lebenskraft zugrunde liege. Im Gegensatz zu den »Mechanisten« glauben Vitalisten nicht daran, dass Leben allein mit den Mitteln und Methoden der positiven Naturwissenschaften erklärend zu beschreiben, geschweige denn zu produzieren sei. Der chemische Fortschritt bedeutete im 20. Jahrhundert jedoch einen vermeintlichen Sieg des Mechanismus über den Vitalismus. 1953 konnten durch das Miller-Urey-Experiment erstmals Aminosäuren hergestellt werden. Damit lieferten die Chemiker den Beweis, dass biologische Lebensbausteine aus abiotischen Bedingungen erzeugt werden können. Daraus leiteten sie ab, dass es keiner eigenständigen Lebenskraft bedarf, um Leben hervorzubringen und zu erklären.

Dennoch haben sich vitalistische Vorstellungen und Praktiken wie Schicksalsgläubigkeit, Aberglaube und Wunderglaube erhalten und sind zum Teil alltagsprägend.

In diesem Werk loten wir naturwissenschaftliche Denkwege aus und versuchen die traditionellen Gegensätze von Mechanismus und Vitalismus, von Belebtem und Unbelebtem, von Lebewesen und Dingen, von Geist und Materie aufzulösen. Dabei sind unsere

---

1   vgl. https://idw-online.de/de/news564956

wichtigsten Werkzeuge Biochemie, Quantenbiologie und eine neue Definition vom Bewusstsein.

Die Biochemie ist die Lehre von den chemischen Vorgängen, die sich in den pflanzlichen und tierischen Körpern abspielen. Um für diese Vorgänge das richtige Verständnis zu gewinnen, ist es nötig, das allgemeinste Naturgesetz, das Gesetz von der Erhaltung und Umwandlung der Energie in seiner Bedeutung für die Biochemie etwas näher zu betrachten. Unter Energie verstehen wir die Quelle aller Arbeitsleistungen; ihr Maß ist der Betrag der Arbeit selbst. Wir unterscheiden in der Natur bestimmte Energie- oder Arbeits- formen, so eine Lichtenergie, welche die durch die Strahlen be- wirkten Veränderungen oder Arbeiten besorgt, wie z. B. die chemische Arbeit der Schwärzung einer fotografischen Platte. Wir kennen eine mechanische Energieform, auf deren Betätigung wir alle Bewegung erzeugenden Arbeiten zurückführen, ferner eine thermische, elektrische und eine chemische Energieform. Die chemische Arbeit, die bei irgendeiner Reaktion geleistet werden kann, oder die bei einer chemischen Reaktion verbraucht wird, äußert sich in den mit der chemischen Reaktion verknüpften Wärmevorgängen. Spielt sich die Reaktion unter Wärmeent- wicklung ab, sodass durch die Wärmeabgabe die Temperatur der Umgebung erhöht wird, so können wir mit dieser Wärme Arbeit leisten, etwa ein Gas ausdehnen, und die Ausdehnung benutzen, um im Zylinder einen Stempel zu bewegen, d. h., wir können die Wärme in mechanische Arbeit umsetzen. Da wir mittels eines mechanischen Apparates, der durch die Wärme betrieben wird, Elektromotoren, Dynamomaschinen und ähnliche Einrichtungen in Tätigkeit setzen können, so gelingt auch die Umsetzung der gewinnbaren Wärme in andere Energieformen, in Elektrizität, aus dieser in Licht, in die fortschreitende Bewegung usw. Man be- zeichnet die mit Wärmeentwicklung verbundenen Reaktionen als exotherme. Jeder chemische Vorgang also, der Arbeit leisten soll, muss die Vorbedingung erfüllen, unter den Verhältnissen, bei denen sich die Reaktion abspielt, exotherm zu verlaufen. Andere Re- aktionen bedürfen zu ihrem Ablauf einer Zufuhr von Wärme oder, allgemeiner gesprochen, einer Zufuhr von Energie-. Sie sind dadurch gekennzeichnet, dass eine Energiequelle, wie Elektrizität oder Licht oder Wärme einen Arbeitsbetrag zur Verfügung stellen muss, um die Reaktion zu ermöglichen, oder, dass aus der Um- gebung Wärme aufgenommen wird, d. h. die Umgebung sich abkühlt. Solche Reaktionen nennt man endotherme; sie sind nicht imstande, Arbeit zu leisten, sondern im Gegenteil, sie verbrauchen zu ihrem Zustandekommen Arbeit.

Es ist klar, dass nur exotherme Reaktionen befähigt sind, als Energiequelle zu wirken. Verbindungen, die aus bestimmten Stoffen unter Wärmeaufnahme entstanden sind, können sich in diese Stoffe wieder zersetzen unter der Abgabe derselben Wärme, die bei ihrer Entstehung verbraucht wurde. Ebenso ist es einleuchtend, dass exotherm entstandene Substanzen, die sich unter Abgabe von Wärme aus bestimmten Anfangsstoffen gebildet haben, in diese Anfangsstoffe nur unter Zufuhr der bei der Umwandlung abgegebenen Wärme zurückverwandelt werden können. Die endotherm entstandenen Verbindungen stellen demnach eine Art Energiereservoir, oder, wie man auch sagt, einen chemischen Spannungszustand dar. Sie sind vergleichbar einer unter Arbeitsleistung gespannten Uhrfeder, die bei der Entspannung die aufgewandte Arbeit wieder abgibt und diese in andere Arbeitsformen, wie Bewegung des Räderwerkes und der Zeiger einer Uhr umsetzt.

Die Energieformen sind ineinander umwandelbar, d. h., aus Wärme kann Bewegung, aus Bewegung Elektrizität, aus dieser Licht usw. werden. Diese Umwandlungsfähigkeit der Energieformen ist für den Haushalt der Natur von der größten Bedeutung. Sie gestattet den lebenden Wesen, die Arbeitsvorräte, die sie für alle Lebensvorgänge gebrauchen, in der Form der bequemsten und konzentriertesten Energie aufzunehmen, d. h. der chemischen. Wenn bei dem Ablauf einer Reaktion, welche Arbeit, speziell Wärme liefert, die Letztere auch als Maß für den Arbeitswert der Reaktion betrachtet werden darf, so kann doch bei der Umwandlungsfähigkeit der Energieformen, unter Zuhilfenahme geeigneter Apparate, wie sie der lebende Organismus zur Verfügung stellt, auch jede andere Energieform aus der chemischen Spannkraft erzeugt werden. Die Verhältnisse liegen ähnlich wie bei einer Dampfmaschine, welche ihre gesamte Triebkraft in Form der Wärme liefernden chemischen Reaktion, der Kohlensäurebildung aus Kohle und Sauerstoff, aufnimmt. Zunächst wird nur Wärme gebildet; die Wärme wird in den Druck des gespannten Wasserdampfes verwandelt, mit dessen Hilfe Lokomotiven, elektrische Apparate, Motoren aller Art betrieben werden können, sodass jede beliebige Energieform aus der chemischen Betriebskraft der Reaktion gewonnen werden kann. Ebenso finden wir in dem lebenden Organismus die Fähigkeit, geeignete Reaktionen in der Weise zu leiten, dass die dabei frei werdende Energie in derjenigen Form ausgenutzt wird, wie sie der Organismus zu seiner Lebenserhaltung oder zur Betätigung seines Willens bedarf. Das Gesetz von der Erhaltung der Energie sagt nun aus, dass diese Umwandlungen ohne Verlust vor sich gehen, d. h., dass bei diesen Umwandlungen eine Abnahme der Energie nicht eintritt, sondern die gesamte der Umwandlung unterworfene Energieform, in andern Formen, aber mit gleichem Arbeitswert erscheint.

Wenden wir diese Überlegung auf eine chemische Reaktion zwischen zwei Stoffen A + B an, so können wir schreiben: A+B=AB.

Ist eine solche Reaktion mit einem bestimmten Energieverbrauch, etwa mit Ausnahme von Wärme, verbunden, so muss dieselbe Wärme wieder gewonnen werden können, wenn der Vorgang AB=A+B eintritt, d. h., wenn die Reaktion rückgängig gemacht wird. Wird bei dieser Umkehrung des Prozesses die zuerst aufgenommene Wärme nicht als Wärme, sondern als irgendeine andere Energieform oder als mehrere andere Energieformen abgegeben, so ist deren Arbeitswert ebenso groß wie der der ursprünglich aufgenommenen Wärme.

Diese Betrachtungen sind notwendig, um das Gemeinsame und Unterscheidende der chemischen Reaktionen im pflanzlichen und im tierischen Organismus einzusehen. Pflanzen und Tiere sind Lebewesen und haben als gemeinsames Kennzeichen die Fähigkeit des Wachstums und der mit dem Wachstum verbundenen Beweglichkeit. Sie unterscheiden sich aber, wenn man die Übergangsformen zwischen Pflanzen und Tieren unberücksichtigt lässt, in einem wichtigen Punkt, der die biologische Stellung der beiden Lebensformen klarlegt. Die Pflanzen sind abgesehen von ihrem Wachstum ruhende Gebilde und an den Ort, an dem sie wurzeln, gebunden. Sie besitzen nicht die Fähigkeit der willkürlichen Ortsveränderung. Die Tiere hingegen sind bewegliche Gebilde. Sie können willkürlich den Ort wechseln und besitzen einen. Organismus, welcher der Möglichkeit der stetigen Ortsveränderung angepasst ist. Daraus geht hervor, dass die Tiere für ihr Leben einer weit größeren Arbeitsleistung bedürfen als die Pflanzen. Wenn auch die Pflanzen atmen, wenn auch eine Flüssigkeitsströmung durch den pflanzlichen Organismus hindurch stattfindet, Tätigkeiten, die natürlich Arbeit erfordern, so sind deren Beträge doch sehr viel kleiner als die entsprechenden Beträge bei den Tieren, die, zumal die höher entwickelten, einen regen Blutkreislauf besitzen und die Arbeit des Herzens, der Pulse, Lungen usw. leisten müssen. Die Tiere bedürfen deshalb zu ihrer Lebenserhaltung weit größerer Energiezufuhr als die Pflanzen. Sie gebrauchen, da diese Energiezufuhr wesentlich in Form der chemischen Spannkraft aufgenommen und aufgespeichert wird, exotherme Reaktionen, die unter Wärme- und Energieabgabe verlaufen. Die Pflanzen hingegen können sich mit einem weit geringeren Arbeitskapital begnügen. Der Betrag exothermer Reaktionen darf für ihre Lebenserhaltung weit kleiner sein, sodass, vorausgesetzt, dass dem pflanzlichen Organismus eine geeignete Energiequelle zur Verfügung steht und sich endotherme Reaktionen abspielen, die durch Letztere geschaffenen Substanzen zum größten Teil reserviert werden können.

In der Tat vermag die Pflanze unter dem Einfluss der Lichtenergie viele endotherme Stoffe zu schaffen, die daher geeignet sind, bei ihrer Zerlegung im tierischen Organismus die Energie wieder abzugeben, die ihre Bildung erfordert hat. In dieser Beziehung stehen daher Pflanzen und Tiere in einem gegensätzlichen biologischen Verhältnis. Die Pflanze schafft die Verbindungen, die das Tier für sein Leben verwerten kann.

Das Gemeinsame der beiden Lebensformen besteht darin, dass das Tier wie die Pflanze zur Schaffung und Erhaltung des materiellen Organismus bestimmter chemischer Bausteine bedarf, die entweder unverändert oder stets in ähnlicher Art erneuert erst den Apparat bilden, in dem sich die Lebensreaktionen abspielen. Während aber die Pflanze auch diese Stoffe aus den einfachen Bestandteilen, welche die Atmosphäre und der Erdboden zur Verfügung stellt, auszubauen vermag, ist der tierische Organismus darauf angewiesen, sie in fertiger oder vorbereiteter Form der Pflanze zu entnehmen. Auch in dieser Beziehung erscheint das pflanzliche Leben als die Bedingung des tierischen Lebens; und wenn es auch Tiere gibt, die lediglich von dem Fleisch anderer Tiere leben, so haben doch diese sich von Pflanzen ernährt, ihr Material erst aus pflanzlichen Stoffen aufgebaut.

Da die Pflanzen den Ausbau der Substanzen ihres Organismus nur unter Zuhilfenahme von Energie, und zwar der Sonnenenergie, zu bewerkstelligen vermögen, so scheint alles Leben durch durch Licht geschaffen worden zu sein.

In diesem Sinne ist alles, was lebt, auch ein Kind des Lichtes. Bei der Betrachtung der biochemischen Reaktionen ergibt es sich daher von selbst, dass wir zuerst die Vorgänge im pflanzlichen Organismus und dann die im tierischen Organismus beschreiben.

Da, wie erwähnt, auch die Pflanzen eine bestimmte Arbeit erfordernde Atmung, ein Wachstum, das gleichfalls eine Arbeitsleistung darstellt, besitzen, so haben wir diese Tätigkeit, soweit sie sich in chemischen Reaktionen abspielt, zu unterscheiden von denjenigen Vorgängen, die nur der Bildung endothermer Verbindungen, der Erzeugung des Pflanzenleibes unter dem Einfluss der Sonne, dienen. Man bezeichnet die der Energieerzeugung dienenden Reaktionen als Abbaureaktionen oder Dissimilationsvorgänge, die Letzteren als Aufbaureaktionen oder Assimilationsvorgänge.

Die Assimilationsvorgänge müssen zeitlich den andern vorausgehen, da sie das Pflanzenmaterial erst schaffen. Bezüglich der chemischen Substanzen, die wir im pflanzlichen Organismus finden, beziehen sich die Assimilationsvorgänge auf die stickstofffreien und stickstoffhaltigen organischen Substanzen sowie auf die Aufnahme von Salzen. Da alle organischen Substanzen der Pflanze in letzter Linie von der Kohlensäure stammen, so bezeichnet man die Entstehung der kohlenstoffhaltigen, stickstofffreien Verbindungen als die Assimilation der Kohlensäure. Hinzu tritt als zweite Reaktionsform im Aufbau des pflanzlichen Organismus die Assimilation des Stickstoffs, der auch zeitlich der Assimilation der Kohlensäure folgt. Der Eingriff des Stickstoffs im Ausbau der Lebenssubstanzen beginnt erst, nachdem aus der Kohlensäure organische Verbindungen entstanden sind.

Um die Grundzüge der biochemischen Wissenschaft kennenzulernen, ist es deshalb erforderlich, die Assimilations- und Dissimilationserscheinungen, die in dem lebenden Organismus zum Ablauf kommen, etwas genauer zu betrachten. Diese Reaktionen Spielen sich im Pflanzen- und Tierreich in dem Element des Lebens, der Zelle, ab. Sie ist das Laboratorium, das die Natur mit den empfindlichsten und kompliziertesten Hilfsmitteln für den Ablauf der Lebensreaktionen eingerichtet hat. In ihren Funktionen äußerst verschieden sind die Zellen in der prinzipiellen Anordnung übereinstimmend, sodass die allgemeine Schilderung der in der Zelle verteilten physikalischen und chemischen Einrichtungen über ihre wesentlichen Eigenschaften genügenden Aufschluss gibt. Die Kenntnis dieser Einrichtungen ist zum Verständnis der Assimilations- und Dissimilationsvorgänge notwendig. Zuvor aber wollen wir in großen Zügen die chemische Natur der an biochemischen Reaktionen beteiligten Stoffe betrachten.

Die Biochemie des lebenden Organismus

Da die lebenden Organismen, sowohl pflanzlicher wie tierischer Natur, aus Zellen bestehen, so ist die Chemie der Zelle auch die Grundlage für die Chemie des gesamten lebenden Organismus. Die Stoffe, die in der lebenden Zelle vorkommen, sind teils solche, die als Baumaterial der Leibessubstanz einen dauernden Bestandteil des Zellorganismus bilden, teils solche, die als Nahrung oder als Energielieferanten von der Zelle aufgenommen und in veränderter Form wieder abgeschieden werden. Daneben sind noch diejenigen chemischen Reaktionen zu berücksichtigen, welche den Wachstumsvorgängen dienen, also einer Neubildung von Zellsubstanz entsprechen für die Zeit, in welcher die Zellsubstanz eine Vermehrung erfährt. Zu den Stoffen, die man als das Baumaterial der Zelle ansprechen kann, gehören zunächst die Eiweißstoffe, welche einen großen Teil der festen Zellsubstanz ausmachen. Oft enthält die Zelle auch Stoffe holzartiger Natur, Zellulosestoffe und als nie fehlenden Bestandteil das Wasser, in dem anorganische und organische Stoffe gelöst sind. Je nach der Gattung, zu der die Zellen als selbstständiger Organismus zusammengetreten sind, ist der chemische Aufbau von diesem Grundschema abweichend. So enthalten viele Pflanzen Zellen, die ungemein stärkehaltig sind, und solche, die den grünen Blattfarbstoff, das Chlorophyll zu bilden vermögen. In den Tierarten weichen die Zellarten der einzelnen Organe erheblich voneinander ab. Die Zellen des Blutes, die roten Blutkörperchen, enthalten den Blutfarbstoff. Das Hämoglobin, der für die Tiere eine ebenso bedeutsame Funktion besitzt, wie sie das Chlorophyll für die Pflanzen ausübt. Wie der dauernde Bestand der Zelle mit der Natur des Organismus wechselt, so schwankt auch der vorübergehende durch den Stoffwechsel bedingte Bestand an Stoffen von Art zu Art, sodass es unmöglich ist, sämtliche

Substanzen, die dauernd oder vorübergehend einer Zelle angehören, chemisch zu betrachten. Nur die Wichtigsten sollen kurz besprochen werden.

Außer dem Wasser, das den Hauptbestandteil der anorganischen Verbindungen des lebenden Organismus ausmacht, kommen noch zahlreiche Mineralstoffe dauernd in ihm vor, die zum Teil das Material des Organismus mitbilden zum Teil als Produkte des Stoffwechsels ununterbrochen in ihm vorhanden sind. Die wasserärmsten Organe des lebenden Organismus sind der Zahnschmelz, das Fettgewebe und die Knochen. Von freien Säuren kommen nur die im Magen vorhandene Salzsäure und die in der Exspirationsluft enthaltene Kohlensäure in Betracht. Freie Basen findet man im Organismus nicht. Den wesentlichsten Bestandteil der weiteren Mineralstoffe bilden die Salze. Das wichtigste, in allen Körperflüssigkeiten vorkommende Salz ist das Chlornatrium oder Kochsalz. Ein erwachsener Mensch nimmt täglich etwa 15–17 g Kochsalz ein und scheidet eine gleiche Menge wieder aus. Trotzdem ist das Kochsalz für die Lebensprozesse unumgänglich notwendig, wahrscheinlich, weil es durch die Regulierung des osmotischen Druckes den Flüssigkeitstransport durch die Zellmembran und Gewebsmembran reguliert und sich an der Salzsäurebildung im Magensaft beteiligt. Chlorkalium findet sich in allen Zellen und in den roten Blutkörperchen, während im Blutserum und in der Lymphe Soda, im Pankreassaft, Galle und Blut doppeltkohlensaures Natrium vorhanden ist. Etwa 10% der anorganischen Bestandteile des Knochens besteht aus Kalziumkarbonat, das auch in den Zähnen und als saures kohlensaures Kalzium in Blut und Lymphe enthalten ist« Den Hauptbestandteil der Knochenasche bildet das Kalziumphosphat mit etwa 85%, Magnesiumphosphat ist in geringerer Menge in ihr enthalten. In den Muskeln ist das vorwiegende Salz das sekundäre Kaliumphosphat. Außerdem finden sich in Knochen und Zähnen noch geringe Mengen Fluorkalzium. Ferner enthält der tierische Organismus Spuren von Jod und Arsen. Andere anorganische Substanzen, wie Eisen, Schwefel und Phosphor, befinden sich innerhalb des Organismus in Verbindung mit organischer Substanz oder als Bestandteile organischer Substanz; sie gehören deshalb zu den organischen Verbindungen des Organismus.

Bei der Untersuchung der Pflanzenasche ergibt sich, dass außer Schwefel und Phosphor, — Elementen, die aus den organischen Stoffen der Pflanzenzelle stammen — noch die Metalle Kalium, Magnesium und Eisen und meist auch Kalzium für die Entwicklung der Pflanzen notwendig sind. Die Metalle sind teils als Salze, teils in organischer Bindung in den lebenden pflanzen vorhanden. Häufig findet man auch in der Asche andere Stoffe, Natrium, Kieselsäure und Chlor. Die quantitative Verteilung der Stoffe ist in den verschiedenen Pflanzen eine ungemein wechselnde.

Die für den lebenden Organismus wichtigsten organischen Substanzen sind für Pflanzen und Tiere die gleichen, und zwar die Kohlenhydrate, die Fette und die Eiweißkörper. Da dieselben auf ihrem Wege durch den Organismus die mannigfachsten Veränderungen erleiden, so sind auch die durch die Zersetzung, den Abbau und erneuten Aufbau entstehenden Verbindungen von wesentlichem Interesse.

Die Reaktionen, die sich im lebenden Organismus abspielen, unterscheiden sich ihrer Art nach wesentlich von den künstlich ausführbaren. Sie sind einerseits meist viel komplizierter, andrerseits spielen sie sich bei verhältnismäßig niedriger Temperatur, nämlich der des lebenden Organismus, mit einer Geschwindigkeit und in einer Weise ab, die wir, wenn überhaupt, meist nur durch äußerst heftige chemische Einflüsse herbeiführen können. Ferner aber unterliegen sie einer regulierenden Kraft, die in dem lebenden Organismus selbst ihren Sitz hat und normalerweise die Reaktion so lenkt und leitet, dass der höchsten Aufgabe des lebenden Organismus, seiner Lebenserhaltung, durch sie gedient ist. Sie unterliegen also scheinbar einem zweckmäßigen Willen. Diese Erscheinung gab zuerst die Veranlassung, alle in einem lebenden Organismus sich abspielenden Reaktionen abseits der gewöhnlichen physikalischen und chemischen Vorgänge zu stellen, ihre Abhängigkeit von den physikalischen Gesetzen zu bestreiten und eine in dem Organismus sitzende Lebenskraft für seine Reaktionen verantwortlich zu machen.

Eine solche Auffassung würde eine naturwissenschaftliche Erkenntnis aller dieser Vorgänge unmöglich machen; denn indem sie außerhalb der chemischen Gesetze gestellt werden, erkennt man an, dass die naturwissenschaftliche Betrachtung eben nicht imstande ist, die erforderliche Aufklärung zu geben. Obgleich wir noch weit von der Letzteren entfernt sind, so zeigt doch eine geeignete Problemstellung, dass man nach und nach die Prozesse des lebenden Organismus unter die naturwissenschaftlichen Gesetze bringen kann.

Diese Problemstellung lautet folgendermaßen:

Welche Hilfsmittel besitzt der Organismus, um Reaktionen zum Ablauf zu bringen und ihren Ablauf zu regulieren? *Von welchen physikalischen und chemischen Faktoren ist die Tätigkeit dieser Hilfsmittel abhängig?*

Erst wenn diese Frage gelöst ist, kann jene weitere Fragestellung in Angriff genommen werden, auf welchem Wege diese Hilfsmittel im Organismus entstanden sind und entstehen.

Um den angeregten Fragen näherzukommen, wollen wir einige in dem lebenden Organismus sich abspielende Vorgänge etwas genauer betrachten, und zwar zunächst den Vorgang der Verdauung im Magen. Die Fähigkeit der Selbstregulierung eines lebenden Organismus zeigt sich darin, dass die chemischen Prozesse, die sich in ihm abspielen, sich in der Geschwindigkeit ihres Ablaufs und in ihrem Umfang den Lebensbedingungen des Organismus gerade anpassen. Wir wissen, dass ein Teil der Kohlenhydrate zur Erhaltung der Körpertemperatur, zur Ausführung der willkürlichen und unwillkürlichen Bewegung im Organismus verbrannt wird. Wir sehen, dass ein anderer Teil der Kohlenhydrate trotz der Gegenwart der gleichen Oxidationsmittel nicht verbrannt, sondern aufgespeichert und nur als Reservematerial abgelagert wird. Eiweißstoffe werden im Magen und im Darm verdaut und resorbiert. Gleichzeitig aber bleibt das Eiweiß der lebenden Zelle selbst gegen die verdauenden und oxidierenden Einflüsse geschützt.

Der Sauerstoff zirkuliert im Blut, begabt mit starken Oxidationseigenschaften. Und doch finden wir die leicht oxidablen Gewebe, die vom sauerstoffhaltigen Blute umspült werden unempfindlich gegen diesen Sauerstoff. Um in diese verwickelten Verhältnisse einen Einblick zu gewinnen, gibt es nur den wissenschaftlichen Weg, zunächst nach einfacheren Fällen zu suchen, welche die gleiche Eigenschaft der Regulierung chemischer Prozesse bieten. Wir können die Frage, die uns hier beschäftigt, dahin präzisieren, dass die Geschwindigkeit, mit der eine Reaktion abläuft, innerhalb weiter Grenzen regulierbar ist. Eine unendlich kleine Reaktionsgeschwindigkeit ist praktisch gleichbedeutend mit einem Stillstand des chemischen Geschehens. Von diesem Nullpunkt aus sind alle Abstufungen in der Geschwindigkeit bis zum explosionsartigen Verlauf denkbar. Können wir bei einfachen Reaktionen diese Reaktionsgeschwindigkeit beeinflussen, und wenn ja, mit welchen Mitteln geschieht es?

Man weiß schon lange, dass bestimmte Reaktionen nur in Gegenwart eines sich anscheinend an der Reaktion nicht beteiligenden Stoffes eintreten; und zwar genügt merkwürdigerweise oft eine Spur dieses die Reaktion bedingenden Stoffes, um große Umsetzungen bei den reagierenden Bestandteilen zu erzielen. So bleibt das metallische Eisen an vollkommen trockener Luft trotz der Gegenwart des Sauerstoffs unoxidiert, solange man es auch dem Einfluss des Sauerstoffs aussetzen mag. Die geringste Spur Wasser aber genügt, um das Rosten des Eisens herbeizuführen, und zwar hält dieser Oxidationsprozess so lange an, als Eisen und Sauerstoff vorhanden sind, während die geringe Spur Wasser, die erst die Reaktion ermöglicht, der Menge und Zusammensetzung nach unverändert bleibt und sich anscheinend an der Reaktion überhaupt nicht beteiligt. Ein anderes Beispiel ist das folgende: Wenn Schwefel an der Luft verbrennt, so bildet sich die schweflige Säure SO_2, die niedrigste Oxidationsstufe des Schwefels. Durch weiteren Sauerstoff gelangt man zu der Verbindung SO_3, die mit Wasser die Schwefelsäure liefert und deshalb als Schwefelsäureanhydrid bezeichnet wird. Es gelingt nun nicht, dieses Schwefelsäureanhydrid aus der schwefligen Säure und Sauerstoff zu erzeugen, selbst wenn man die beiden Gase — SO_2 ist gleichfalls ein Gas — bei höherer Temperatur lange Zeit zusammenhält.

Setzt man aber dem Gasgemisch eine Spur metallischen Platins zu, so vollzieht sich die Umsetzung zu Schwefelsäureanhydrid bei $300-400°$ mit großer Geschwindigkeit, sodass auf diese Tatsache eine ganze Industrie der Schwefelsäurefabrikation aufgebaut werden konnte.

Bereits in der ersten Hälfte des vorletzten Jahrhunderts hat der berühmte schwedische Forscher Berzelius (1749-1848) solche Erscheinungen beobachtet und sie als Kontakt-(Berührungs-)Erscheinungen beschrieben, in der Annahme, dass das Wesentliche für die Auslösung der Reaktion in der Berührung der reagierenden

Stoffe mit dem Stoff besteht, welcher an der Reaktion selbst nicht teilnimmt. Ohne auf die Ursache dieser Wirkungen hier einzugehen, kann man allgemein sagen, dass durch das Vorhandensein der Kontakt-Substanzen die Reaktion ausgelöst wird. Und man nennt deshalb diese Substanzen Katalysatoren, d. h. Auslöser. Die Reaktion selbst, die sich unter dem Einfluss der Katalysatoren abspielt, bezeichnet man als katalytische Reaktion. Man kann also das Wesen der Katalysatoren aus den beobachteten Erscheinungen folgenderweise definieren: Katalysatoren sind Stoffe, die, ohne anscheinend an der Reaktion teilzunehmen, die Geschwindigkeit ganz maßgebend beeinflussen.

Im weiteren Verlauf der wissenschaftlichen Untersuchung dieser Fragen lernte man Katalysatoren kennen, welche Reaktionen auch zu hemmen und zu verlangsamen vermögen. Es genügen daher auch die einfachen Hilfsmittel des Laboratoriums, nur im gewissen Sinne Reaktionen zu regulieren. Es ist, um tiefer in das Problem der Katalyse einzudringen, erforderlich, die Gesetze und Möglichkeiten kennenzulernen, die uns für die Erzielung bestimmter Beschleunigungen oder Hemmungen zugänglich sind, und es ist ersichtlich, dass wir im Besitz solcher Kenntnisse mit der Aussicht auf Erfolg auch das kompliziertere Problem in Angriff nehmen können, das die Reaktionstätigkeit des lebenden Organismus stellt. Wir werden sehen, dass auch er sich des Hilfsmittels der Katalysatoren ausgiebig bedient, um je nach seinen Bedürfnissen Reaktionen zum Ablauf zu bringen ihre Geschwindigkeit zu begrenzen oder scheinbar ganz zu unterdrücken.

Eine der charakteristischen Eigenschaften der Katalysatoren ist ihre Fähigkeit, in äußerst geringer Menge sehr beträchtliche Umsetzungen herbeizuführen, ohne durch die Reaktion verbraucht zu werden. Dieselbe Eigenschaft findet man bei einer großen Anzahl von Stoffen, die entweder selbst lebendig sind oder aus einem lebenden Organismus stammen. Eins der ältesten und bekanntesten Beispiele hierfür bietet die alkoholische Gärung des Zuckers, in welcher durch die Gegenwart einer geringen Menge eines niederen Pilzes, des Hefepilzes, die Zersetzung großer Zuckermengen zu Alkohol und Kohlensäure herbeigeführt wird. Die Hefe bleibt dabei dauernd wirkungsfähig und kann, wenn sie dem allmählich vergiftenden Einfluss des immer reichlicher entstehenden Alkohols entzogen wird, stets neue Mengen Zucker in Gärung versetzen.

Hier finden wir also an einem lebenden Organismus die Eigenschaften wieder, die bei dem Rostprozess des Eisens das Wasser, bei der Entstehung des Schwefelsäureanhydrids das Platin ausüben. Man ist daher, wenigstens formal, berechtigt, die Hefewirkung als eine katalytische anzusprechen.

Im Magensaft findet eine Spaltung der unlöslichen Eiweißstoffe statt, durch welche lösliche Produkte, die von den Gewebesäften des Organismus aufgenommen werden können, entstehen. Diese Umwandlung tritt aber nur in Gegenwart eines von der Magenschleimhaut erzeugten Stoffes, des Pepsins, auf, das auch außerhalb des Magens die Fähigkeit der Verdauung der Eiweißkörper beibehält. Weil man die Hefe als ein Ferment, d. h. Gärungserreger bezeichnete, so hatte man Substanzen, die wie das Pepsin in gewissem Sinne eine ähnliche Funktion ausüben, gleichfalls Fermente genannt und den Unterschied, dass es sich bei der Hefe um einen lebenden Pilz, bei dem Pepsin um eine leblose Substanz handelt, dadurch hervorgehoben, dass man Ersteres ein geformtes, Letzteres ein ungeformtes Ferment genannt hat.

Heute wissen wir, dass auch in den geformten Fermenten leblose Substanzen, wie das Pepsin, die wirksamen Agenzien sind, und man bezeichnet deshalb alle derartigen Substanzen, auch wenn sie an geformte Fermente gebunden sind und noch nicht von ihnen getrennt werden können, wie es bei manchen Bakterien der Fall ist, als Enzyme, d. h. im lebenden Organismus erzeugte Substanzen.

Außer dem Pepsin im Magensaft sind aus fast allen Organen und Organsäften Enzyme isoliert worden, die ganz bestimmte chemische Reaktionen katalytisch beeinflussen. So befindet sich im Speichel eine Substanz, Diastase, genannt, welche die Verzuckerung der Stärkearten besorgt, im Blut die Hämase und Oxidase, die beide die Verbrennungsvorgänge im Organismus regulieren, im Darm das Trypsin und Erepsin, das einen Teil der Eiweißverdauung besorgt, in den verschiedensten Organen fettspaltende Enzyme, Lipasen genannt, ferner in Leber, Galle, Pankreas eine große Anzahl dieser wirksamen Enzyme.

Eine Eigenschaft dieser Enzyme muss ganz besonders hervorgehoben werden, um den Reichtum an Mitteln, den die Natur dem Organismus zur Verfügung stellt, zu verstehen. Jedes Enzym ist nur einer ganz bestimmten Reaktion angepasst und ohne Einfluss auf irgendeine andere Reaktion, sodass jeder chemische Vorgang im Organismus einen eigenen Regulator besitzt, der genau auf die zu regulierende Umwandlung abgestimmt erscheint.

Wenn man einen kleinen elektrischen Lichtbogen zwischen zwei Metallspitzen in einer Weise, wie sie bei der Bogenlampe ausgeübt wird, überspringen lässt, so verdampft das Metall bei der hohen Temperatur, die etwa 3000 Grad betragen mag. Man kann diesen Lichtbogen auch in reinem Wasser erzeugen, wenn man die Enden der mit einer starken elektrischen Stromquelle verbundenen Metallstäbe unter Wasser nahezu in Berührung bringt. Dann verdampft das Metall, wie in der Luft, kühlt sich aber sofort in dem umgebenden Wasser wieder ab und bleibt als äußerst fein verteilter Metallnebel im Wasser schwebend.

Es entsteht so eine Art Lösung des Metalls in Wasser, die sich aber von einer gewöhnlichen Lösung, wie einer Salz- oder Zuckerlösung, durch viele Eigenschaften scharf unterscheidet. Wenn auch die einzelnen Metallnebelteilchen selbst bei starker Vergrößerung dem Auge unsichtbar bleiben, so muss man doch annehmen, dass es sich um sehr fein verteilte Suspensionen d. h. Schwebungen handelt. Das lässt sich dadurch erweisen, dass solche Metalllösungen nicht durch Pergament hindurchfiltrieren, sondern dass nur das Wasser die Poren des Pergaments durchdringt, das Metall aber zurückgehalten wird, während Salz- und Zuckerlösungen ungehindert durchzutreten vermögen. Man kennt eine große Anzahl von Substanzen, welche, in Wasser gebracht, in diesem Sinne nicht zu den wahren Lösungen gezählt werden können, sondern als ungemein feine Suspensionen oder Schwebungen betrachtet werden müssen. Alle Eiweißstoffe gehören zu ihnen und alle Enzyme. Man bezeichnet solche Lösungen, denen die Fähigkeit einer Diffusion durch tierische oder pflanzliche Membrane abgeht, als kolloidale Lösungen. Durch das elektrische Verfahren ist man imstande, kolloidale Metalllösungen herzustellen.

Man hat je nach der Wahl der Metallstäbe, zwischen denen der Lichtbogen erzeugt wird, mit Leichtigkeit kolloidale Platin-, Gold-, Silber- usw. Lösungen herstellen können. Zwischen den Enzymlösungen und den kolloidalen Metalllösungen zeigen sich ganz überraschende Übereinstimmungen, die nicht zum wenigsten auf den bei beiden vorhandenen kolloidalen Zustand zurückgeführt werden müssen. Jedenfalls spielt die äußerst feine Verteilung der im

Wasser vorhandenen Schwebeteilchen, die eine sehr große Oberfläche der kolloidal gelösten Substanzen schaffen, bei allen diesen Prozessen eine maßgebende Rolle. Den Wert, den die kolloidalen Metalllösungen für die Erkenntnis der Enzymwirkungen besitzen, besteht in der Möglichkeit eines Vergleichs der die beiden Erscheinungskreise beherrschenden Gesetze.

Die meisten Enzyme können eine bestimmte Reaktion katalytisch beeinflussen, und die gleiche Reaktion wird von den kolloidalen Metalllösungen hervorgerufen. Es handelt sich um die Zersetzung des Wasserstoffperoxid in Wasser und Sauerstoff $H_2O_2 = H_2O + O$. Das unter entsprechenden Vorsichtsmaßregeln recht beständige Wasserstoffperoxid wird durch Zusatz einer geringen Menge eines Enzyms oder eines kolloidalen Metalls katalytisch sehr schnell zerfetzt, und für beide Vorgänge bildet die Menge des in bestimmten Zeiten abgespaltenen Sauerstoffs ein Maß für die Reaktionsgeschwindigkeit, sodass ein unmittelbarer Vergleich der Wirkungen gegeben ist. Dabei zeigt sich, dass die Enzyme im wesentlichen denselben Gesetzen der Reaktionsgeschwindigkeit unterliegen wie die kolloidalen Metalle, und dass speziell die Art ihrer Einwirkung auf das Wasserstoffperoxid übereinstimmt. Die Ähnlichkeiten sind aber noch weitergehend, was wohl mit der Empfindlichkeit des kolloidalen Zustandes im Allgemeinen zusammenhängt. Enzyme und kolloidale Metalllösungen zeigen Temperaturoptima ihrer Wirkungen. Beide verlieren ihre Wirksamkeit bei Temperaturen, die in der Nähe des Siedepunktes des Wassers liegen, beide können durch dieselben Stoffe vorübergehend betäubt oder ganz vergiftet werden, d. h. ihre Wirksamkeit gegenüber H_2O_2 für einige Zeit oder dauernd verlieren, und zwar sind diese Stoffe die gleichen, die wie Anilin, Blausäure, Sublimat auch als Blutgifte für den lebenden Organismus von Wichtigkeit sind. Die Enzyme sind wahrscheinlich in oder an den Zellen lokalisiert. Über ihre chemische Natur weiß man noch nichts, weil ihre Reindarstellung noch nicht gelungen ist.

Da der lebende Organismus häufig darauf angewiesen ist, einzelne der für seinen Bestand notwendigen Teile gegen chemische Angriffe zu schützen, so besitzt er auch eine große Anzahl hemmender Katalysatoren, der Antienzyme. So wird die Eiweiß enthaltende Wandung des Magens vor der verdauenden Wirkung des Pepsins durch ein Antipepsin bewahrt. Ebenso enthalten die sauerstoffempfindlichen Zellen, die der Oxidation bei der Berührung mit sauerstoffhaltigem Blut entzogen werden müssen, Enzyme mit der Eigenschaft, den Sauerstoff inaktiv, also ohne oxidierende Kraft, abzuspalten.

Nach dieser kurzen Einführung in das Wesen der Enzyme bleibt immer noch die wichtigste Frage offen *„Von welchen physikalischen und chemischen Faktoren ist die Tätigkeit der Enzyme abhängig?"*

Es mag so aussehen, als ob die Beantwortung durch die klassische Biochemie erfolgen kann. Doch dem ist nicht so. Genauso wie sich mit Max Plancks Erkenntnis der Quantelung von Energie vor mehr als 100 Jahren eine physikalische Revolution ihren Weg gebahnt hat, so stehen wir nun am Anfang einer biologischen Revolution, dem allmählichen Einzug der Quantenbiologie in die moderne Naturwissenschaft.

Bevor wir allerdings verstehen können, was auf molekularer Ebene mit den Enzymen in der Biologie passiert, müssen wir zahlreiche Themen wenigstens im Überblick streifen oder teilweise auch genauer betrachten.

Ein Bereich, bei dem quantenbiologische Effekte offener zutage treten, ist das Navigationssystem der Vögel.

Das Rotkehlchen und sein quantenbiologischer Magnetsinn

1965 regte der Ornithologe, Experte für den Vogelzug und damalige Ordinarius für Zoologie der Johann Wolfgang Goethe-Universität, Friedrich Wilhelm Merkel an, die biologischen Grundlagen des Vogelzugs auch experimentell zu untersuchen. Dieser Anregung folgend, konstruierte Wolfgang Wiltschko für seine Doktorarbeit im Keller des Zoologischen Instituts in Frankfurt am Main einen speziellen Käfig, der einerseits vom Erdmagnetfeld genügend stark abgeschirmt werden konnte, um den herum er aber ein schwaches, statisches Magnetfeld künstlich erzeugen konnte. Bei seinem „Modelltier" Rotkehlchen gelang ihm als erstem Forscher der experimentelle Nachweis, dass Tiere ein statisches Magnetfeld wahrnehmen und ihr Verhalten in Abhängigkeit von diesem Magnetfeld verändern können; seine Veröffentlichung dieser Befunde markierte den Beginn eines neuen Forschungszweigs in der

Verhaltensökologie. Später sicherte er seine Befunde durch Studien an Dorngrasmücken und Tauben ab.[2]

Anfangs stießen die Veröffentlichungen der Frankfurter Ornithologen auf große Skepsis bei ihren Fachkollegen, da es mehreren anderen Arbeitsgruppen nicht gelang, Wiltschkos Befunde zu reproduzieren und so zu bestätigen. Haupthindernis für die Wiederholbarkeit andernorts war, wie sich im Rückblick zeigte, dass einerseits das Erdmagnetfeld abgeschirmt, zugleich aber ein künstliches statisches Magnetfeld aufgebaut werden musste und dessen Intensität nicht allzu stark von der des Erdmagnetfelds abweichen durfte. Erst 1972 wurden die Frankfurter Forschungsergebnisse durch ihre Veröffentlichung in der Fachzeitschrift Science gleichsam international anerkannt; diese Veröffentlichung gilt heute gewissermaßen als die Erstbeschreibung eines neu entdeckten Sinnesorgans in der Tierwelt.[3]

Zwei Mal pro Jahr machen sich Millionen von Zugvögeln auf den Weg in wärmere oder kältere Gefilde. Tausende von Kilometern legen sie zurück, und ihr Navigationssystem ist von einer faszinierenden Präzision. In der Dunkelheit weisen ein magnetischer Kompass und der Sternenhimmel den Zugvögeln den rechten Weg. Wie dieser Orientierungssinn im Einzelnen funktioniert, erforscht seit einigen Jahren auch die Gruppe um Dr. Henrik Mouritsen am Institut für Biologie und Umweltwissenschaften der Universität Oldenburg. 2005 konnte das Forscherteam erstmals einen besonderen Gehirnbereich lokalisieren, der für das Nachtsehen bei nächtlich ziehenden Singvögeln zuständig ist. Diese als Cluster N bezeichnete Region wird aktiv, sobald die Vögel auf "Nachtflug" schalten. Bei geschlossenen Augen bleibt das Gehirnareal abgeschaltet.

Erst im Jahr davor hatte das Team von Mouritsen in Zusammenarbeit mit der Oldenburger Neurobiologiegruppe um Prof. Dr. Reto Weiler starke Hinweise darauf gefunden, dass die Zugvögel eine Art Magnetsensor beziehungsweise Kompass im Kopf haben, der in der Netzhaut der Augen lokalisiert ist. Zuvor war es ihnen gelungen, Cryptochrom-Moleküle in der Netzhaut zu identifizieren,

---

2   Seite „Magnetsinn". In: Wikipedia, Die freie Enzyklopädie. Bearbeitungsstand: 19. Januar 2016, 08:31 UTC. URL: https://de.wikipedia.org/w/index.php? title=Magnetsinn&oldid=150414899 (Abgerufen: 20. April 2016, 12:04 UTC)

3   a.a.o.

die den Vögeln ermöglichen könnten, das Magnetfeld zu "sehen". Ihre Erkenntnisse über die Orientierung im Dunkeln mit Hilfe von Magnetsinn und Sternenhimmel führte sie zu der Hypothese, dass nächtliche Zugvögel ein spezialisiertes Nachtsicht-System besitzen müssen. Um diese Annahme zu prüfen, haben die Wissenschaftler die Genaktivitäten im Gehirn von nachtziehenden Singvögeln und nicht wandernden Singvögeln verglichen.

Für die Versuche wählten sie zwei entfernt verwandte Arten Nacht wandernder Zugvögel aus - Rotkehlchen und Gartengrasmücken - und entsprechend zwei Arten von Nicht-Zugvögeln - Zebrafinken und Kanarienvögel. Die Tiere wurden im Zeitraum des normalen Vogelflugs (August bis Oktober und April bis Mai) in durchsichtige Käfige gesetzt, wo die Forscher ihr Verhalten genau beobachten konnten. Die Wissenschaftler simulierten den Tag-Nacht-Zyklus und sorgten dafür, dass die Vögel ansonsten nicht gestört wurden. Zu bestimmten Zeitpunkten am Tag oder in der Nacht wurden dann Genaktivitätsstudien an den Gehirnen der Tiere vorgenommen.

Gemessen wurde die Aktivität von zwei verschiedenen Genen, die angeschaltet werden, sobald Nervenzellen durch Reize stimuliert werden. Die Aktivität dieser Gene - ZENK und cfos - wurde mithilfe der In-situ-Hybridisierung bestimmt. Dabei wird die Boten-RNA nachgewiesen, die auf dem Weg vom Gen zum Protein gebildet wird und somit anzeigt, dass ein Gen angeschaltet ist.

Die Wissenschaftler entdeckten bei den Nacht wandernden Singvögeln ein Gehirnareal, das nur nachts eine hohe Genaktivität aufwies. Dieser als Cluster N (N für Nacht-Aktivierung) bezeichnete Gehirnbereich war hingegen bei jenen Singvögeln, die nachts nicht wandern, nicht zu finden - und bei den Zugvögeln verschwand die Aktivität, wenn man ihnen "Augenklappen" aufsetzte. Diese Ergebnisse bestätigen nach Meinung der Oldenburger Wissenschaftler die Hypothese, dass die Nacht wandernden Zugvögel einen spezifisch an den Nachtflug angepassten Gehirnbereich besitzen, der ihnen besseres Sehen und Navigieren im Dunkeln ermöglicht. [4]

Der Magnetsinn im Auge funktioniert wahrscheinlich mithilfe der sogenannten Radikal-Paar-Bildung, die bereits 1976 von dem deutschen Biophysiker Klaus Schulten beschrieben wurde. Diesem

---

4 vgl. idw: https://idw-online.de/de/news113425

Modell zufolge besteht der Magnetrezeptor aus einem Molekülpaar, das durch Licht aktiviert werden kann und anschließend, infolge der Übertragung eines Elektrons, ein sehr kurzlebiges, sogenanntes Radikal-Paar bildet. Dieses Paar alterniert ständig zwischen zwei quantenmechanisch möglichen Zuständen. Nach dessen Zerfall können sich Moleküle mit unterschiedlichen Eigenschaften bilden, je nachdem, in welchem Zustand sich dieses Radikal-Paar zuletzt befand. Dieser Endzustand ist dem Modell zufolge aber abhängig von der Inklination: Wenn die Magnetfeldlinien ausgeprägt senkrecht auf das Radikal-Paar treffen, entsteht ein anderes Verhältnis der beiden chemischen Endprodukte zueinander, als wenn die Magnetfeldlinien relativ flach auf das Radikal-Paar treffen. Im Ergebnis wird diesem Modell zufolge eine physikalische Gegebenheit (das örtliche Magnetfeld) in eine chemische Gegebenheit „übersetzt" und so ein wesentlicher Schritt zur Wahrnehmung mithilfe eines spezialisierten Sinnesorgans zurückgelegt.[5]

In späteren Kapiteln werden wir sehen, wie die Quantenmechanik hinter fast allen Aspekten der Physik, der Chemie und der Biologie des Lebens steht. Zunächst müssen wir aber grundlegende Dinge besprechen.

---

5   Seite „Magnetsinn". In: Wikipedia, Die freie Enzyklopädie. Bearbeitungsstand: 19. Januar 2016, 08:31 UTC. URL: https://de.wikipedia.org/w/index.php?title=Magnetsinn&oldid=150414899 (Abgerufen: 20. April 2016, 12:04 UTC)

2. Die Basis des Lebens

2.1   Die Biochemie und die Entdeckung der Enzyme

Abb. 2.1: Friedrich Wöhler (1800-1882) gilt als Pionier der organischen Chemie. Als Erstem gelang es ihm, Oxalsäure und Harnstoff, die bisher nur von lebenden Organismen bekannt waren, aus anorganischen Ausgangsverbindungen zu synthetisieren. CC0

Seit Beginn des 19. Jahrhunderts wurden von organischen Chemikern die ersten Stoffe aus dem Tier- und Pflanzenreich systematisch untersucht. Es konnte von biologischem Material durch die Elementaranalyse der Kohlenstoff-, Wasserstoff-, Stickstoff- und Schwefelgehalt bestimmt werden. Ab 1860 konnten

Abb. 2.2: Justus von Liebig in seinem Labor im Jahre 1840, einer Zeit, in der das Fach Biochemie noch Physiologische Chemie genannt wurde. Sechs Jahre später entdeckte von Liebig die Aminosäure Tyrosin. CC0

chemische Strukturformeln von Stoffen aus der elementaren Zusammensetzung durch gedankliche Kombination ermittelt werden, nun begann eine gründliche Suche nach den biologischen Körpern in Organismen. Die Suche war aufgrund der sehr geringen Stoffmenge von Biomolekülen und der mangelhaften Nachweismethoden – selbst die Elementaranalyse benötigte größere Stoffmengen – sehr zeitraubend und nicht immer erfolgreich.

Erst mit Verbesserung der analytischen Geräte ab 1950 wurde die Suche und Strukturaufklärung von Biomolekülen einfacher. Eines der weltweit ersten biochemischen - damals physiologisch-chemischen - Labore wurde 1818 in der einstigen Küche des Schlosses Hohentübingen (Eberhard Karls Universität Tübingen) von Georg Carl Ludwig Sigwart und Julius Eugen Schlossberger eingerichtet. In ihm wurde von Felix Hoppe-Seyler 1861 der Blutfarbstoff Hämoglobin und von seinem Schüler Friedrich Miescher 1869 das Baumaterial der Erbinformation, die Nukleinsäure entdeckt.

Fette wurden von Eugène Chevreul und später von Heinrich Wilhelm Heintz untersucht. Gerardus Johannes Mulder konnte aus

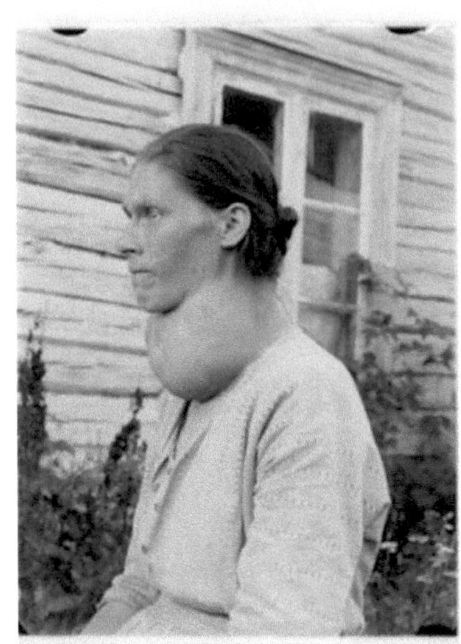

Abb. 2.3: Die Heilung des Kropfes gelang ab 1820 auf dem Wege biochemischer Forschung. Am Anfang stand die Gabe von Jod. Erst 1926 erkannte man dann den Zusammenhang mit Hormonen. CC0

dem Fibrin des Blutes einen gelatinösen Niederschlag herstellen und gab ihm den Namen Protein. Louis-Nicolas Vauquelin untersuchte die Zusammensetzung der Haare und fand dort die chemischen Elemente Kohlenstoff, Wasserstoff, Stickstoff, Sauerstoff und Schwefel.

Pierre Jean Robiquet und Louis-Nicolas Vauquelin fanden auch die erste Aminosäure, die sie im Jahre 1805 isolierten: Asparagin. Joseph Louis Proust entdeckte Leucin (1818), Justus von Liebig Tyrosin (1846). Zwischen 1865 und 1901 wurden weitere 12 Aminosäuren entdeckt, davon entdeckte Ernst Schulze drei neue Aminosäuren: Glutamin, Phenylalanin und Arginin. Erste Peptidsynthesen wurden von Emil Fischer ab 1901 unternommen.

Justus Liebig erkannte, dass in der Hefe ein besonderer Stoff enthalten sein musste, der die Gärung auslöst. Er nannte diesen Stoff Bios. Zum ersten Mal verwendet wurde der Begriff B i o c h e m i e , als Vinzenz Kletzinsky (1826–1882) im Jahre 1858 sein "Compendium der Biochemie" in Wien drucken ließ.

Das erste Enzym

Entdeckt wurde Amylase, ein Biomolekül das bei den meisten Lebewesen vorkommen und Zucker abbaut (damals noch Diastase), 1833 vom französischen Chemiker Anselme Payen in einer Malzlösung. D a m i t w a r D i a s t a s e d a s e r s t e E n z y m , d a s m a n g e f u n d e n h a t .

Anfang des 19. Jahrhunderts war auch bekannt, dass bei der Gärung von abgestorbenen Organismen der Sauerstoff aus der Luft nötig ist, ferner Temperatur und Wasser auf diesen Prozess einen Einfluss hatten. Bei toten Tieren und Menschen setzt die Fäulnisbildung zuerst an den Stellen ein, die mit der Luft in Berührung

Abb. 2.4: Eduard Buchner erhielt für seine biochemischen Forschungen 1907 den Nobelpreis.CC0

kommen. Auch bei pflanzlichen Stoffen, der Bildung von Alkohol aus einer Traubensaftlösung oder der Versäuerung von Milch erkannten Chemiker Gärungsprozesse. Der Körper, der diese Prozesse begünstigte, wurde erst Ferment (später Enzym) genannt. Eduard Buchner entdeckte 1896 die zellfreie Gärung. James Batcheller Sumner isolierte 1926 das Enzym der Schwertbohne und behauptete, dass alle Enzyme Proteine sein müssten.

John Howard Northrop isolierte wenige Jahre später Verdauungsenzyme wie Pepsin, Trypsin und Chymotrypsin in kristalliner Form und konnte Sumners Hypothese bestätigen.

Nahrungsbestandteile

Kohlenhydrate sind ein wichtiger Bestandteil unserer Nahrung, sie wurden daher zeitig von Biochemikern untersucht. Sowohl Stärke als auch Zucker werden zu Glucose abgebaut und bei einem Überangebot in der Leber als Glykogen gespeichert. Ein konstanter Blutzuckergehalt ist für das Gehirn und die Muskeln lebensnotwendig. Adolf von Baeyer gab 1870 bereits eine erste Formel zur Glucose an. Emil Fischer machte ab 1887 umfangreiche Forschungen zur Aufklärung der chemischen Strukturen von Zuckern mit Phenylhydrazin zu gut kristallisierbaren Osazonen. Weitere wichtige Arbeiten zur Zuckerchemie und deren strukturelle Darstellung leistete Norman Haworth; er synthetisierte auch erstmals das Vitamin C (bei Mangel tritt Skorbut auf), ein Säurederivat eines Zuckers.

Durch mangelhafte Ernährung starben zu Beginn des 20. Jahrhunderts noch viele Menschen. Im Jahr 1882 untersuchte Gustav von Bunge Ratten und Mäuse, die er nur mit Eiweiß, Kohlenhydraten und Fetten fütterte, deren Nahrung aber keine weiteren Beimischungen enthielten. Die Tiere starben. Menschen benötigen neben Eiweiß, Kohlenhydraten, Fetten noch Vitamine. Viele

Vitamine wurden zu Beginn des 20. Jahrhunderts aufgefunden. Die Strukturaufklärung des Cholesterins (und damit der Gruppe der Steroide) durch Adolf Windaus war für die Strukturaufklärung und Bildung von Vitamin D (bei dessen Mangel Rachitis auftritt) bedeutsam. Windaus war auch mit der Aufklärung der Summenformel und Struktur von Vitamin B1 befasst. Sir Frederick Gowland Hopkins, ein Pionier der Biochemie in Großbritannien und Casimir Funk, der das Wort Vitamin prägte, leisteten bedeutende Forschungen zur Entdeckung des Vitamins B1 (bei Mangel tritt Beri-Beri auf). Hopkins entdeckte auch zwei essenzielle Aminosäuren und wurde dafür 1929 mit dem Nobelpreis ausgezeichnet. Im Jahre 1926 entdeckte Otto Warburg das Atmungsferment Zytochromoxidase, ein Ferment im Zitronensäurezyklus und für Redoxvorgänge der Zelle (davon weiter unten mehr), wofür er 1931 den Nobelpreis erhielt.

Hormone

Stoffgruppen, die in menschlichen Organen produziert werden, nennt man nach Ernest Starling Hormone. Thomas Addison entdeckte 1849 eine Krankheit, die ihren Ursprung in den Nebennieren hat. T. B. Aldrich und Takamine Jōkichi (1901) extrahierten einen Stoff, den sie Adrenalin nannten, aus tierischen Nieren. Aldrich ermittelte die Summenformel und Friedrich Stolz gelang die chemische Synthese (1904). Damit gelang der Biochemie 1904 erstmals die künstliche Herstellung eines Hormons.

Abb. 2.5: Mehr als zehn Versuchshunde brauchte Frederick Banting, bis Insulin 1921 als Heilmittel bei Diabetes nachgewiesen und entdeckt war. CC0

Die Kropfbildung ist eine weitere hormonelle Krankheit der Schilddrüse, die seit 1820 nach Jean-Francois Coindet durch Jodgaben gemildert werden konnte. Erst 1915 glückte Edward

Calvin Kendall die Isolierung einer kristallinischen Substanz der Schilddrüse. Er nannte sie Thyroxin. Synthetisch wurde Thyroxin seit 1926 von Charles Robert Harington darstellbar.

Im Jahre 1935 isolierte Ernst Laqueur aus Stierhoden das von ihm so benannte Sexualhormon Testosteron. Auch von Adolf Butenandt wurden die Geschlechtshormone untersucht. Im Jahr 1929 isolierte er mit Estron eines der weiblichen Sexualhormone. Zwei Jahre später isolierte er mit Androsteron ein männliches Geschlechtshormon. Im Jahr 1934 entdeckte er das Hormon Progesteron. Durch seine Forschung wurde gezeigt, dass die Geschlechtshormone eng mit Steroiden verwandt sind. Seine Untersuchungen auf dem Gebiet der Sexualhormone ermöglichte die Synthese von Cortison sowie andere Steroide. Dies führte schließlich zur Entwicklung von modernen Verhütungsmitteln.

Der Mangel des Bauchspeichelhormons konnte durch Gabe von Rinder-Insulin 1920 durch Frederick Banting und Best gelindert werden. Erst 1953 wurde die Aminosäuresequenz von Insulin durch Frederick Sanger aufgeklärt.

Wichtige Forschungsgebiete der modernen Biochemie

Bei Krankheiten (schwere Diabetes) oder extremen Nahrungsmangel greifen Zellen auch auf Aminosäuren zur Energiegewinnung zurück. Dabei werden Proteine zu Aminosäuren und diese zu Kohlendioxid abgebaut. Der sogenannte Harnstoffzyklus beschreibt die ablaufenden Umwandlungen.

In pflanzlichen und tierischen Zellen können Kohlenhydrate aus anderen Stoffen – beispielsweise der Milchsäure oder aus Aminosäuren – biochemisch aufgebaut werden. Die Untersuchungen zu den einzelnen biochemischen Schritten werden in Gluconeogenese untersucht. Ferner wurden die Biosynthesen von Aminosäuren, Nucleotiden, Porphyrinen, der Stickstoffzyklus in Pflanzen gründlich untersucht.

Ein weiterer Teilbereich der biochemischen Forschung ist die Resorption und der Transport von Stoffwechselprodukten durch das Blutplasma.

Die Weitergabe der gespeicherten Information im Zellkern auf der Erbsubstanz DNA (genauer: bestimmter Abschnitte der DNA, den Genen) zur Herstellung von Enzymen verläuft über die Proteinbiosynthese. Dies ist ein sehr wichtiges Gebiet der synthetischen Biochemie (Biotechnologie), da Bakterien auf ihrer zyklischen DNA (Plasmiden) dazu gebracht werden können, bestimmte Enzyme zu produzieren.

In Lehrbüchern der Biochemie werden die Prozesse der Gärung von Zucker zu Ethanol und Milchsäure sowie der Aufbau von Glucose zu Glykogen ausführlich beschrieben. Diese Umwandlungen werden unter dem Stichwort Glykolyse zusammengefasst.

Die Energiegewinnung in lebenden Zellen erfolgt über den Abbau von Fetten, Aminosäuren und Kohlenhydraten über Oxalacetat zu Citrat durch Acetyl-S-CoA unter Freisetzung von Kohlendioxid und Energie. Acetyl-S-CoA enthält ein wasserlösliches Vitamin – die Pantothensäure. Dieser Prozess wurde von H. Krebs 1937 untersucht und wird Citratzyklus genannt.

Oxidationen von Biomolekülen in Zellen zum Zweck der Energiegewinnung verlaufen über mehrere Enzyme, an denen das Vitamin B2 beteiligt ist. Dieser Prozess wird in Lehrbüchern als oxidative Phosphorylierung oder Atmungskette beschrieben.

Ein weiterer sehr wichtiger biochemischer Prozess ist die Fotosynthese Kohlenstoffdioxid aus der Luft und Wasser wird durch Strahlungsenergie durch das Farb-Pigment Chlorophyll in Pflanzenzellen in Kohlenhydrate und Sauerstoff überführt.

In menschlichen und tierischen Organismen wird überschüssige Energie aus der Nahrung in Form von Fetten gespeichert. Bei Energiemangel der Zellen werden diese Fette wieder abgebaut. Dieser Prozess erfolgt über die Oxidation von Fettsäuren mittels Acetyl-CoA.

Das war ein kurzer Überblick was die Biochemie für unser Leben bedeutet und zu leisten vermag. Als Nächstes wollen wir auf die Eigenschaften des Lebens eingehen.

2.2 Lebewesen

Die Entwicklungsgeschichte des Lebens auf der Erde (Evolutionsgeschichte) hat einen einmaligen Verlauf. Auch wenn man die Ausgangsbedingungen wiederherstellen könnte, würde sich möglicherweise ein ähnlicher Ablauf ergeben, wie er schon einmal stattgefunden hat, aber höchstwahrscheinlich nicht exakt der gleiche. Der Grund dafür ist die Vielzahl von zufälligem Zusammentreffen von Einflussfaktoren, die seit dem Beginn des Lebens die weitere Entwicklung bestimmt haben. Diese zufälligen Einflüsse werden durch Selektions- und Anpassungsprozesse teilweise wieder ausgeglichen, trotzdem ist eine genau identische Entwicklung unter realen Bedingungen nicht wahrscheinlich.

Die Entwicklung der verschiedenen Arten von Lebewesen wird in der Evolutionstheorie behandelt. Dieser von Charles Darwin begründete Zweig der Biologie erklärt die Vielfalt der Lebensformen durch Mutation, Variation, Vererbung und Selektion. Die Evolutionstheorien haben zum Ziel, die Veränderungen von Lebensformen im Laufe der Zeit zu erklären und die Entstehung der frühesten Lebensformen nachvollziehbar zu machen. Für Letzteres gibt es eine Reihe von Konzepten und Hypothesen (beispielsweise RNA-Welt).

Die ältesten bisher gefundenen fossilen Spuren von Lebewesen sind mikroskopisch kleine Fäden, die als Überreste von Cyanobakterien gelten. Allerdings werden diese in 3,5 Milliarden Jahre alten Gesteinen gefundenen Ablagerungen nicht allgemein als Spuren von Leben angesehen, da es auch rein geologische Erklärungen für diese Formationen gibt.

Die derzeit populärste Theorie zur Entstehung autotrophen Lebens, bei dem das Licht oder chemische Stoffe als Energiequelle dienen, postuliert die Entwicklung eines primitiven Metabolismus (Stoffwechsels) auf Eisen-Schwefel-Oberflächen unter reduzierenden Bedingungen, wie sie in der Umgebung von vulkanischen Ausdünstungen anzutreffen sind. Während der Frühphase der Evolution irdischer Lebewesen, die im geologischen Zeitraum vor zwischen 4,6 und 3,5 Milliarden Jahren (Präkambrium) stattfand, war die Erdatmosphäre wahrscheinlich reich an Gasen wie Wasserstoff, Kohlenstoffmonoxid und Kohlenstoffdioxid, während die heißen Ozeane relativ hohe Konzentrationen an Ionen von Übergangsmetallen wie gelöstem Eisen (Fe^{2+}) oder Nickel (Ni^{2+}) enthielten. Ähnliche Bedingungen finden sich heute in der Umgebung von hydrothermalen Schloten, die während plattentektonischer Prozesse auf dem Meeresgrund entstanden sind. In der Umgebung solcher als Schwarze Raucher (eng.: black smokers) bezeichneten Schlote, gedeihen thermophile methanogene Archaeen auf der Grundlage der Oxidation von Wasserstoff und der

Reduktion von Kohlenstoffdioxid (CO_2) zu Methan (CH_4). Diese extremen Biotope zeigen, dass Leben unabhängig von der Sonne als Energielieferant gedeihen kann, eine grundlegende Voraussetzung für die Entstehung und Aufrechterhaltung von Leben vor dem Aufkommen der Fotosynthese.

Neuere Ansätze gehen davon aus, dass die Evolution nicht an der Art, sondern am Individuum und seinen Genen ansetzt.

Was sind Lebewesen?

Lebewesen sind organisierte Einheiten, die unter anderem zu Stoffwechsel, Fortpflanzung, Reizbarkeit, Wachstum und Evolution fähig sind. Lebewesen prägen entscheidend das Bild der Erde und die Zusammensetzung der Erdatmosphäre (Biosphäre). Neuere Schätzungen lassen vermuten, dass 30 Prozent der gesamten Biomasse der Erde auf unterirdisch lebende Mikroorganismen entfallen.

Die Biologie untersucht die heute bekannten Lebewesen und ihre Evolution sowie die Grenzformen des Lebens (z. B. Viren) mit naturwissenschaftlichen Methoden.

Lebewesen kennzeichnende Merkmale findet man vereinzelt also auch bei technischen, physikalischen und chemischen Systemen.

Drei wesentliche Eigenschaften haben sich aber herauskristallisiert, die für alle Lebewesen als Definitionskriterien gelten sollen:

- Stoffwechsel (Metabolismus) während zumindest einer Lebensphase, was eine Kompartimentierung durch eine Wand oder Membran bedingt,

- Fähigkeit zur Selbstreproduktion und

- Die mit der Selbstreproduktion verbundene genetische Variabilität als Bedingung evolutionärer Entwicklung.

Diese Einschränkung würde aber viele hypothetische Frühstadien der Entwicklung des Lebens sowie Grenzformen des Lebens, wie Viren, kategorisch ausschließen.

Lebewesen bestehen vorwiegend aus Wasser, organischen Kohlenstoffverbindungen und häufig aus mineralischen oder mineralisch verstärkten Schalen und Gerüststrukturen (Skelette).

Alle Lebewesen (Pflanzen, Tiere, Pilze, Protisten, Bakterien und Archaeen) sind aus Zellen oder Synzytien (mehrkernigen Zellverschmelzungen, z. B. Ciliaten und viele Pilze) aufgebaut. Sowohl die einzelne Zelle als auch die Gesamtheit der Zellen (eines mehrzelligen Organismus) sind strukturiert und kompartimentiert, das heißt, sie bilden ein komplex aufgebautes System voneinander abgegrenzter Reaktionsräume. Sie sind untereinander und zur Außenwelt hin durch Biomembranen abgetrennt.

Jede Zelle enthält in ihrem Erbgut alle zum Wachstum und für die vielfältigen Lebensprozesse notwendigen Anweisungen.

Im Lauf des individuellen Wachstums differenzieren sich die Zellen zu verschiedenen Organen, die jeweils bestimmte Funktionen für das Gesamtsystem, das Individuum, übernehmen.

Chemie der Lebewesen

Neben Kohlenstoff (C), Wasserstoff (H) und Sauerstoff (O) als Hauptelementen des Grundgerüsts der Biomoleküle kommen die Elemente Stickstoff (N), Phosphor (P), Schwefel (S), Eisen (Fe), Magnesium (Mg), Kalium (K), Natrium (Na) und Kalzium (Ca) in den Lebewesen vor. Ferner kommen Chlor (Cl), Jod (J), Kupfer (Cu), Selen (Se), Kobalt (Co), Molybdän (Mo) und einige andere Elemente zwar nur in Spuren vor, sind aber dennoch essenziell.

Die weitaus häufiger als Kohlenstoff in der Erdkruste vorkommenden Elemente Silicium und Aluminium werden nicht als Bausteine des Lebens genutzt. Edelgase und Elemente schwerer als Jod (Ordnungszahl 53) treten nicht als funktionelle Bausteine von Lebewesen auf.

Lebewesen sind vor allem durch in ihnen enthaltende reproduzierende Moleküle gekennzeichnet. Bekannt sind heute die Polynukleotide DNA und RNA, aber auch andere Moleküle haben möglicherweise diese Eigenschaft. Ferner enthalten sie Eiweiße (Proteine), makromolekulare Kohlenhydrate (Polysaccharide) sowie komplexe Moleküle wie Lipide und Steroide. Alle diese Makromoleküle und komplexen Moleküle kommen nicht in der unbelebten Natur vor, sie können von unbelebten Systemen nicht hergestellt werden.

Kleinere Bausteine wie Aminosäuren und Nukleotide dagegen sind auch in der unbelebten Natur, zum Beispiel in interstellaren

Gasen oder in Meteoriten, zu finden und können auch abiotisch entstehen.

Daneben enthalten die Zellen der Lebewesen zu einem großen Teil Wasser und darin gelöste anorganische Stoffe.

Alle bekannten Lebensvorgänge finden in Anwesenheit von Wasser statt.

Die biologische Systematik versucht, eine sinnvolle Gruppierung aller Lebewesen zu erstellen. Die oberste Stufe wird dabei von den Domänen gebildet. Man unterscheidet nach molekularbiologischen Kriterien drei Domänen: die eigentlichen Bakterien (Bakteria), die Archaeen (Archaea), früher auch Archaebakterien genannt und die Eukaryoten (Eukaryota). Die beiden erstgenannten Domänen enthalten alle Lebewesen ohne Zellkern, die Prokaryoten genannt werden. Die letztgenannte Domäne umfasst alle Lebewesen mit Zellkern, darunter fallen alle Tiere, Pflanzen und Pilze sowie die Protisten. Dabei sind die Eukaryoten und Archaeen näher miteinander verwandt.

Lebewesen als Systeme

Lebewesen sind in der Terminologie der Systemtheorie:

- Offen: Sie stehen in lebenslangem Energie-, Stoff-und Informationsaustausch mit der Umwelt.

- Komplex: Leben setzt eine gewisse Komplexität in der Organisation des Systems voraus

- Dynamisch: Sie sind zumindest auf der biochemischen Ebene dauernd Reizen und Zwängen der Umwelt ausgesetzt, können aber zeitweise einen stationären Zustand einnehmen, weisen also eine Konstanz von Struktur und Leistung auf. Diese Veränderungen sind einerseits auf dem System innewohnende Bedingungen zurückzuführen (Beispiel: Erzeugung genetischer Variation durch Rekombination bei der Fortpflanzung), andererseits durch Umwelteinflüsse und Umweltreize. Lebewesen wirken wiederum auf ihre Umwelt verändernd zurück. (Beispiel: Veränderung der Zusammensetzung der Atmosphäre durch die Fotosynthese.)

- Deterministisch: Auch wenn alle Eigenschaften der Lebewesen durch die Naturgesetze bestimmt sind, lassen sich aufgrund ihrer Komplexität vor allem für emergente Eigenschaften kaum mathematisch exakte Aussagen über die Vorhersagbarkeit ihrer Eigenschaften und Entwicklung und ihres Verhaltens machen: Durch die für wissenschaftliche Untersuchungen notwendige Reduktion lassen sich zwar Gesetzmäßigkeiten für einzelne Elemente ermitteln. Daraus lassen sich aber nicht immer Gesetzmäßigkeiten für das Gesamtsystem ableiten.

- Stabil und adaptiv: Lebewesen können trotz störender Einflüsse aus der Umwelt ihre Struktur und ihr inneres Milieu für längere Zeit aufrechterhalten. Anderseits können sie sich auch in Struktur und Verhalten verändern und Umweltänderungen anpassen.

- Autopoietisch: Lebewesen sind sich selbst replizierende Systeme, wobei einerseits die Kontinuität von Struktur und Leistung über lange Zeiträume hinweg gewährleistet ist, andererseits durch die Ungenauigkeit der Replikation Möglichkeiten zur evolutionären Anpassung an Umweltänderungen bestehen.

- Autark: Lebewesen sind bis zu einem gewissen Grad von der Umwelt unabhängig.

Als komplexe, heterogene Systeme bestehen Lebewesen aus vielen Elementen unterschiedlicher Struktur und Funktion, die durch zahlreiche, unterschiedliche Wechselwirkungen miteinander verknüpft sind. Sie sind hierarchisch strukturiert, d.h. sie bestehen aus zahlreichen unterschiedlichen Elementen (Subsystemen), die durch zahlreiche Beziehungen miteinander verknüpft sind und selbst wieder aus zahlreichen Untereinheiten bestehen, welche selbst wieder Systeme darstellen und aus Subsystemen bestehen (zum Beispiel Organe, Organellen, Biomoleküle).

Lebewesen sind auch selbst wieder Elemente von komplexen Systemen höherer Ordnung (zum Beispiel Familienverband, Population), sind also ebenfalls mit zahlreichen weiteren Systemen (andere Lebewesen, unbelebte und technische Systeme) verknüpft. Und alle Lebewesen sind Systeme mit speziellen Informationsbahnen und Informationsspeichern.

Das genetische Programm

Wie die komplexen physikalischen Systeme der unbelebten Natur (wie zum Beispiel das Sonnensystem) entstehen auch bei Lebewesen Strukturen durch Selbstorganisation. Darüber hinaus besitzen Lebewesen im Gegensatz zu Systemen der unbelebten Natur das genetische Programm, welches jedoch ebenfalls in ähnlicher Weise in Systemen der Technik vorkommen kann. Durch dieses Programm werden Lebensvorgänge ausgelöst, gesteuert und geregelt. Dazu gehört auch die Reproduktion dieses Programms. Dieses Programm gibt die Richtung der ontogenetischen Entwicklung und des Verhaltens der Organismen vor und grenzt sie in einem gewissen Rahmen von anderen Entwicklungsmöglichkeiten und Verhaltensweisen ab. Fehlen Teile des Programms oder weisen sie Fehlfunktionen auf, können sich – außerhalb eines Toleranzbereiches – langfristig keine überlebensfähigen Organismen entwickeln.

Lebewesen aus thermodynamischer Sicht

Lebewesen sind als offene Systeme seit ihrer Existenz stets weit vom thermodynamischen Gleichgewicht entfernt. Sie weisen einen hohen Ordnungsgrad und damit eine niedrige Entropie auf. Diese können nur dadurch aufrechterhalten werden, dass die Erhöhung des Ordnungsgrades energetisch mit Prozessen gekoppelt wird, welche die hierfür notwendige Energie liefern.

Beispiel: Aufbau von organischen Stoffen niedriger Entropie wie Glukose, DNA oder ATP, aus anorganischen Stoffen hoher Entropie wie Kohlenstoffdioxid, Wasser und Mineralsalzen durch Fotosynthese und Stoffwechsel.

Tritt der Tod ein, stellt sich das thermodynamische Gleichgewicht ein, der hohe Ordnungsgrad kann nicht mehr aufrechterhalten werden, die Entropie wird größer. Leben kann thermodynamisch als die Rückkopplung eines offenen Systems mit seiner Umgebung verstanden werden, welches auf Kosten dieser die eigene Ordnung aufrechterhält. Diese Definition steht mit einer der möglichen Formulierungen des 2. Hauptsatzes der Thermodynamik in Einklang, nach dem die Änderung der Entropie eines Gesamtsystems Null oder größer Null ist. Damit die Ordnung eines Systems aufrechterhalten bleiben oder zunehmen kann, muss die Unordnung der Umgebung mindestens in gleichem Maße zunehmen, sodass die Änderung des Gesamtsystems in Summe mindestens Null ist.

Sind Viren auch Lebewesen?

Viren kommen einerseits als nackte Nukleinsäuren in den Wirtszellen vor, andererseits außerhalb von Zellen als Virionen, die aus der Nukleinsäure und einer Proteinhülle bestehen. Die meisten Wissenschaftler zählen Viren nicht zu den Lebewesen. Wird beispielsweise eine Zellstruktur als grundlegendes Kennzeichen von Lebewesen angesehen, sind Viren nicht zu den Lebewesen zu rechnen, da sie weder Zellen sind noch aus Zellen aufgebaut sind. Zwei weitere Kriterien sind noch wichtiger: Viren haben keinen eigenen Stoffwechsel und sie pflanzen sich nicht selbstständig fort. Ihre Vermehrung erfolgt ausschließlich durch die Biosynthese-Maschinerie der Wirtszellen, die dabei durch die Virus-Nukleinsäure gesteuert wird.

Eine Einstufung als „Grenzfall des Lebens" ist jedoch naheliegend. Die Existenz der Viren könnte in der Evolution auf einen Übergang von „noch nicht lebendig" zu „lebendig" hinweisen. Allerdings könnten sich die Viren auch aus „echten" Lebewesen wie den Bakterien rückentwickelt haben.

Mittlerweile ist es gelungen, eine Nukleinsäure mit der Sequenz des Poliovirus durch DNA-Synthese künstlich zu erzeugen; auf die gleiche Weise hat man bereits viele weitere DNA- und RNA-Abschnitte für gentechnische Experimente erzeugt. Schleust man dann in dieser Weise erzeugte DNA-Stränge in Zellen ein, entstehen in der Folge komplette, natürliche Polioviren. Das Experiment verdeutlicht, dass die Grenze zwischen Lebewesen und Nicht-Lebewesen schwierig zu bestimmen ist.

Viren sind durch Mutationen und Selektion der Evolution unterworfen. Im weiteren Sinne gilt dies aber auch für viele Nicht-Lebewesen, zum Beispiel für einzelne Gene, aber auch für Verhaltensweisen und kulturelle Errungenschaften wie Werkzeuge, Techniken und Ideen. Die Evolution der Viren ist deshalb kein hinreichender Beweis dafür, dass Viren Lebewesen seien.

Als Grundeinheit des Lebens betrachten wir vielmehr die biologische Zelle, in denen die Lebenskraft steckt. Die elementaren Prozesse dieser Lebenskraft wollen wir nun näher betrachten.

2.3   Elementare Prozesse lebender Systeme

Im Jahre 1667 bildete der englische Gelehrte Robert Hooke in seiner Micrographia neben riesenhaften Mücken, Flöhen, Zeugstückchen auch ein dünnes Scheibchen Kork ab und widmete feiner Beschreibung ein besonderes Kapitel. Seinem bewaffneten Auge zeigte sich der Kork als Bienenwaben ähnliches Gewebe, aus einer Menge kleinster Kämmerchen bestehend. Er bezeichnete diese als „cells" und wurde damit zu dem Schöpfer des Namens „Zelle". Allerdings hatte Hooke nur die Kammern gesehen, in denen, wie die Schnecke in ihrem Haus, das sitzt, was wir jetzt als Zelle bezeichnen. In dem Kork freilich würden wir nichts mehr davon antreffen. Er ist tot, die Gehäuse sind leer. Schneiden wir aber etwa aus einem Apfel mit einem recht scharfen Messer ein äußerst dünnes Scheibchen und vergrößern dies, so finden wir, dass jedes der zahllosen kleinsten Kämmerchen von einem zarten schleimigen Bläschen ausgefüllt ist. Dies ist der Hausbesitzer, dies ist die Zelle im modernen Sinne. Sie hat sich die Kammer selbst gebaut als schützende Hülle. Doch ist sie nicht überall vorhanden. z. B. liegen im tierischen Körper die Zellen als nackte Plasmaklümpchen nebeneinander. Sämtlichen Pflanzenzellen hingegen kommt eine Zellmembran zu.

Diese kleinen plasmatischen Systeme sind verhältnismäßig selbstständige Gebilde, kleinste Lebenseinheiten mit abgeschlossener Organisation es ergibt sich daraus die Merkwürdigkeit, dass, anatomisch betrachtet, ein Lebewesen eigentlich gar kein Individuum zu sein scheint, sondern einen großen Haufen von kleinsten Unterindividuen darstellt, und da ja die eigentlich lebende Masse nur in der Form des Plasmas vorkommt, müssen auch die physiologischen Leistungen des Organismus letzten Endes ihren Schauplatz in den Zellen haben und durch die Einzelleistungen dieser kleinsten Elementarsysteme zustande kommen. So ist man zu der Vorstellung gelangt, dass die Zelle ein Elementarorganismus ist, eine Welt im Kleinen, ein Mikrokosmos.

Die einfachsten Lebewesen bestehen überhaupt nur aus einer einzigen Zelle, in der sich dann sämtliche Lebensprozesse abspielen. Verweilen wir bei diesen „Einzelligen" einen Augenblick, um den Begriff der Zelle zu beleben!

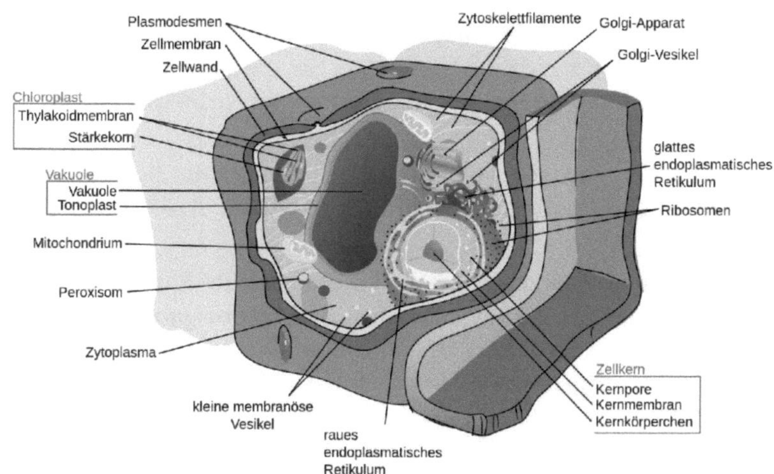

Abb. 2.6: Aufbau und Organisation einer typischen pflanzlichen Zelle. Tierische Zellen sind ähnlich gebaut. „Protoplasma" ist die pauschale Bezeichnung für die innere sol- oder gelartige Masse aller lebenden Zellen inklusive Zellkern. Das Zellplasma ohne Kern und ohne strukturell abgrenzbare Bereiche mit besonderer Funktion (z.B. Chloroplasten, Mitochondrien, Vakuole usw.) wird dagegen als Zytoplasma bezeichnet. Im Text werden die Funktionen der strukturell abgrenzbaren Bereiche nicht weiter erläutert, da für das Thema des Buchs nur einige grundlegende Erscheinungen von Interesse sind. Bild: CC0 LadyofHats.

In einem Tropfen Grabenwasser, den wir bei starker Vergrößerung betrachten, ergötzt uns ein buntes Gewirr von recht verschiedenartigen Lebewesen. Eins fällt uns besonders auf: ein kleines, nacktes, helles Klümpchen Schleim, das auf der festen Unterlage herumkriecht. Im Innern ist es sehr feinkörnig, an der Oberfläche von einer durchsichtigen, hellen Zone umgrenzt. Es ist in fortwährender Veränderung begriffen. Unregelmäßige Vorsprünge und Lappen bilden sich an seiner Peripherie, die Masse des übrigen Leibes strömt nach und so rutscht das gestaltlose Wesen, die Amöbe (siehe Abb. 2.7), weiter. In dem Innern ist ein kleines, stark lichtbrechendes Bläschen (Abb. 2.7, n) zu sehen, der sogenannte Zellkern, ein Organ, das mit verschwindenden Ausnahmen sämtlichen Zellen zukommt.

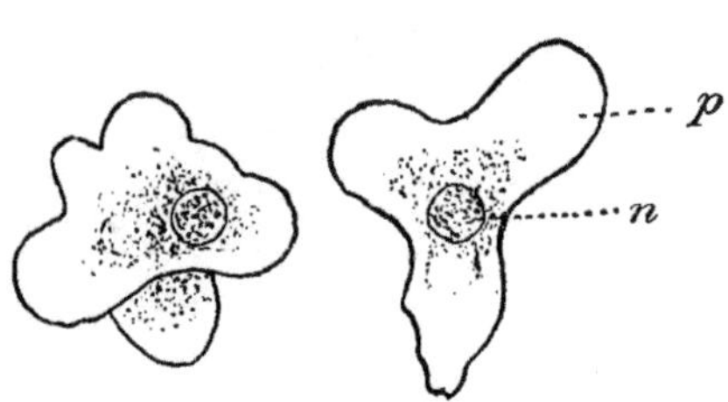

Abb. 2.7: Eine Amöbe, in zwei Stadien der Kriechbewegung, stark vergrößert. n Zellkern, p Zellplasma (Nach Verworn).

Zellplasma und Zellkern bilden also zusammen das Protoplasma dieses einzelligen Lebewesens.

Jetzt stößt unsere Amöbe auf ein anderes niederes Lebewesen, eine kleine Diatomee, eine Kieselalge. Sie umfließt sie, nimmt sie in das Innere ihres Plasmas auf. Die Diatomee wird blasser und blasser.

Die Amöbe verdaut sie. Schließlich werden die Schale und der unverdauliche Rest ausgestoßen. So frisst die Amöbe weiter und wird größer.

Nach einiger Zeit zeigt sich an ihr eine seichte Furche, die immer tiefer einschneidet, bis sie schließlich die Amöbe ganz durchschnürt hat. Es sind jetzt zwei da. Die Amöbe hat sich vermehrt. Geatmet, d. h. Sauerstoff aufgenommen hat sie fortwährend; denn wenn wir den Sauerstoff durch dichten Abschluss des Wassertropfens gegen die Luft fernhalten, so hört bald die Bewegung auf und schließlich erstickt die Amöbe. Bewegung, Ernährung, Verdauung, Exkretion, Vermehrung, Atmung, d. h. alle Lebenserscheinungen in dieser Zelle vereinigt.

So verschiedenartig auch an Form und Größe die Zellen sein mögen, die die höheren Lebewesen zusammensetzen, die eigentlich lebende Substanz ist stets ganz ähnlich wie bei der Amöbe. Es kommen zum Beispiel in unserem eigenen Körper Zellen vor, die den Amöben sehr ähnlich sehen. Das sind die Wanderzellen oder weißen Blutkörperchen in unserem Blut. Und wenn wir die Zellen mikroskopisch betrachten, welche die Schleimhäute der Nase, der Luströhre und der feinen Verästelungen der Lunge zusammensetzen, oder etwa die, welche die Magenräume eines Schwammes überziehen (Abb. 2.8), so sehen wir Bilder, die ganz auffällig an Infusionstierchen, also an einzellige Lebewesen erinnern. Jene Zellen tragen nämlich feine Wimpern oder einzelne

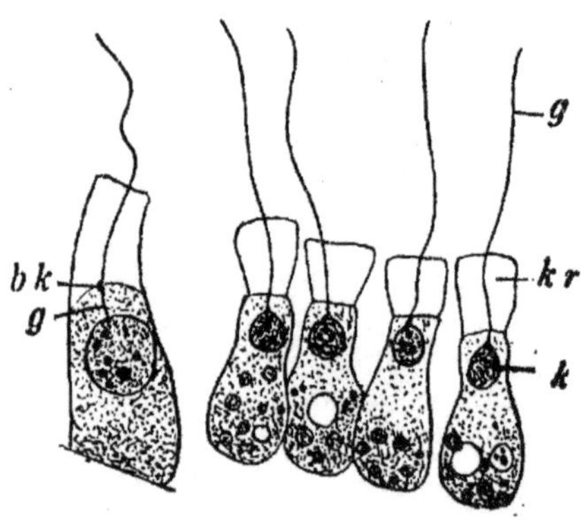

Abb. 2.8: Kragengeißelzellen aus dem Magenkammerraum eines Schwammes. kr Kragenartiger Fortsatz; k Kern; g Geißel. (Nach K. C. Schneider, aus "Kultur der Gegenwart".)

Geißeln, die lebhaft hin und her schlagen, geradeso wie die Ruderhärchen, mit denen ein Geißeltierchen (ein Flagellat, Abb. 2.10) oder ein Wimperinfusor (Abb. 2.18) durch das Wasser rudert.

Vergrößern wir einmal einen zarten Schnitt durch die äußerste Spitze einer jungen Keimwurzel (siehe Abb. 2.9).

Das Gewebe besteht aus einer Unzahl kleinster Kämmerchen, deren Wände aus Zellulose, einer stickstofffreien, der Stärke ähnlichen Substanz gebildet sind. In dem Innern der Kammern bemerkt man eine feinkörnige, grauliche

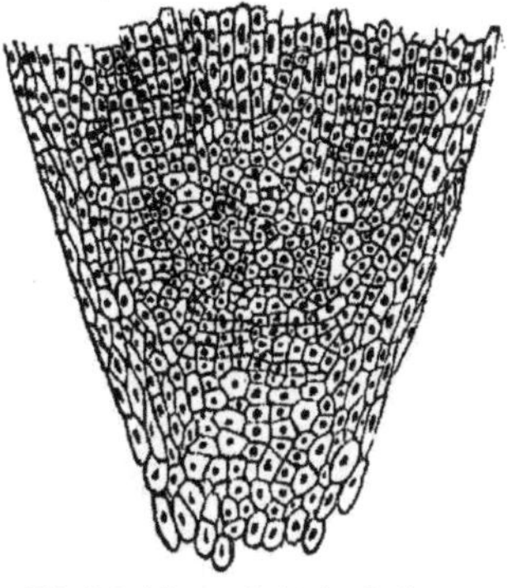

Abb. 2.9: Längsschnitt durch die Spitze einer Hyazinthenwurzel, 80-mal vergrößert. Die Punkte in den Zellen sind die Zellkerne.

Masse, das Protoplasma und in ihr einen deutlich umschriebenen runden Körper, den Zellkern, das konstante Zentralorgan der Zelle.

Etwas entfernter von dem Scheitel der Wurzel sehen die Zellen etwas anders aus (Abb. 2.11).

Im Innern des Plasmas hat sich ein großer Saftraum (s) gebildet, der das Plasma (p) in dünner Schicht an die Zellmembran (w) gepresst hat. Eine solche typische pflanzliche Zelle stellt also ein kleines Bläschen dar, dessen Wandung von Plasma gebildet und das mit Zellsaft angefüllt ist. Das Ganze ist dann fest in die Zellulosekammer eingepresst.

Ein ähnliches Bild bietet sich dem Auge, wenn man etwa pflanzliche Haare, z. B. die Haare, welche an allen Teilen der Springgurke (Momordica elaterium) sich befinden, betrachtet. Sie bestehen aus einer Reihe von Zellkammern, in denen wieder die lebenden Zellblasen

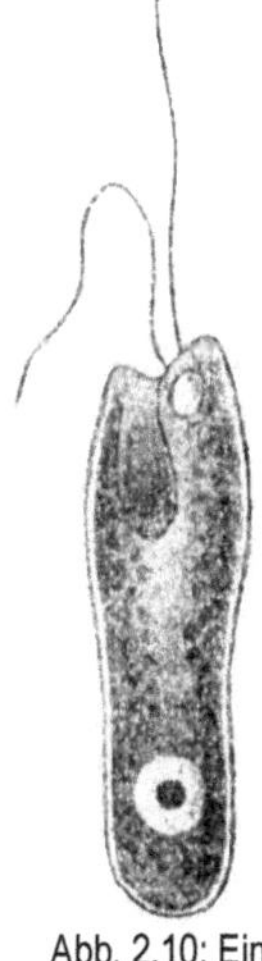

Abb. 2.10: Ein Flagellat.

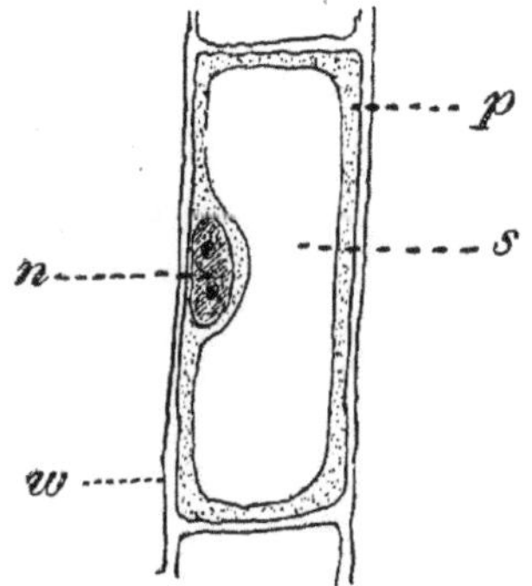

Abb. 2.11: Eine ältere pflanzliche Zelle, in dem sich ein Saftraum entwickelt hat. n Zellkern; p Zellplasma; w Zellwand; s Zellsaft.

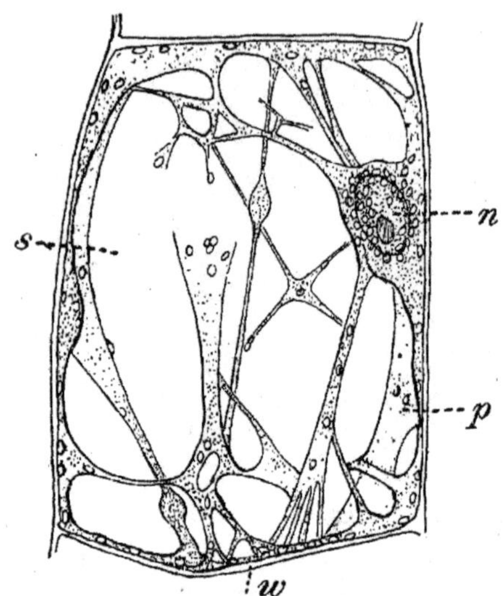

Abb. 2.12: Eine Haarzelle von der Springgurke (Momordioa, gleiterium). Der Zellsaftraum ist von einem Netz von Plasmafäden und sbändern durchzogen, in denen sich das von kleineren und größeren Körnchen durchsetzte Plasma in steter Bewegung befindet. n Zellkern; p Zellplasma; w Zellwand; s Zellsaft.

oder, wie man auch sagt, die Protoplasten liegen. Der Zellsaftraum ist hier von plasmatischen Strängen und Fäden hinüber und herüber durchsetzt (vgl. Abb. 2.12). In diesen Zellen zeigt sich etwas, das uns unmittelbar vor Augen führt, dass wir ein lebendiges Gebilde vor uns haben. Das gesamte Plasma ist in Bewegung begriffen. Die Bänder und Fäden entlang, an den Wänden hinauf und herab, überall schiebt sich's, fließt und gleitet es. Dabei verändern sich die Form und Lage der ausgespannten Plasmabänder langsam. Der Zellkern wird oft mitgeschleppt von dem strömenden Plasma, in das er eingebettet ist. Ein höchst fesselndes Schauspiel; man glaubt, direkt in die Werkstatt des Lebens hineinzuschauen.

Die tierischen Gewebe sind ganz ähnlich aus einzelnen Zellen zusammengesetzt, wie z. B. Abb. 2.13 zeigt. Nur fehlen ihnen, wie schon bemerkt, die festen Kammern. Außerdem kann das Bild der Gewebe durch weitgehende Umgestaltung der Zellen und Ausbildung besonderer Produkte sich sehr verändern, sodass der zelluläre Aufbau nur noch schwierig oder nur durch Verfolgung der Entwicklungsgeschichte zu erkennen ist.

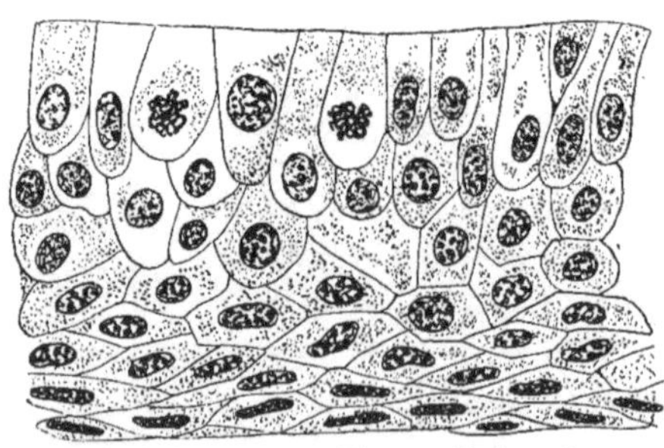

Abb. 2.13: Geschichtetes Plattenepithel von der Hornhaut des Menschen. (Nach R. Krause, aus "Kultur der Gegenwart".)

In der Wurzelspitze und in dem Knospenherz der Pflanzen, im wachsenden Gewebe der Tiere, kurz überall, wo Wachstums- und Entwicklungsprozesse in jugendlichen Geweben vor sich gehen, spielt sich ein höchst wichtiger Vorgang in den Zellen ab, nämlich die Zellvermehrung. Die Zellen müssen sich vermehren, ihre Zahl muss zunehmen, wenn die Organismen aus kleinsten Anfängen heraus wachsen; und auch im fertigen Organismus ist fortwährende Zellvermehrung zum Ersatz der absterbenden Teile eine Notwendigkeit. Die Zellen vermehren sich nun durch Teilung. Bei den einzelligen Lebewesen ist mit der Teilung gleichzeitig eine Vermehrung der Individuen, d. h. eine Fortpflanzung gegeben. Wir wollen deshalb die Zellteilung dieser Lebewesen erst bei späterer Gelegenheit besprechen und hier uns zunächst mit jugendlichen Geweben höherer Organismen befassen.

Eine höchst sinnreiche, neuerdings zu einem hohen Grad von Vollendung entwickelte Methodik hat uns in den Stand gesetzt, die Zellteilung bis in alle Einzelheiten zu verfolgen. Eine junge Wurzelspitze z. B. wird auf folgende Weise zur mikroskopischen Beobachtung vorbereitet Sie wird zuerst schnell durch starke Gifte (Alkohol, Sublimat, Osmiumsäure usw.) abgetötet, dann mit Alkohol gehärtet und mit flüssigem Paraffin durchtränkt, natürlich bei höherer Temperatur (50−60°). Wenn das Paraffin gut in das Gewebe eingedrungen ist, lässt man es erst erstarren und schneidet nun um die Wurzelspitze einen kleinen Würfel heraus, in welchem sie, wie eine Mücke im Bernstein, sitzt. Mit einem außerordentlich feinen Schneideapparat (einem sogenannten Mikrotom) zerlegt man dann diesen Würfel, und damit auch die in ihm steckende Wurzelspitze in sehr dünne Schnitte (0.005-0.01 mm). Nachdem aus Letzteren das lästige Paraffin wieder herausgelöst ist, werden sie mit verschiedenen Farblösungen behandelt, um die einzelnen Zellbestandteile deutlich hervortreten zu lassen. Einen solchen außerordentlich dünnen gefärbten Schnitt stellt die Abb. 2.8 bei schwächerer Vergrößerung dar. Eine kleine Partie ist stärker vergrößert und in Abb. 2.14 abgebildet worden. Sie zeigt uns nebeneinander Zellen in verschieden weit vorgeschrittener Zellteilung begriffen.

Besonders auffällig verändert sich der Zellkern bei ihr. In Zellen, die sich nicht teilen (z. B. a in Abb. 2.14), ist er feinkörnig. Langsam wird er dann grobkörnig (b) und schließlich vereinigen sich diese

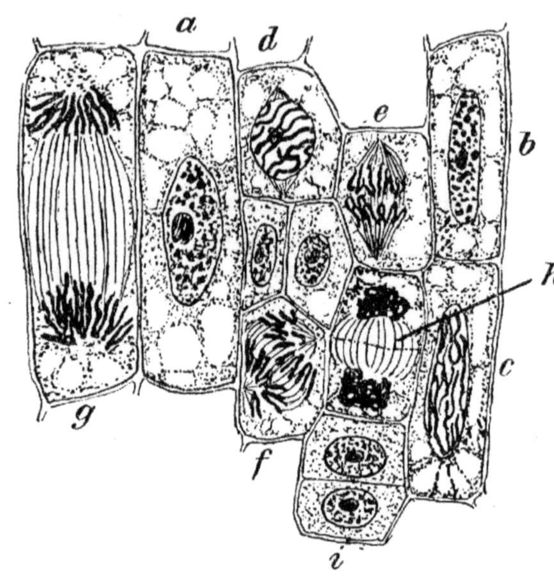

Abb. 2.14: Ein Stück aus dem Gewebe einer Hyazinthenwurzel mit Zellen in verschiedenen Stadien der Zellteilung, 480-mal vergrößert. Erklärung der Buchstaben im Text.

Körner zu einem langen Faden, der in schwer verfolgbaren Windungen den Zellkernraum durchzieht (c, d). Jetzt zerfällt er in einzelne Stücke gleicher Länge, die man als Chromosomen bezeichnet, und gleichzeitig verschwindet die Wand des Kernbläschens, sodass der Chromosomenhaufen frei im Plasma liegt. Jedes Chromosom spaltet sich dann der Länge nach in zwei. Inzwischen hat sich oben und unten in der Zelle ein Pol ausgebildet, von welchem ein zartes Büschel feinster Fäden auf die Chromosomen zustrahlt und mit ihnen in Verbindung tritt. Sie erfassen die Hälften der Chromosomen und führen sie auseinander den Polen zu.

Den Beginn dieses Auseinanderziehens zeigt e, bei f sind die Chromosomenhälften schon weiter voneinander gerückt, bei g sind sie an den Polen angelangt. Hier vereinigen sich die Fadenstücke wieder zu einem Knäuel, wie dies h zeigt, während sich gleichzeitig in der Mitte eine Scheidewand anlegt, und zwar im Anschluss an die Reste des Strahlenbüschels (h). Aus den Knäueln entstehen dann allmählich wieder die feinkörnigen Kernbläschen. Zwischen ihnen ist eine neue Membran ausgespannt, die natürlich auch das Zellplasma geteilt hat. Bei i würde der Prozess der Zellteilung eben beendet sein (vgl. auch das Schema in Abb. 2.15).

Bei niederen Organismen kommen Abweichungen von diesem Schema vor, indem einmal der Teilungsvorgang vereinfacht wird

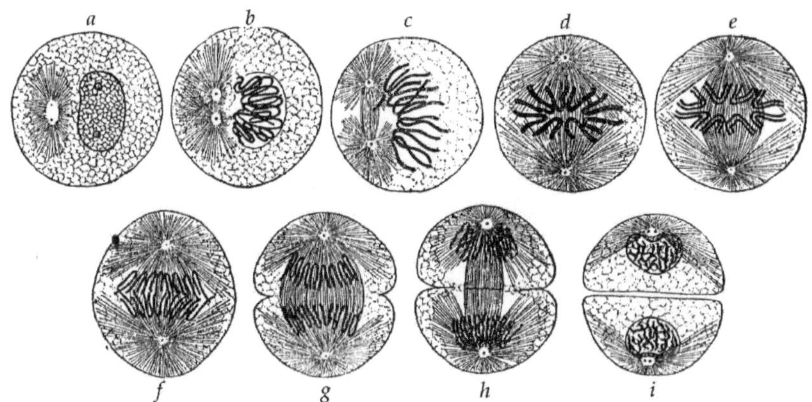

Abb. 2.15: Schema der Teilung einer tierischen Zelle. Man bemerkt hier ein Strahlungszentrum, das sich bei der Teilung teilt. Die neuen Zentren rücken an die Pole. (Nach Weißenberg, aus "Kultur der Gegenwart".)

und dann auch Kern- und Zellteilung unabhängig voneinander verlaufen können. Das Letztere ist bei den Zellen der Fall, welche nicht einen, sondern mehrere Kerne besitzen. Abgesehen hiervon verläuft aber bei allen Zellen, mögen sie Tieren oder Pflanzen angehören, der Prozess der Zellteilung in der obigen Weise, sodass wir hier wiederum eine schöne, das gesamte Reich der Lebenswelt durchdringende, Gesetzmäßigkeit konstatieren können.

Eins ist höchst merkwürdig bei diesem Vorgang und hat eine tiefere Bedeutung. Das ist die auffallende Rolle, die der Zellkern dabei spielt. Welche komplizierten Veränderungen in ihm! Welche umständliche, peinlich genaue Halbierung seiner Masse! Dazu kommt, dass die Zahl der Chromosomen, also der Kernelemente, die sich bei der Teilung scharf hervorheben, konstant ist für jede Organismenart und durch die Spaltung von Kernteilung zu Kernteilung im Großen und Ganzen erhalten wird. Der Feuersalamander und die Lilie haben 24, der Mensch ebenso viel (nach andern 32), eine Rasse des Pferdespulwurms hat nur zwei, während ein Krebschen (Artemia) 168 besitzt. Gewiss eine merkwürdige Tatsache, doch was hat sie zu bedeuten? Viele Forschungen knüpfen sich an dies Bläschen in den Zellen, den Zellkern und an seine individualisierten Einheiten, die Chromosomen. Im Zusammenhang mit Vorgängen der Befruchtung hat man erkannt, dass im Zellkern das enthalten ist, was der Organismenart ihre Eigentümlichkeiten gibt, das Erbteil, das es bewirkt, dass aus dem Keim einer Eiche immer wieder genau eine Eiche und aus dem Keim eines Menschen immer wieder ein Mensch hervorgeht. Von Teilung zu Teilung wird diese Erbmasse weitergegeben, genau halbiert, damit nichts verloren geht. Der Kern ist ihr Behältnis, er ist der Träger der erblichen Eigenschaften.

2.3.1 Die Informationsverarbeitung von Reizen

Der fortwährende Zusammenhang mit der Umgebung ist die hervorstechendste Eigentümlichkeit des Lebens. Ja das Leben konnte sogar geradezu als dieses Abgestimmtsein, der im Innern eines Systems ablaufenden Vorgänge, auf äußere gleichzeitig verlaufende, definiert werden.

Die Fähigkeit alles Lebendigen, auf Einwirkungen von außen mit eigenartigen Gegenwirkungen zu antworten, wird als Reizbarkeit bezeichnet, die äußeren Einwirkungen sind die Reize. Man kann also auch das Leben direkt als Reizbarkeit definieren, nur Lebewesen sind reizbar, tote Gegenstände nicht. Wodurch unterscheidet sich nun aber das Verhältnis „Reiz — Reaktion" von dem Verhältnis „Ursache — Wirkung", wie es in der Physik gilt?

Nehmen wir zwei Keimlinge von einer Bohne, die eben einen jungen Spross nach oben und eine Wurzel nach unten entwickelt haben, töten den einen etwa durch Chloroformdämpfe ab und befestigen beide in der Mitte, sodass sie waagerecht orientiert sind. Der tote Keimling verhält sich wie ein Stab, den man in der Mitte befestigt hat und horizontal hält. Die beiden freien Enden biegen sich unter dem Einfluss der Schwerkraft mehr oder weniger weit nach abwärts. Der lebendige Keimling daneben scheint sich, was die Wurzel anbelangt, ähnlich zu verhalten, auch sie biegt sich allmählich abwärts, jedoch viel weiter, bis sie genau senkrecht steht, und ferner selbst dann, wenn man sie unterstützen würde, ja sie sucht sogar gegen einen Widerstand diese Lage zu erreichen. Der Spross aber macht gerade das Gegenteil, er krümmt sich aufwärts. In beiden Fällen ist die äußere Einwirkung die Schwerkraft, der Erfolg jedoch ist ein ganz verschiedener. Die beiden Enden des toten Keimlings biegen sich nach Maßgabe ihrer Dehnbarkeit ein Stück weit nach unten und verharren sodann in dieser Lage. Aus Länge, Form, Gewicht, Dehnbarkeit kann man vorhersagen, welche Wirkung die Schwerkraft haben wird, wie weit sich die Enden biegen. Dies lässt sich bei dem lebenden Keimling nicht bestimmen.

Die äußere Einwirkung, die Schwerkraft, steht in gar keinem übersehbaren Verhältnis zu der Gegenwirkung. Die Wurzel krümmt sich, ob lang oder kurz, dick oder dünn, lotrecht nach abwärts, und der Spross tut gerade das Gegenteil, er strebt lotrecht nach oben. Noch ausfallender aber wird der Unterschied, wenn wir die waagerechte Wurzel in die Nähe einer recht feuchten Tonplatte bringen. Sie folgt dann überhaupt nicht mehr der Schwerkraft, sondern krümmt sich nach dem Feuchten.

Also in einem Fall wirkt die Schwerkraft auf einen leblosen Körper. Die „Wirkung" steht in einfachem Verhältnis zur „Ursache", erfolgt immer in derselben Weise und ist mathematisch genau bestimmbar.

Im zweiten Fall „reizt" die Schwerkraft ein Lebewesen; die „Reaktion" steht zum „Reiz" in keinem einfachen, mathematisch fassbaren Verhältnis-, sie erfolgt an verschiedenen Stellen verschieden und ist unter besonderen Bedingungen abänderbar. Im ersten Fall wirkt die Schwerkraft auf einen stabilen physikalischen Körper, im zweiten trifft sie auf einen überaus labilen komplizierten Mechanismus, das lebende Plasma, in dem die mannigfachsten Kräfte schlummern deshalb kann ein und derselbe Reiz zu gewissen Zeiten gar keine, zu anderen sehr große Wirkungen hervorrufen, in verschiedenen Arten, Individuen, ja in verschiedenen Zellen desselben Individuums ganz verschiedene Effekte veranlassen; ein ganz geringfügiger Reiz kann die gewaltigsten Kraftanstrengungen auslösen.

Die Unterschiede der Reaktion auf denselben Reiz hängen beim Lebewesen damit zusammen, dass ein Reiz aus zwei Komponenten besteht. Die eine Komponente ist physikalischer, chemischer oder biochemischer Natur. Wir wollen diese Komponente den „energetischen Träger" des Reizes nennen. Die andere Komponente ist die Botschaft, die ein Reiz enthält. Die Botschaft ist eine bestimmte Information. Und diese Information ist das, was eine Wirkung hervorruft. Deshalb kann es vorkommen, dass derselbe Reiz zu einer anderen Zeit zwar durch einen gleich starken energetischen Träger vermittelt wird, aber die unsichtbare Information, die dieser Träger mit sich bringt, völlig anders bewertet wird. Einmal wird die Information als wichtig angesehen und die Reaktion ist heftig. Ein andermal wird die Information als unwichtig bewertet und es erfolgt gar keine oder nur eine schwache Reaktion.

Mit dem Wort „auslösen" ist eine weitere Beleuchtung der Sachlage gegeben. Die Reizvorgänge sind „Auslösungsvorgänge". Die Reize lösen das im Lebewesen vorhandene Spielwerk aus, und da dies nicht eine fixe Struktur darstellt, sondern durch tausendfältige Innenbeziehungen und Bewertungen veränderlich und zudem nach Art, Individuum und Ort verschieden ist, so erklären sich zur Genüge die nicht vorhersehbaren Wirkungen.

Übrigens sind solche Auslösungsvorgänge nicht ohne Beispiel bei anorganischen Geschehnissen, wie sich ja überhaupt ein prinzipiell durchgreifender Unterschied zwischen künstlichen und organischen Mechanismen nicht aufstellen lässt. Wenn z. B. der Eröffner einer Ausstellung auf einen Knopf drückt und in dem Moment durch elektrische Übertragung Böllerschüsse erdröhnen, Springbrunnen sprudeln, Musikwerke Spielen, Maschinen arbeiten, so steht der Druck in gar keinem Verhältnis zu den verschiedenartigen Wirkungen. Er löst nur die in der Bauart der verschiedenen Mechanismen ruhenden Spannkräfte aus. Es ist auch hier die Botschaft, also die Information, die durch den Knopfdruck weitergeleitet wird. Und die Botschaft lautet: „Das Spektakel soll beginnen!" Nur diese Information wird elektrisch übertragen, nicht aber die Stärke des Drucks auf den Startknopf. Vom Startmechanismus des Spektakels wird die Information verstanden und dieser verteilt dann die Startinformation auf elektrischem, mechanischem, chemischem, hydrodynamischem oder sonstigem Weg weiter an die einzelnen Vorrichtungen, die zum Spektakel beitragen.

Die Information bleibt die gleiche während der ganzen Weiterleitung, nur der Träger der Information wechselt. Zuerst war der Träger mechanisch, nämlich der Druck. Dann wechselte die Information auf einen elektrischen Träger und schließlich wurde die Information auf zahlreiche andere Träger verteilt. Hierin erkennen wir ein Prinzip der Reizweiterleitung, das sich auch Pflanzen oder Tiere zunutze machen.

In diesem Sinne sind alle Vorgänge in einem Organismus Reizvorgänge. Sie beruhen auf einer reizbaren Struktur des Plasmas.

Doch sind nur jene Reizvorgänge unserer direkten Beobachtung zugänglich, die eine sichtbare Gegenwirkung des Organismus erkennen lassen, und an diese denkt man vornehmlich, wenn man von Reizvorgängen spricht. Damit zunächst irgendeine äußere Ursache zu einem Lebewesen in Beziehung treten kann, muss dies einen Rezeptor dafür besitzen.

Das Lebewesen muss den Reiz „aufnehmen" oder, wie man auch sagen könnte, „wahrnehmen". Dadurch wird ja eine äußere Ursache überhaupt erst zum Reiz. Das ist nicht selbstverständlich. Uns geht für manche Einwirkungen der Außenwelt, wie zum Beispiel für die elektrischen Wellen, das Wahrnehmungsvermögen ab, ebenso wenig wie wir so feine Feuchtigkeitsdifferenzen wahrnehmen können, wie es Wurzeln vermögen. Menschen besitzen keine Rezeptoren für die Wahrnehmung elektrischer Wellen.

Um etwas wahrnehmen zu können, muss der Rezeptor für die Wahrnehmung des spezifischen Reizes geeignet sein und das Lebewesen muss den Reiz „erkennen" können. Erkennen bedeutet vergleichen mit einem erlernten oder angeborenen Muster. Dazu ist eine wie auch immer geartete Informationsverarbeitung nötig. Typische Rezeptoren sind solche für die Wahrnehmung von Licht, Schallwellen, Berührung, Druck, Dehnung, Temperatur, Geruch oder Geschmack.

Ferner muss der Reiz eine gewisse untere Grenze seiner Stärke erreichen, er muss, wie man sich ausdrückt; die Reizschwelle überschreiten. Bei den Pflanzen hat sich allgemein herausgestellt, dass diese Schwelle auch von der Zeit der Einwirkung des von außen herantretenden Agens in gesetzmäßiger Weise abhängt. Eine hohe Reizstärke erreicht nach kürzerer Zeit die Schwelle als eine geringere, und zwar ist diese Beziehung ganz gesetzmäßig derart, dass der erforderliche Schwellenwert des Reizes immer das Produkt aus der Reizstärke und der Zeit der Reizung ist, das heißt aber nichts anderes, als dass immer eine gewisse Menge der durch die äußeren Einwirkungen (Licht, Schwerkraft) erzeugten Veränderungen im reizbaren Plasma mindestens aufgehäuft sein muss, bis der Reizerfolg eintreten kann. Dieser selbst ist aber nun ganz allgemein bei Tier und Pflanze nicht mehr von weiterer Steigerung des Reizes abhängig, sondern erfolgt sofort mit der vollen Stärke, geradeso wie eine elektrische Klingel auf den leichten Druck des Fingers, wenn er nur eben stark genug ist, in gleicher Weise, wie auf einen Hammerschlag antwortet. Das liegt eben in dem Auslösungscharakter aller Reizerscheinungen.

An die Aufnahme des Reizes muss sich eine Fortleitung der Erregung bzw. der Reiz-Information anschließen, denn wir sehen ja oft genug, dass der Erfolg räumlich getrennt von der Stelle ist, wo der Reiz wirkte, und schließlich tritt dann eben dieser Erfolg ein, sei es eine Muskelbewegung bei dem Tier, ein bestimmt gerichteter Wachstumsvorgang bei der Pflanze oder etwas anderes. Aus Reizaufnahme, Reizleitung der Information und Reizerfolg setzt sich also jeder Reizvorgang zusammen, sie bilden die sogenannte „Reizkette".

Dass die Reizverarbeitung nicht notwendig an besondere Organe und Nerven gebunden ist, sondern dass letztere erst nach dem Prinzip der Arbeitsteilung geschaffene, raffinierte Ausgestaltungen allgemeinster im Plasma schlummernder Fähigkeiten sind, zeigen die einfach organisierten niederen Lebewesen, mit denen wir uns infolgedessen in erster Linie zu befassen haben. Reizverarbeitung schließt die Verarbeitung der Information ein, die mit dem Reiz kommt. Und interessanterweise gehört zu den im Plasma schlummernden Fähigkeiten deshalb auch die Informationsverarbeitung.

Schon ein so einfaches Klümpchen Protoplasma, wie es eine Amöbe ist, zeigt ganz typische Reizerscheinungen. Prallt z. B. ein daherschießendes Infusor an einen ihrer ausgestreckten Fortsätze an, so zieht sie ihn ein. Sie hat die Berührung auch ohne Tastnerv wahrgenommen.

Auf Haufen von Gerberlohe quellen oft rahmartige gelbliche Massen hervor, die auch das Innere der Haufen in Form von netzartigen Strängen durchziehen. Ursache ist ein Lebewesen einfachster Art, die sogenannte Lohblüte (Fuligo septica). Jener gestaltlose, aus unzähligen amöbenähnlichen Einzelwesen zusammengesetzte Schleim, wird zu gewissen Zeiten veranlasst, aus dem Moder des Waldbodens ans Licht zu kriechen. Das Licht wirkt als Reiz auf den Schleimpilz, sodass er mit Sicherheit den Weg zum Tageslicht findet, und zwar ohne Augen. Zuzeiten sind auch Dorfteiche, Pfützen ganz grün gefärbt.

Ein Tropfen davon zeigt sich unter dem Mikroskop erfüllt von kleinsten, bläschenförmigen Zellen, die einen grünen Chlorophyllkörper besitzen und sich mittels zweier an einem Ende befestigter Geißeln lebhaft herumtummeln. Es sind sogenannte Chlamydomonaden (s. Abb. 2.16 a). Lässt man ein Glas, gefüllt mit dem grünen Wasser, am Fenster stehen, so bildet sich bald auf der dem Licht zugewandten Seite ein dichter grüner Überzug. Bringen wir einen Tropfen auf eine kleine Glasscheibe und beleuchten ihn einseitig, so sehen wir unter dem Mikroskop die grünen Bläschen stracks nach dem Rande des Tropfens hinschwimmen, von wo die Lichtstrahlen einfallen, und sich hier ansammeln (siehe Abb. 2.16 b).

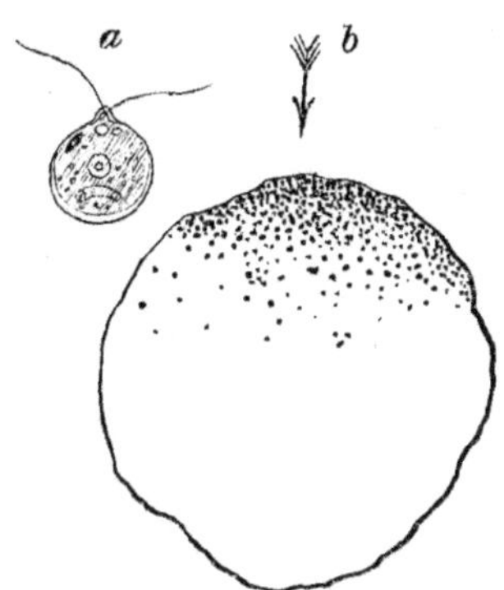

Abb. 2.16: Ein Wassertropfen, in welchem sich grüne Chlamydomonaden an der Lichtseite angesammelt haben. Die schwarzen Punkte stellen die Algen dar, der Pfeil bezeichnet die Richtung des einfallendeu Lichtes. er eine einzelne mit zwei Rudergeißeln versehene Chlamydomonas, stärker vergrößert. (a nach Goroschankin.)

Die Schwärmer sind alle dem Licht zugeeilt und haben dies auch ohne Augen gekonnt. Betrachten wir einen Tropfen aus einem Gefäß, in dem wir eine Handvoll Heu im Wasser haben faulen lassen, unter dem Mikroskop, so sehen wir Schwärme eines anderen niederen Lebewesens, welches erheblich größer als die grünen Chlamydomonaden und etwa 60-mal so groß als ein Bakterium ist (vgl. Abb. 2.18). Der einzellige Körper ist länglich, eiförmig, farblos und mit einem Kleid feiner Wimpern bedeckt, durch deren Ruderbewegung das Tierchen schwimmt, es heißt Paramaecium.

Befindet sich zufällig ein Flöckchen verfaulten Heus im Tropfen, so wird dies bald von den Paramäzien umringt, immer mehr kommen dazu, sodass schließlich ein lebhaftes Gedränge um die Beute entsteht, etwa so, wie Fische von allen Seiten zusammenschießen, wenn man einen Brocken ins Wasser wirft. Besonders hübsch lässt sich diese Erscheinung bei Bakterien demonstrieren.

Wenn man ein haardünnes, an einem Ende zugeschmolzenes Glasröhrchen (siehe Abb. 2.17 r) mit einer Lösung von Fleischextrakt, also einem von den Bakterien sehr geschätzten Stoff, anfüllt und es dann in einen Wassertropfen hineinlegt, in welchem sich gleich einem tanzenden Mückenschwarm Myriaden beweglicher Fäulnisbakterien herumtummeln, so genießt man folgendes

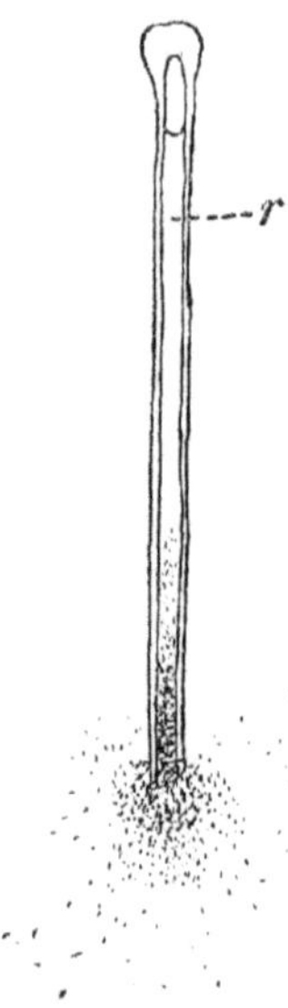

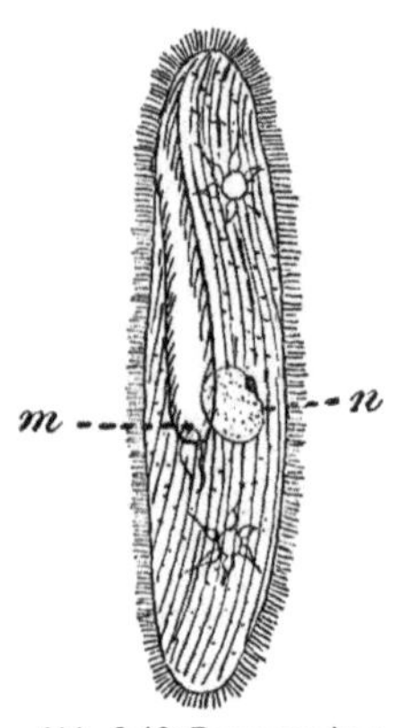

fesselnde Schauspiel. Vor der Mündung des Haarröhrchens bildet sich bald eine Ansammlung von Bakterien, die immer dichter wird. Allmählich dringt der aufgeregt durcheinanderwimmelnde Schwarm in das Röhrchen ein, das schließlich von einem dichten Bakterienpropf erfüllt ist. Der ins Wasser sich verbreitende „reizende" Stoff hat die Ansammlung der Bakterien bewirkt, sie haben ihn wahrgenommen. Ja, sie besitzen sogar ein Unterscheidungsvermögen für verschiedene Stoffe, wie sich gezeigt hat.

Abb. 2.18: Paramaecium caudatum, ein einzellig. Wimperinfusor, 230-fach vergrößert (Nach Bütschli.) Eine Furche führt zur Mundöffnung m; n Zellkern.

Abb. 2.17: Ein mit Fleischextraktlösung angefülltes Kapillarröhrchen (s) in einem Wassertropfen mit beweglichen Bakterien. Der aus der Mündung Auftretende Fleischextrakt hat die Bakterien angelockt; vergr.

Paramäzien wie Bakterien haben keinerlei erkennbare Geruchs- oder Geschmacksorgane. Ohne Sinnesorgane leisten sie dasselbe wie ein mit seinem Geruchssinn begabter Spürhund, der auf der Fährte ist, oder wie eine Fliege, die aus der Ferne zu einem Aas angelockt wird.

Auch die höheren Pflanzen, deren leidenschaftsloses, ruhiges Vegetieren leicht den Anschein von Empfindungslosigkeit erweckt, sind eben so reizbar wie die Tiere, wenngleich ihre Reaktionen weniger mannigfaltig und energisch sind. Da sie im Boden festgewachsen und folglich ohne Ortsbewegung sind, auch im Allgemeinen keine rasch zusammenziehbaren Gewebe, vergleichbar den Muskeln der Tiere, besitzen, ermangeln ihre Reaktionen auf Reize der Außenwelt der auffälligen Raschheit und stellen meist nur ein langsames sich Einstellen auf neue Bedingungen des Milieus dar. Auch ist es nur ein kleiner Teil der Umgebung, für den die Pflanze einen Rezeptor hat.

Besonders für das Licht sind die Pflanzen empfindlich und müssen es sein, da ja, wenigstens für die grünen Pflanzen, das Licht die notwendige Bedingung für die Kohlenstoffgewinnung bei der Kohlensäureassimilation ist (Fotosynthese). So suchen die grünen wachsenden Pflanzenstängel das Licht auf, sie nehmen die Richtung der einfallenden Lichtstrahlen wahr und krümmen sich der Lichtquelle zu. Diese Erscheinung, die man als Lichtwendigkeit oder Heliotropismus bezeichnet, kann jeder aufmerksame Beobachter an Zimmerpflanzen studieren, die in der Nähe des Fensters stehen. Alle jungen wachsenden Spitzen der Topfgewächse haben sich nach dem

Abb. 2.19: Heliotropismus. Ein Topf mit Gerstenkeimlingen, welche einseitiger Beleuchtung ausgesetzt waren. Die Keimlinge haben sich in die durch den Pfeil angedeutete Richtung der Lichtstrahlen eingestellt.

Fenster zu gekrümmt, sie streben aus dem Halbdunkel des Zimmers nach der Helligkeit des Fensters. Besonders schön offenbart sich der Heliotropismus, wenn eine dichte Kultur junger Sämlinge, etwa von Kresse oder Gras, einseitiger Beleuchtung ausgesetzt wird. Jedes Pflänzchen weist genau nach dem Licht, sodass der kleine Wald wie gekämmt erscheint, wie dies die Abbildung 2.19 veranschaulicht, die einen einseitig beleuchteten Topf mit Gerstenkeimlingen darstellt.

Heliotropismus schließt ein, dass die Richtung des stärksten Lichtreizes erkannt wird und Maßnahmen getroffen werden, um zur Richtung des Reizes hinzustreben. Damit das geschieht, ist eine relativ komplexe Informationsverarbeitung vonnöten. Die Gerstenkeimlinge unseres Beispiels müssen sogar eine Art Entscheidung treffen, nämlich dann, wenn sie am Fenster stehen und das Licht beispielsweise im Tageslauf regelmäßig von links nach rechts wandert. Sie müssen sich entscheiden, ob sie sich nach links, nach rechts oder vielleicht eher zur Mitte hin orientieren. Um sich entscheiden zu können, müssen sie allerdings eine Art Reizbewertung durchführen, um die Richtung des stärksten Lichtreizes oder um die Richtung des Mittelwertes herauszufinden (keine leichte Aufgabe also für die Gerstenkeimlinge, insbesondere wenn man bedenkt, dass sogar Menschen manchmal mit der Berechnung eines Mittelwertes auf Kriegsfuß stehen).

Schon das Beispiel des Schleimpilzes zeigte, dass auch farblose Wesen lichtempfindlich sein können. Einige Schimmelpilze sind sogar sehr empfindlich für die Richtung des einfallenden Lichtes. Das Fadengeflecht der Pilze, das sogenannte Myzelium, liebt freilich das Dunkle und wuchert in verwesenden Pflanzenresten, die Fruchtkörper jedoch kommen an die Luft und wachsen bei manchen Arten genau dem Licht zu. Mit welcher Genauigkeit dies geschieht, zeigt das Beispiel eines kleinen Schimmelpilzes (Pilobolus crystallinus), der sich gern auf Pferdemist ansiedelt. Er entwickelt an der Oberfläche einen Rasen dünner Härchen, an deren Spitze eine kleine Kugel sitzt, die mit den Fortpflanzungszellen, den Sporen, gefüllt ist. Die ganze Kugel kann mittels einer besonderen Vorrichtung fortgeschleudert werden. Bringt man nun eine Kultur dieses Pilzes in ein Kästchen, welches nur ein Glasfensterchen besitzt, im Übrigen aber lichtdicht ist, so wird man das Letztere nach einiger Zeit dicht beklebt finden mit den Sporenmassen. Die Träger haben sich alle in die Richtung der durch das Fensterchen einfallenden Lichtstrahlen gestellt und ihre Schrapnells abgeschossen, und so vortrefflich haben sie gezielt, dass fast alle Schüsse auf der kleinen Lichtscheibe sitzen.

Die Pflanzen haben sogar einen Rezeptor für die genaueste Empfindung ihrer Lage, der zwar auch den Tieren zukommt, aber noch feiner ist. Pflanzen vermögen die Richtung der Schwerkraft wahrzunehmen und sich zu ihr in verschiedener Weise zu orientieren. Werden die Pflanzenteile aus dieser bestimmten Lage gebracht, so krümmen sie sich so lange, bis sie dieselbe wieder erreicht haben.

Jahrhundertelang hat sich niemand darüber gewundert, dass die Stämme und Stängel der Bäume und Kräuter senkrecht in die Höhe wachsen und die Wurzel senkrecht hinab wächst, bis die Pflanzenphysiologie diese fast selbstverständliche Tatsache zum Problem machte. Es erwies sich, dass in der Tat die Gravitation auf die Pflanzen als Reiz wirkt. Doch, was geschieht, wenn eine junge Keimpflanze horizontal gelegt wird? Der Spross krümmt sich aufwärts, die Wurzel abwärts, und zwar so lange, bis sich beide genau in die Richtung des Erdradius eingestellt haben. In der Abb. 2.20 I ist ein Spross einer Gelenkpflanze (Tradescantia fluminensis, der bekannten Ampelpflanze) dargestellt, nachdem er durch

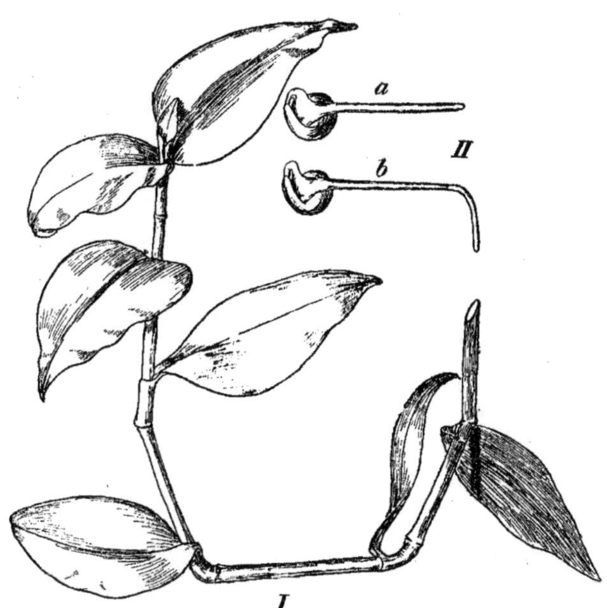

Abb. 2.20: Geotropismus. I Ein herabhängender Sproß der Ampelpflanze
Tradescantia fluminensis hat sich durch Krümmung in den Gelenken wieder
senkrecht nach oben gewandt. II a Ein Keimling der Erbse in waagerechter Lage;
b derselbe nach 24 Stunden, nachdem sich die Keimwurzel gekrümmt hat und
senkrecht nach unten gewachsen ist. (II nach Frank.)

Krümmung in seinen Gelenken den Gipfel in die senkrechte Lage
gebracht hat.

Daneben (II) ist eine Keimwurzel der Erbse abgebildet, deren
Spitze sich abwärts gekrümmt hat. Bei a ist ihre Anfangslage ge-
zeichnet, bei b die Krümmung, die sie nach 24 Stunden ausgeführt
hat. Andere Teile, wie Seitenwurzeln, Blüten, Blätter, nehmen
andere Lagen ein, doch jeder Teil eine ganz bestimmte. So verspürt
die Pflanze aufs Genaueste ihre Orientierung im Raum und vermag
ihre normale Lage Wiederherzustellen, wenn sie durch Sturm,
Wasser gestürzt ist. Eine umgewehte Tanne strebt mit allen ihren
Zweigenden wieder empor. Nichts vermag so unmittelbar zu überzeugen, dass auch in dem harten holzigen Baum das Leben pulst,
als dies mühsame Aufstehen eines gestürzten Baumes.

Bei der Empfindlichkeit der Pflanzen gegenüber der Schwerkraft,
die man als Geotropismus bezeichnet, ist die Frage aufgeworfen
worden, ob die Pflanzen etwa besondere Sinnesorgane besäßen,

vergleichbar denen der Tiere. Kein Geringerer als Charles Darwin hat die Ansicht geäußert, dass das äußerste Spitzchen des Würzelchens allein die Richtung der Schwerkraft wahrnehme und wie das Gehirn eines niederen Tieres wirke (d. h. die Informationsverarbeitung eines Gehirns durchführe!), und man will sogar einen besonderen Rezeptor in der Wurzelspitze und auch in den Stängeln entdeckt haben, der die Lageempfindung vermittelt. Hier gibt es nämlich bestimmte Zellen, die sehr leicht verschiebbare Stärkekörner in ihrem Plasma enthalten. Bei veränderter Lage des Pflanzenorgans fallen diese Körnchen über und lasten auf einem andern Teile des Plasmas als vorher.

Das Plasma soll dann den Druck der Stärkekörner wahrnehmen und damit zugleich die eigene Lage im Raum. Der kleine Apparat soll in ganz ähnlichem Sinne arbeiten wie die sogenannten Statozysten (Gleichgewichtsorgane), die bei vielen niederen im Wasser lebenden Weichtieren, aber auch z. B. bei den Krebsen, vorkommen. Es sind kleine mit Flüssigkeit gefüllte Säckchen, deren Wandung mit empfindlichen Sinneshaaren bekleidet ist. In der Flüssigkeit befinden sich schwerere Körperchen, die sogenannten Gehörsteine, die je nach der Lage des Tieres mit verschiedenen Stellen der Sinneshaarschicht in Berührung kommen und so den Tieren die Wahrnehmung ihrer Lage vermitteln.

Auch im menschlichen Ohr finden sich an bestimmten Stellen, nämlich in den sogenannten Vorhofsbläschen, sehr kleine Kalkkörperchen, die in einer Flüssigkeit oberhalb von feinen Sinneshärchen schweben.

Merkwürdig ist es, dass in der Tat die Spitze der Wurzel eine besondere Empfindlichkeit für den Schwerereiz besitzt.

Ähnlich ist es mit der Lichtempfindlichkeit der Graskeimlinge, indem auch hier die Spitze des Keimblattes besonders empfindlich für den Lichtreiz ist. Bedeckt man das Keimblättchen eines Sämlings der Kolbenhirse mit einem kleinen Stanniolhütchen, so bleibt er bei einseitiger Beleuchtung gerade, obwohl die Zone, in welcher die Krümmung ausgeführt zu werden pflegt, vom Licht getroffen wird.

So ein Verhalten der Graskeimlinge lässt sich wieder erklären, wenn man sich vorstellt, dass eine Informationsverarbeitung vorhanden ist. Im Keimblättchen liegen die Lichtrezeptoren, die Reizinformation wird umgewandelt in eine Steuerung des Wachstumsprozesses. Wo genau diese Informationsverarbeitung stattfindet und wie sie genau weitergeleitet und umgesetzt wird in die Steuerung des Wachstumsprozesses an ganz anderer Stelle, das ist nicht bekannt.

Auch bei den heliotropischen Reaktionen der Pflanze hat man die Frage aufgeworfen, ob und welche besonderen Vorrichtungen sie besäße, um den Lichtreiz aufzunehmen. Irgendwelche Augen im tierischen Sinne besitzt sie natürlich nicht, doch besteht bei manchen Pflanzen, vornehmlich Schattenpflanzen, wie Begonien, Anthurien, die Oberhaut auf der Oberseite der Blätter aus ganz eigenartigen Zellen, die wohl die Wahrnehmung der Richtung der Lichtstrahlen vermitteln. Sie haben alle stark gewölbte Außenwände, sodass sie wie kleinste Sammellinsen aussehen und auch in der Tat, als solche wirken, indem sie das Sonnenlicht sammeln. Es entsteht auf diese Weise in jeder Zelle der Blattoberhaut ein kleiner Brennpunkt, der je nach der Richtung der einfallenden Strahlen auf verschiedene Stellen der inneren, der Linsenfläche gegenüberliegenden Wand der Oberhautzelle fällt. Die dieser Innenwand angelagerte Partie des lebendigen Plasmas soll nun empfindlich sein, sie nimmt den Lichtpunkt wahr, und vermöge der Wahrnehmung führt der Stiel des Blattes eine Bewegung aus, die die Blattseite senkrecht zum einfallenden Licht orientiert. Jede Verschiebung aus dieser Lage hat natürlich auch eine Verschiebung der Lichtpunkte zur Folge, die wiederum vom Plasma empfunden wird und die Veranlassung zu einer entsprechenden Krümmung des Blattstieles gibt. Aber alle genannten Vorgänge funktionieren nicht ohne die Verarbeitung der Information über die Richtung der Lichtstrahlen.

Eine weitere, durch gewisse, gleich zu erörternde Besonderheiten der tierischen Reizprozesse angeregte Frage ist die, ob die Pflanzen spezifische Bahnen für die Signalweiterleitung haben, auf welchen eine örtlich begrenzte Erregung sich fortpflanzen kann. dass Weiterleitung lokaler Reize vorkommt, wie beispielsweise am Graskeimling gezeigt, ist sicher, wenn sie auch nicht überall sichtbar hervortritt. Am auffälligsten zeigt sich die Reizleitung z. B. bei der berühmten Sinnpflanze Mimosa pudica. Wird ein Fiederblättchen am Ende eines Blattes mit einem Streichholz etwas angesengt, so sehen wir die durch diesen Eingriff ausgelöste Erregung daran all-mählich fortschreiten, dass wir ihre sichtbare Wirkung fortschreiten sehen. Nacheinander klappt ein Fiederpaar nach dem andern zusammen, ja nach einiger Zeit klappt auch der Hauptblattstiel nach unten und oft folgen benachbarte Blätter nach. Der Reiz ist also allmählich durch die Spindel des Fiederblattes, den Blattstiel und einen Teil des Stammes gelaufen. Ähnliche, wenn auch weniger auffällige Ausbreitung des Reizes von der Stelle aus, wo er ursprünglich einwirkte, ist auch sonst bei Pflanzen anzunehmen. Kann man nun besondere Reizleitungsbahnen nachweisen, vergleichbar den tierischen Nerven?

Sie müssen allerdings gar nicht vorhanden sein, da im gewöhnlichen Zellplasma Erregungen fortgeleitet werden können und sich durch die feinen plasmatischen Verbindungsfäden zwischen den Zellen auch von einer Zelle zur andern und so schließlich auf größere Entfernungen hin ausbreiten können.

Wir kommen also zu dem Schluss, dass die pflanzliche Reizverarbeitung, sich wohl physiologisch, aber nicht morphologisch definieren lässt, indem weder spezifisch ausgestaltete Aufnahmeorgane noch Leitbahnen in seinen ausschließlichen Dienst gestellt sind. Dieser Regel gegenüber sind einige interessante Erscheinungen nur als Ausnahmefälle zu bezeichnen. Wenn man die Borsten berührt, welche auf der inneren Fläche der Blätter der Venusfliegenfalle (Dinonaea muscipula) stehen, so klappen die beiden Hälften sofort zusammen. Sie fungieren also als eine Art Vermittler des Berührungsreizes.

Dann gibt es eine sehr merkwürdige Orchideenblüte (Pterostylis), die auf Berührungsreiz ihre Lippe bewegt und so den inneren Blütenraum abschließt. Diese Bewegung tritt (vgl. Abb. 2.21) nur ein, wenn das pinselförmige Anhängsel (a)

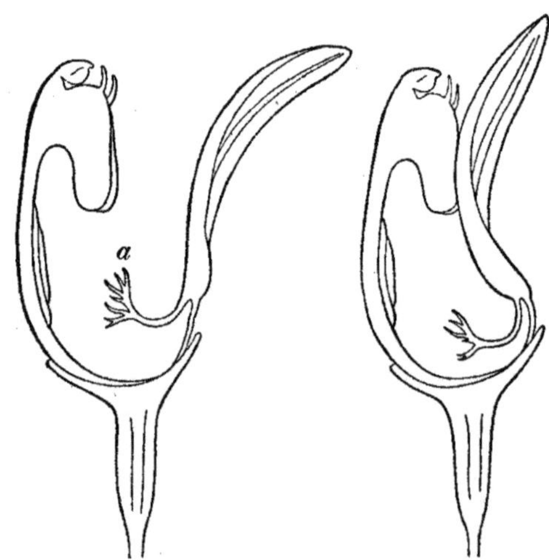

Abb. 2.21: Blüte von Pterostylis. Rechts nach Reizung geschlossen. (Halbschematisch mit Benutzung Fitzgeraldscher Figuren nach Haberlandt.)

berührt wird. Kann man diese Vorrichtungen als Sinnesorgane bezeichnen? Ich glaube nicht.

Auf die Aufnahme dieses Berührungsreizes, auf eine „Tastwahrnehmung" als solche ist es nicht abgesehen, sondern die Borsten und Pinsel sind nur Teile eines zu einem ganz besonderen und seltenen Zweck ausgebildeten Fallenmechanismus, der mit der Reizverarbeitung im tierischen Sinne wenig zu tun hat, wenn er auch natürlich nur durch die Tätigkeit des lebenden reizbaren Plasmas zustande kommt.

Bei den Tieren nun müssen wir annehmen, dass im Prinzip auch hier die Zellen ein einfaches Reizleben führen können und ihre mannigfachen Beziehungen untereinander sich als Reizprozesse darstellen. Alles Leben ist ja nur Reizbarkeit.

Die Zellen der Magenwand werden durch den Reiz der eingeführten Nahrung zur Absonderung des Verdauungsenzyms, des Pepsins, veranlasst. Die weißen Blutkörperchen (Leukozyten), die in ihrem aussehen kleinen Amöben gleichen, zeigen sogar ganz ähnliche Richtungsbewegungen wie die Bakterien. Aus dem Knochenmark und der Milz, wo sie gebildet werden, wandern sie in die Blutbahnen und werden hier passiv durch den ganzen Körper verbreitet. Sie können auch durch die Wandungen der Gefäße hindurchkriechen und sich zwischen die Gewebezellen eindrängen. Ist an irgendeiner Stelle Entzündung infolge einer Wunde eingetreten, so strömen sie dorthin in Massen und bilden den Hauptanteil des Eiters. Die Anlockung dieser Wanderzellen geschieht durch biochemische Stoffe, die die Erreger des Eiters, die Eiterkokken, in der Wunde bilden, und wenn man ein Haarröhrchen mit diesen Eiterkokken oder ihren Stoffwechselprodukten füllt und in das Gewebe eines Tieres bringt, so sind sie nach Kurzem ebenso vollgepfropft mit Leukozyten wie in dem oben beschriebenen entsprechenden Versuch mit

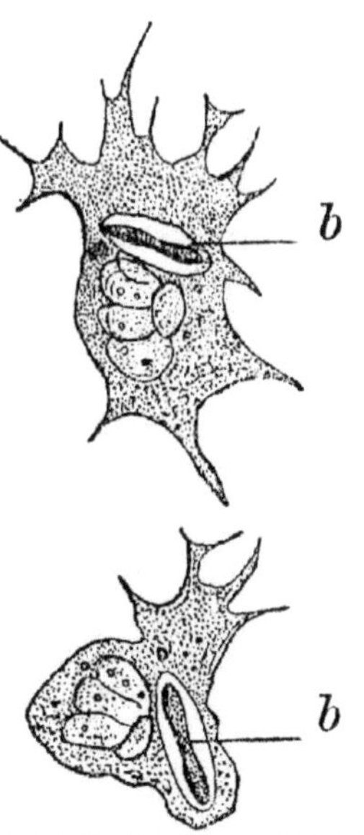

Abb. 2.22: Eine farblose Blutzelle vom Frosch in zwei Stadien des Kriechens dargestellt. Sie hat in ihr Inneres eine Bakterie (b) aufgenommen. (Nach Metschnikoff, aus „Kultur der Gegenwart".)

Fäulnisbakterien. Sie können sogar Bakterien verschlucken, indem sie dieselben ganz wie die Amöben umfließen und in sich aufnehmen (Vergl. Abb. 2.22).

Bei manchen Reizvorgängen im Körper haben sich also einzelne Zellen einen ganz einfachen, selbstständigen Reizmechanismus bewahrt. Die Wichtigsten jedoch, hauptsächlich die, die das Tier in den innigen Kontakt mit den Dingen und Vorgängen der Umgebung bringen, sind in ihren einzelnen Phasen die Spezialität besonderer Zellen oder Zellengruppen geworden, nach dem Prinzip der Arbeitsteilung Besondere immer feiner gebaute scharf umschriebene Organe, die hier die Bezeichnung Sinnesorgan verdienen, nehmen die Reize auf, bestimmte strangartige Gewebe, die Nerven, leiten sie weiter, besondere Zellgruppen können sie kombinieren und magazinieren.

Immer mehr Bestandteile der Außenwelt wirken auf die Sinnesorgane ein, ihre zunächst nur grobe, lückenhafte, verschwommene Masse wird durch immer feinere Details bereichert und es arbeitet sich mit immer größerer Schärfe ein geschlossenes „Bild" heraus von den Dingen und Vorgängen der Umgebung. So zieht auch bei uns Menschen durch das Tor der Sinne die Außenwelt in uns hinein oder vielmehr, aus dieser Beziehung entsteht für uns das, was wir Außenwelt nennen. Doch vermittelt das Nervensystem nicht nur den Rapport mit der Umgebung, sondern auch den zwischen den einzelnen Teilen des Körpers, es beherrscht, wenigstens bei den höher organisierten Tieren somit die gesamten Lebensvorgänge, verbindet sie gewissermaßen zu einheitlichen koordinierten Leistungen. Er ist nach alledem um so reicher entwickelt, je inniger und differenzierter der Kontakt mit der Umwelt und je mannigfacher die Ausgestaltung des Körpers mit Organen ist, kompliziert sich also in der Entwicklungsreihe der Tiere immer mehr.

Die Haut ist es, die die Lebewesen mit der Umgebung zunächst in Berührung bringt, deshalb treten hier zuerst nervöse Elemente auf. Dieser Ursprung ist sogar noch bei den höchsten Tieren erkennbar, indem sich im Embryo das Nervensystem in der Haut anlegt und erst später in das Innere verlagert wird.

Die Protozoen lassen noch keine nervösen Elemente erkennen, wenn sie auch manchmal an bestimmten Stellen ihres Körpers (z. B. dem Wimpernbesatz) besonders reizbar sind. Sie haben aber zum

Teil schon zusammenziehbare Elemente, die den Muskeln vergleichbar sind, Zellmuskeln (Myophane), durch deren Kontraktion z. B. Das Trompetentierchen (Stentor) sich zusammenzieht. Auch die blitzartige Verkürzung des Stieles, auf dem das Glockentierchen (Vorticella) sitzt, wird durch die Kontraktion eines spiraligen Muskelfadens bewirkt.

Erst bei den Zölenteraten (zu denen der Süßwasserpolyp, die Seerosen, Korallen gehören) treffen wir Nervenzellen an, die dann von

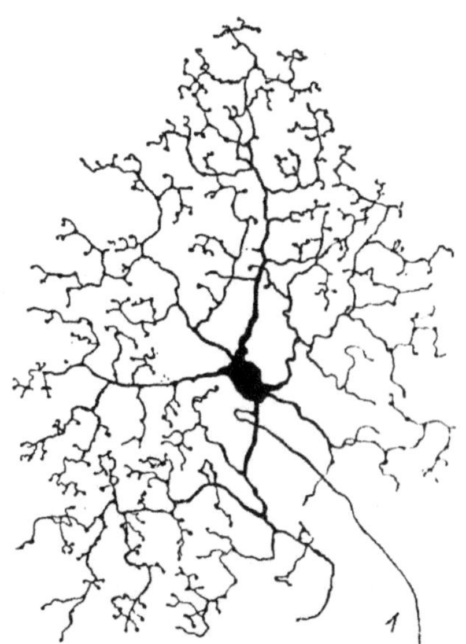

Abb. 2.23: Ganglienzelle aus der Netzhaut einer Eidechse mit mehreren Dendriten und einem Achsenfortsatz (I). (Nach Ramony Cajal, aus Hesse-Dofleim Tierbau und Tierleben.)

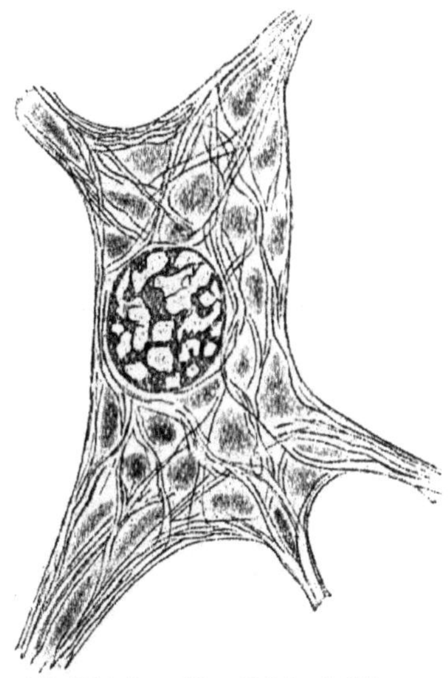

Abb. 2.24: Der mittlere Teil des Zellkörpers, stärker vergrößert. Man bemerkt den Zellkern und die das Plasma durchziehenden Neurofibrillen. (Nach Apáthy, aus Hesse-Doflein.Tierbau und Tierleben.)

hier an in einer großen Mannigfaltigkeit der Form und Zusammenlagerung bei den Tieren ständig vorkommen. Die Nervenzellen sind alle durch ganz eigentümliche Gestalt ausgezeichnet. Sie haben nämlich Fortsätze, entweder einen oder zwei oder mehrere. Im letzteren Fall ist einer besonders lang und unverzweigt (der Achsenfortsatz), während die andern kürzer sind und sich in feinste bäumchenartige Verzweigung auflösen (die Dendriten, Abb. 2.23). Aber auch der innere Bau der Nervenzellen ist merkwürdig. In den Fortsätzen verlaufen nämlich äußerst feine Fasern (Neurofibrillen), die auch den Zellkörper selbst durchqueren und hier oft zu einem feinen Gitterwerke angeordnet sind (Abb. 2.24).

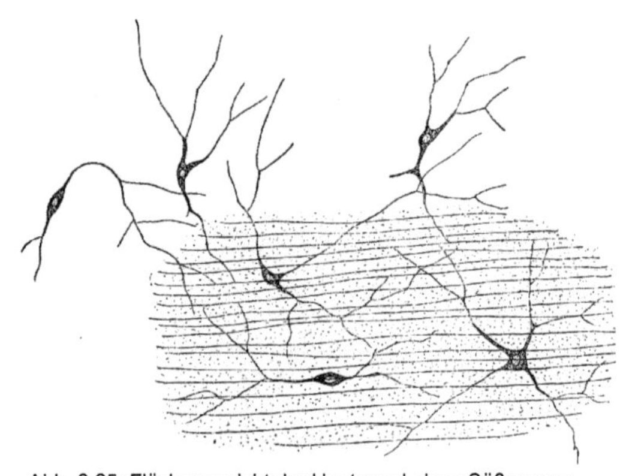

Abb. 2.25: Flächenansicht der Hautwand eines Süßwasserpolypen, das Netz von Nervenzellen zeigend. (Nach K. C. Schneider, aus „Kultur der Gegenwart".)

Die Nervenzellen oder die Neuronen vereinigen sich nun zu Systemen, indem die Fortsätze miteinander verbunden sind. Da wir bei den Pflanzen solche feinsten Plasmaverbindungen bereits kennenlernten, macht diese Vorstellung gar keine Schwierigkeiten. Die einfachste Form des Nervensystems ist ein derartig aus verbundenen Neuronen zusammengesetztes spinnwebenartig durch das Körpergewebe verbreitetes Nervennetz, wie es z. B. der Süßwasserpolyp zeigt (Abb. 2.25), und zwar liegt es in der Haut. Solche Nervennetze sind bei allen Tieren anzutreffen, doch kommen nun bei den höheren noch besondere Ausgestaltungen hinzu, die auf eine engere Vereinigung der Nervenzellen abzielen. (Schon bei manchen Zölenteraten ist das Netz an bestimmten Körperteilen dichter.) Die Nervenfasern, die oft außerordentliche Länge erreichen, ordnen sich parallel zu Strängen, die je nach der Zahl der Fasern verschieden dick sind und nun das darstellen, was man „Nerven" nennt. Außerdem werden in ihren Verlauf Verdickungen eingeschaltet, neue Organe, die aus den dickeren Teilen des Zellkörpers der Neuronen bestehen, die wiederum von durcheinander gewirrten Fasern durchzogen werden. Solche Knoten werden als Ganglien bezeichnet. Innerhalb der Gruppe der Würmer treten Stränge und Knoten zuerst auf, zunächst in einfachster Form, dann strickleiterartig, ein System, das dann besonders bei den Insekten zu typischer Ausbildung gelangt.

Die vielen hintereinanderliegenden Knotenpaare sind durch Längsstränge verbunden. Dabei macht sich schon früh am vorderen Ende des Körpers eine starke Anhäufung und Anschwellung der

Ganglien bemerkbar. Vorn, wo der Mund liegt und wohin das Tier sich bewegt, sind ja die Nachrichten aus der Umgebung am wichtigsten. Daneben tritt aber nun z. B. bei den Weichtieren, den Schnecken, Muscheln, die Tendenz hervor, die Knoten zu wenigen Hauptknoten zusammenzudrängen und diese Zentralisation erreicht z. B. beim Tintenfisch schon einen Höhepunkt. Den höchsten Grad dieser Zentralisierung und zugleich die massigste Ausbildung erreicht schließlich das Nervensystem bei den Wirbeltieren. Durch eine knöcherne Kapsel geschützt liegt im Kopf das Gehirn, von dem aus sich das Rückenmark, ebenfalls in ein aus den Wirbelknochen gebildetes Rohr eingeschlossen, durch die Längsachse des Körpers zieht.

Das ist die eine Seite der fortschreitenden Verfeinerung des Nervensystems, es kommen aber noch zwei hinzu. Während der Polyp oder die Seerose mit jedem Ende der Neuronen des Nervennetzes einen Reiz aufnehmen und mit jeder Zelle ihn leiten und die Reaktion auslösen kann, werden bei den fortgeschrittenen Tieren besondere Zellen an der Peripherie zu Aufnahmeapparaten ausgebildet und mit allerhand Hilfseinrichtungen versehen und damit auch die Nervenstränge in zwei Arten geschieden. Die einen, an den Sinnesorganen endend, leiten die Reize nach den Zentralorganen, das sind die sensorischen Nerven, die anderen gehen in umgekehrter Richtung von den Zentren nach den Erfolgsorganen, vorwiegend zu den Muskeln, und heißen nach der hauptsächlichen Reaktion, die sie auslösen, der Bewegung, motorische Nerven.

Im zentralen Teil des Nervensystems stehen nun die Nervenzellen dergestalt z. T. mit den Sinneszellen, z. T. mit den Muskeln (Drüsen usw.) in Verbindung. Daneben gibt es aber noch Zellen, die nicht mit ihren Enden bis zu der Anfangs- und Schlussstation reichen, sondern die der Verbindung der zentralen Bestandteile selber ausschließlich dienen. Spärlich im Rückenmark, erreichen diese Assoziationszellen und -bahnen im Gehirn eine große Bedeutung, in dem große Bezirke ganz aus solchen bestehen. Ihre Menge ist um so größer, je höher das Tier organisiert ist.

Es ist hier nur möglich, eine pauschale Schilderung der Sinnesorgane zu geben. Das Prinzip ist überall, dass bestimmte Zellen an ganz bestimmte Reize der Umgebung angepasst sind insofern, als sie für diese eine ganz besondere Empfindlichkeit zeigen. Daneben gibt es noch mannigfaltige Einrichtungen von indirekter Bedeutung,

Hilfsapparate, welche den Zutritt der Reize erleichtern, ihre Intensität steigern, sie örtlich beschränken, das ganze Organ schützen, ernähren usw. So sehen wir in der Tierreihe, etwa von den Quallen an, Sinnesorgane für Licht, Schall, Berührung, Druck, die Schwerkraft, die Temperatur, chemische Stoffe usw. als mehr oder weniger hoch ausgestaltete Augen, Ohren usw. entwickelt. Es ist übrigens gar nicht leicht, außerhalb der Säugetiere, deren Sinnesorgane bequem nach Analogie mit den menschlichen zu deuten sind, etwa anatomisch und morphologisch nachweisbare nervöse Organe richtig aufzufassen. Wir können auch deshalb nicht wissen, ob nicht bei ihnen ein Aufnahmevermögen für Reize existiert, das uns abgeht. Wir hatten z. B. schon oben darauf hingewiesen, dass Wurzeln durch Feuchtigkeitsunterschiede gereizt werden, und so wäre es auch möglich, dass z. B. elektrische Wellen, ultraviolette Strahlen, die unsere Sinne nur mithilfe einer wissenschaftlichen Hilfsapparatur wahrnehmen, von manchen Lebewesen direkt perzipiert werden können.

Viele der Reaktionen auf Reize, besonders bei niederen aber auch bei den höchsten Tieren, verlaufen stets in derselben Weise und erinnern durch ihren unabänderlichen, zwangsmäßigen Ablauf an physikalische Prozesse. Mit derselben Sicherheit und Präzision, wie an geeigneten Flächen Licht- oder Schallwellen reflektiert werden, reflektiert auch das Lebewesen auf eine äußere Einwirkung hin eine bestimmte Lebensäußerung Solche nervöse Prozesse werden deshalb reflektorische oder Reflexe genannt. Die Reflexmechanismen gehören gewissermaßen zum ererbten eisernen Bestand der nervösen Organisation aus ihnen setzen sich auch die angeborenen Reaktionen zusammen, insofern „als auch sie fertig vererbt und nicht gelernt werden, wie z. B. das angeborene sexuelle Verhalten, das Fressverhalten, das Verhalten Nester zu bauen usw.

Auch der Mensch zeigt Reflexe. Führt er doch während zwei Drittel seines Lebens ein Reflexleben, nämlich während des Schlafes.

Dazu kommt nun aber noch ein nach Maßgabe der Entwicklungsstufe geringerer oder größerer, im individuellen Leben anwachsender Vorrat von erworbenen Erinnerungen hinzu, Rückstände früherer Eindrücke, die auf der allgemein der lebenden Substanz zukommenden Fähigkeit beruhen, Spuren der Reizprozesse auch nach der Einwirkungsdauer zu bewahren und die im extremen Fall geradezu als in nervösen Elementen magazinierte Speicherstoffe zu bezeichnen wären. In besonderen Partien des Gehirns lokalisiert, Spielen sie auf unübersehbaren Wegen in die Reizketten hinein, sodass der Erfolg unberechenbar, willkürlich ausfällt, individuell gefärbt, durch Erfahrung verändert wird.

Und nicht allein, wenigstens beim Menschen, durch die persönliche Erfahrung, sondern auch durch die Aufspeicherung des mündlich oder schriftlich überlieferten Kulturbesitzes. Das sind dann keine Reflexe oder angeborene Verhaltensweisen mehr, sondern Handlungen.

Absichtlich wurde in der obigen Auseinandersetzung ein Punkt noch nicht berührt, den wir aber jetzt nicht umgehen können. Wir sprachen von physikalischen Einwirkungen, Veränderungen in nervösen Bahnen usw. Blicken wir aber in uns hinein, die wir ja auch Objekt aller jener Überlegungen sind, so bemerken wir von alledem nichts, wohl aber etwas, was vollständig verschieden davon ist. Wir empfinden: blau, grün, warm, kalt, süß, sauer, rau, weich.

Wir stehen hier vor einer merkwürdigen Situation. Auf der einen Seite sehen wir physikalische oder biochemische Stoffe an die Nervenenden stoßen, wir sehen Veränderung auf Veränderung durch den sensorischen Nerv laufen, wir sehen sie in Ganglienzellen des Zentralsystems anlangen, verfolgen sie durch ein Wirrwarr von Fasern, sehen sie hier umgeschaltet, dort mit neuen Elementen kombiniert, hier vielleicht gespeichert, dort wieder fortlaufend durch die motorischen Bahnen bis zum zuckenden Muskel. Und nun auf der anderen Seite, auf verwandelter Bühne erleben wir Töne, Farben, Formen, empfinden Schmerz und Lust, spüren Hunger und Durst und kosten die Wonne des freien Spiels der Gedanken und der eigenen Betätigung. Und um die Situation noch verwickelter zu machen und unsere Ratlosigkeit noch zu steigern, erkennen wir, dass alles, was wir auf jener ersten Seite sahen, ja wieder nichts anderes sind als Phänomene von der Art der zweiten, dass wir ja die Sinne und das Gehirn nur erforschen eben mithilfe der Sinne und des Gehirns. Wie hängt dies alles zusammen? Ist das eine nur wirklich und das andere Blendwerk oder arbeiten sie beide neben- oder gar durcheinander? Das sind uralte Fragen, die möglichst genau zu präzisieren eine Aufgabe der Erkenntnislehre ist.

Die Erscheinungen des subjektiv beobachtbaren Lebens gehören eigentlich ebenso gut zur allgemeinen Biologie wie die des objektiven. Es sind ebenso gut Realitäten, ja aller Realste, uns unmittelbar vertraute. Aber sie bilden ein Gebiet für sich, und wir wollen hier vor ihm haltmachen.

Nur sei noch bemerkt, dass ebenso wie der Naturforscher auch der Geistesforscher sich vor einseitiger Auffassung bewahren muss Es gibt nichts schlechtweg Geistiges, immer finden wir es nur da, wo ein Körper ist, der so und so gebaut ist und nach Gesetzen sich richtet, die der Naturforscher zu finden sich bemüht. Ideen, Handlungen sind gewiss ungeheure Momente, aber sie kommen stets zusammen mit physiologischen Substraten vor und wirken wieder auf solche. So lässt sich auch das geistige Leben der Individuen, das Auf und Ab der Völker, die Kultur und ihre Entwicklung nur dann vernünftig darstellen, wenn man weiß, wovon die Leistungen abhängen, wie die physische Verfassung der Personen ist, was eigentlich Schlagworte wie Degeneration, Anpassung, Vererbung, Mischung nach den Erfahrungen im Reich der Lebewesen bedeuten. Wie die Psychologie, die Rechtsphilosophie, die Soziologie, so kann auch die Geschichte dieser naturwissenschaftlichen Hilfe nicht entbehren.

Ob die Tiere ebenso wie der Mensch Empfindungen und eine Art Bewusstsein haben, kann nur aufgrund objektiver Kriterien entschieden werden. Man kann aber annehmen, dass wenigstens die Wirbeltiere ein Innenleben führen, das sich nur dem Grade der Differenziertheit nach von dem Unseren unterscheidet, und da wir nirgends Sprünge in der organischen Natur sehen, müssen wir etwas der Art auch den niederen Tieren zuschreiben. Freilich fehlt uns jedes Vorstellungsvermögen dafür, wie ein Tier fühlt, allein die objektive Sicht von außen ist uns zugänglich.

Zum Thema Bewusstsein als ein informationsverarbeitender Prozess folgen in einem späteren Kapitel weitere Ausführungen. Die subjektive Empfindungsweise von Gefühlen bleibt dabei allerdings außer Betracht.

2.3.2 Regulations- und Regenerationsphänomene

Entwicklung, Fortpflanzung, Vererbung, Regulation — das sind die eigentlichen Kennzeichen für das Wesen des Lebens, und in ihnen erst liegt das wahre und tiefe Geheimnis des Lebens. Man hat dies schon lange gewusst und der rohen materialistisch-mechanistischen Auffassung des Lebens gegenüber betont, aber erst die letzten 100 Jahre haben den wirklich exakten Beweis dafür erbracht. Ihn zu führen ist dem genialen Zoologen Hans Driesch gelungen, demselben, den Haeckel mit der liebenswürdigen Kennzeichnung „unzurechnungsfähiger Sophist" bedenkt. Diesem großartigen Beweis des Lebens wollen wir uns nun noch zuwenden.

Die Versuche von Driesch beziehen sich auf die Restitutionen, d. h. auf jene Erscheinungen, bei welchen verstümmelte oder sonst wie

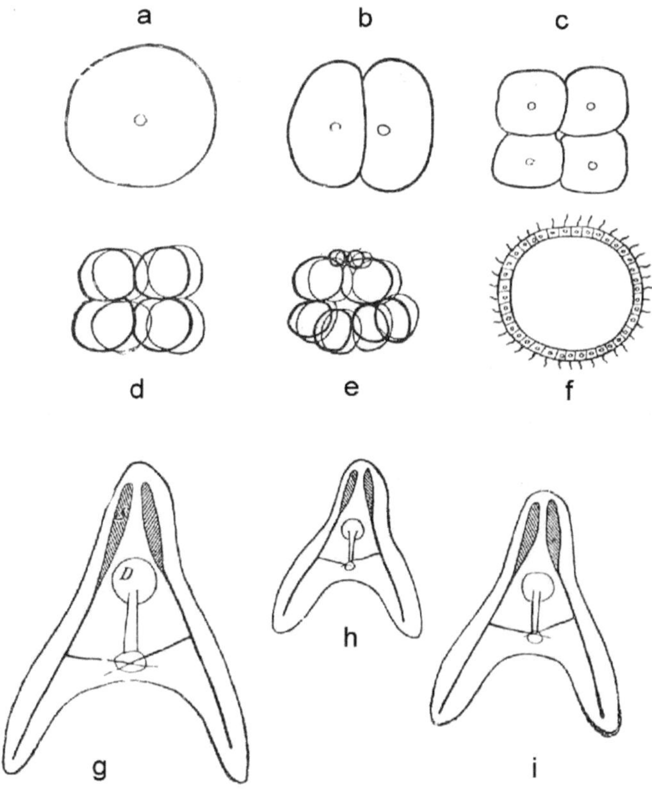

Fig. 1. Die Entwicklung der Seeigellarven. a. einzelnes Ei, b. - e. Teilung desselben in 2, 4, 8 und 16 Zellen, f. Blastula, g. normale Seeigellarve, h. Larve, die aus einer der 4 Zellen von c entstanden ist, i. Larve aus einer der beiden Zellen von b. (Nach Driesch).

gestörte Lebewesen trotz der Störung ihre normale Gestalt wiederherstellen. Die erste Versuchsweise betrifft die Keime von Seeigeln
(Fig. 1 a—i). Jedes Tier entsteht aus einem Ei, indem dasselbe sich
durch einen Teilungsprozess, den man „Furchung" nennt, in 2,
dann 4, dann 8, dann 16 usw. Zellen teilt; das Endergebnis der
Furchung ist eine Blastula, d. h. ein Gebilde, bei dem eine große
Zahl eng zusammenschließender Zellen einen Hohlraum umgibt.
Die Blastula des Seeigels schwimmt mit Wimpern im Wasser frei
umher. Es hat nun für unseren Zweck keine Bedeutung, die weitere
Entwicklung dieser Blastula zu verfolgen, genug, dass aus jeder
Zelle dabei etwas ganz bestimmtes, Besonderes wird, es entsteht auf
diese Weise aus der Blastula eine als Pluteus bezeichnete Seeigel-
larve mit einem Darm (D in Fig. 1 g) und mit einem Skelettgebilde (s
in Fig. 1 g) in den äußeren Teilen.

Wenn man nun die Zellen der ersten Furchungsstufen isoliert und
für sich auszieht, so entstehen aus ihnen nicht etwa halbe oder
viertel Seeigel usw., sondern jedes Mal eine ganze normale, wenn
auch kleinere Larve (Fig. 1 h und i). Ebenso entstehen z. B. aus drei
Zellen des Viertstadiums oder aus zwölf Zellen des
Sechzehntstadiums nicht unsymmetrische Gebilde, sondern ganze
und normale Larven. Wir können demnach also sagen, dass zwar
aus jeder Zelle der ersten Furchungsstufen im normalen Verlauf der
Entwicklung etwas anderes wird, dass aber doch jede Zelle in sich
die Möglichkeit und Fähigkeit enthält, nötigenfalls zu einer vollständigen Larve zu werden.

Ebenso bemerkenswert sind ferner sogenannte Regenerations-, d.
h. Wiedererzeugungsversuche. Wenn man z. B. einen Regenwurm
beliebig durchschneidet, so bildet sich von dem Querschnitt aus das
abgeschnittene Ende wieder neu, wobei sich sogar Teile wie das
sogenannte Gehirn ersetzen. Wenn man aus einem kleinen Süß-
wasserwurm, der Strudelwurm oder Planaria (Fig. 2) heißt, einzelne
Stücke an beliebiger Stelle herausschneidet, so entwickelt sich
wiederum ein jedes zu einer selbstständigen Planaria. Endlich sei
noch auf einen besonders bemerkenswerten Regenerationsversuch
von Driesch hingewiesen, den er an Clavellina, einem Manteltier,
gemacht hat (Fig. 3 a—f). Es sind dies ziemlich hoch organisierte,
Kolonien bildende Tiere. Sie sitzen mit einem Körperende an
Gegenständen im Meer fest, am anderen Ende haben sie eine
größere Öffnung, die zu einem sogenannten Kiemenkorb mit

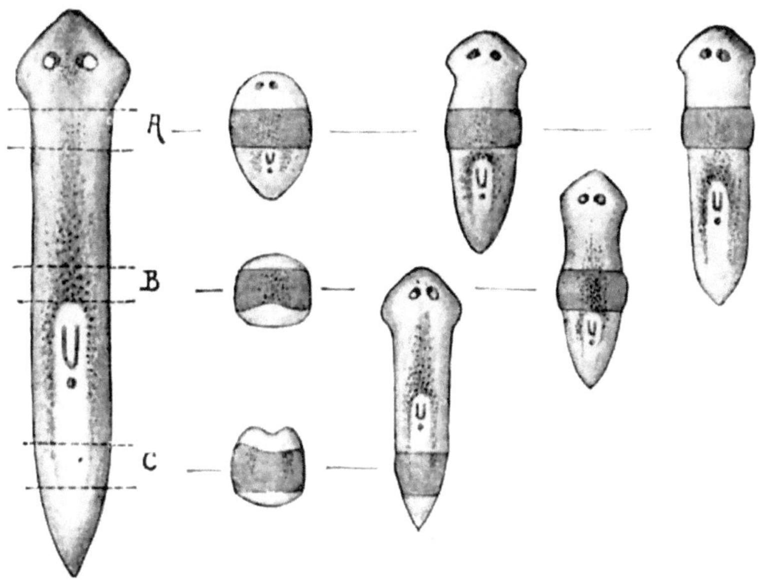

Fig. 2: Regeneration des Strudelwurms. Bei A, B und C sind Stücke ausgeschnitten, die dann wie die Striche angeben, zu kleineren Strudelwürmern auswuchsen. (Nach Driesch).

kleinen Kiemenlöchern führt; durch sie strömt das Nahrungs- und Atmungswasser ein, um dann in den Magen, weiterhin in den Darm und endlich durch eine Ausströmungsöffnung wieder ins Freie zu gelangen.

Das Tier besitzt auch noch manche andere Organe, wie z. B. ein Herz, es ist also, wie gesagt, ziemlich hoch organisiert. Wenn man nun den Kiemenkorb abschneidet, so stellt er in 3—4 Tagen durch Sprossung das übrige wieder her. Dies entspricht also dem von Planaria Gesagten. Allein wenn man diese Operation an zahlreichen Clavellinen vornimmt, so zeigt etwa die Hälfte der Objekte ein gänzlich anderes Verhalten. Bei ihnen bildet nämlich der Kiemenkorb alle seine Teile zurück, die Kiemenlöcher verschwinden, ebenso auch die große Einfuhröffnung für das Wasser-, und das ganze Gebilde wird zu einer runden weißen Kugel, welche in diesem Zustand bis zu 3 Wochen verharrt. Sodann aber bildet sich aus dieser Kugel eine neue, sehr kleine, aber vollständige Clavellina. Teilt man den Kiemenkorb mehrmals und

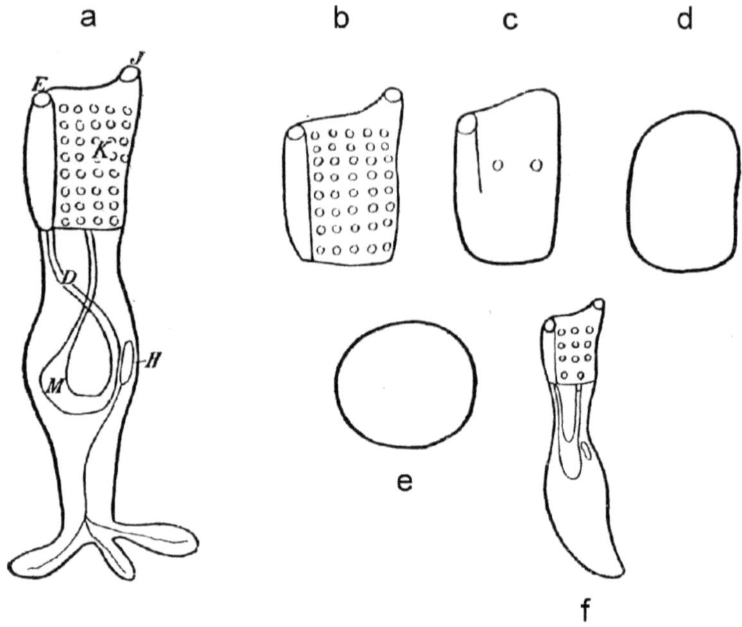

Fig. 3: Regeneration von Clavellina. a. das fertige Tier, K = Kiemenkorb, J = Einfuhröffnung, M = Magen, D = Darm, E = Ausfuhröffnung, H = Herz; b – e. Rückbildung des abgeschnittenen Kiemenkorbes zur Kugel, f. die neue aus e entstandene kleine Clavellina. (Nach Driesch).

ganz beliebig, so entsteht wiederum aus jedem Teil ein sehr kleines, aber vollständiges Tier. Es können also — und das ist von größter Bedeutung — aus jedem Teil des Kiemenkorbes alle möglichen anderen Teile des vollständigen Tieres werden.

Nun denke man nicht etwa, dass dies nur eine hier und da zu beobachtende Erscheinung sei, sie ist vielmehr sehr weit verbreitet, auch im Pflanzenreich, so kann man z. B. aus Blattstückchen der bekannten als Begonien oder Schiefblätter bezeichneten Pflanzen auf feuchter Erde die ganze Pflanze ziehen, und man bedenke doch auch, dass die einzelne Eizelle irgendeines Tieres oder einer Pflanze imstande ist, das ganze Lebewesen hervorzubringen.

Alles dies sind nun aber Erscheinungen, welche für unseren gegenwärtigen Zweck im höchsten Grade bedeutsam sind. Was aus einem gegebenen Gebilde oder einem Teil desselben im Laufe der Entwicklung wird, das hängt von verschiedenen, zum Teil veränderlichen Faktoren ab; unter ihnen ist aber vor allem ein unveränderlicher Faktor, der lediglich durch die Eigenart des betreffenden Wesens bestimmt ist und durch den alle Einzelleistungen zueinander in Harmonie gesetzt werden.

Worin besteht nun diese Eigenart? Unbedingt ist sie innerlich gegeben; denn alle äußeren Lebensbedingungen (wie Wärme, Luft, Wasser usw.) wirken auf alle Lebewesen in gleicher Weise ein, und es wird trotzdem aus ihnen etwas Verschiedenes. Dies aber ist die innere Leitung, von der wir schon sprachen, das eigentliche Kennzeichen des Lebens. Nun könnte aber diese Eigenart doch noch der Ausdruck eines chemisch-physikalischen Gebildes sein, d. h. einer, wenn auch noch so verwickelten, Maschine. Eine solche Maschine von allerdings fast unendlicher Komplikation, welche durch das Getriebe ihrer einzelnen Teile das fertige Gebilde schaffen könnte, ließe sich möglicherweise noch denken, allein in ihr würde dann aber jedes Glied unbedingt seine feste und unveränderliche zukünftige Bedeutung haben; denn das ist eben das Kennzeichen der Maschine. Nun aber verhält sich nach den mitgeteilten Versuchen jeder kleine Teil des Lebewesens wie das Ganze, weil er ja unter Umständen für sich zu dem Ganzen werden kann; also müsste dann auch jeder Teil der Maschine für sich schon jene unendlich verwickelte Maschine ganz enthalten. Es müssten dann also in unserer gedachten Maschine unendlich viele kleine Maschinen derselben Art übereinander gelagert enthalten sein. Und wenn sich nun gar eine Pflanze oder ein Tier aus einer einzigen Zelle, der Eizelle, durch fortgesetzte Teilung bildet, so müsste die mutmaßliche Maschine von unendlicher Komplikation sich auch fortgesetzt teilen können; dabei müsste aber doch immer noch jeder Teil ein Ganzes bleiben. Das aber ist ja nun selbstredend völlig unsinnig; denn der Begriff der Maschine ist damit absolut aufgehoben. Jene Eigenart der Lebewesen kann also auf keinen Fall auf Maschinenstruktur, d. h. auf dem chemisch-physikalischen Geschehen beruhen, sondern sie muss ein besonderer Faktor neben diesem biochemischen Geschehen sein.

Der Verdacht liegt nahe, dass der besondere Faktor neben dem biochemischen, mit informationsverarbeitenden Prozessen und mit Bewusstsein als einem spezifischen informationsverarbeitenden Prozess zu tun hat. Im nächsten Kapitel werden wir deshalb das Bewusstseinsproblem erörtern.

2.4 Das Bewusstseinsproblem

Rätsel Bewusstsein

In einem materialistischen Weltbild entsteht das Rätsel des Bewusstseins anhand der Frage, wie es prinzipiell möglich sein kann, dass aus einer bestimmten Anordnung und Dynamik von Materie die Vorstellung von Bewusstsein entsteht.

In einem nicht-materialistischen Weltbild kann aus dem Wissen über die physikalischen Eigenschaften eines Systems keine Aussage über das Bewusstsein abgeleitet werden. Hier wird angenommen: Auch wenn zwei verschiedene Lebewesen A und B sich in exakt dem gleichen neurophysiologisch funktionalen Zustand befänden (der Naturwissenschaftlern komplett bekannt sei), könne A bewusst sein, während B es nicht sei. Die theoretische Möglichkeit eines solchen „Zombies" ist unter Philosophen höchst umstritten.

Philosophischen Gedankenexperimenten zufolge könne ein Mensch genauso funktionieren, wie er es jetzt tut, ohne dass er es bewusst erlebe. Genauso könne eine Maschine sich genauso verhalten wie ein Mensch, ohne dass man ihr Bewusstsein zuschreiben würde. Die Vorstellbarkeit dieser Situationen lege offen, dass das Phänomen des Bewusstseins aus naturwissenschaftlicher Sicht noch nicht verstanden sei. Und schließlich scheine es anders als bei anderen Problemen ungeklärt, anhand welcher Kriterien eine Lösung des Problems überhaupt als solche erkennbar sein könnte.

In der Philosophie war das Rätsel des Bewusstseins schon lange bekannt. Es geriet aber in der ersten Hälfte des 20. Jahrhunderts unter dem Einfluss des Behaviorismus und der Kritik von Edmund Husserl am Psychologismus weitgehend in Vergessenheit. Dies änderte sich nicht zuletzt durch Thomas Nagels 1974 veröffentlichten Aufsatz What is it like to be a bat? (Wie ist es, eine Fledermaus zu sein?) Nagel argumentierte, dass wir nie erfahren würden, wie es sich anfühlt, eine Fledermaus zu sein. Diese subjektiven Vorstellungen seien aus der Außenperspektive der Naturwissenschaften nicht erforschbar. Heute teilen manche Philosophen die Rätselthese – etwa David Chalmers, Frank Jackson, Joseph Levine und Peter Bieri, während andere hier kein Rätsel erkennen – etwa Patricia Churchland, Paul Churchland und Daniel Dennett.

Für die Vertreter der Rätselhaftigkeit des Bewusstseins äußert sich diese in zwei verschiedenen Aspekten: Zum einen hätten Bewusstseinszustände einen Erlebnisgehalt, und es sei nicht klar, wie das Gehirn Erleben produzieren könne. Dies sei das Qualiaproblem. Zum anderen könnten sich Gedanken auf empirische Sachverhalte beziehen und seien deshalb wahr oder falsch. Es sei aber nicht klar, wie das Gehirn Gedanken mit solchen Eigenschaften erzeugen könne. Das sei das Intentionalitätsproblem.

Abb. 2.26: Die Innenperspektive in einer Illustration von Ernst Mach. CC0

Das Qualiaproblem

Qualia seien Erlebnisgehalte von mentalen Zuständen. Man spricht auch von Qualia als dem „phänomenalen Bewusstsein". Das Qualiaproblem bestehe darin, dass es keine einsichtige Verbindung zwischen neuronalen Zuständen und Qualia gebe: Warum erleben wir überhaupt etwas, wenn bestimmte neuronale Prozesse im Gehirn ablaufen? Ein Beispiel: Wenn man sich die Finger verbrenne, würden Reize zum Gehirn geleitet, dort verarbeitet und schließlich ein Verhalten produziert. Nichts aber mache es zwingend, dass dabei ein Schmerzerlebnis entstehe.

Die zum Teil unbekannte Verbindung zwischen den neuronalen Prozessen und den angenommenen Qualia scheine fatal für die naturwissenschaftliche Erklärbarkeit von Bewusstsein zu sein: Wir hätten nämlich nur dann ein Phänomen naturwissenschaftlich erklärt, wenn wir auch seine Eigenschaften erklärt haben. Ein Beispiel: Wasser hat die Eigenschaften bei Raumtemperatur und normalen Luftdruck flüssig zu sein, bei 100 °C zu kochen usw. Wenn man einfach nicht erklären könnte, warum Wasser normalerweise flüssig ist, so gäbe es ein „Rätsel des Wassers". Analog dazu: Wir hätten einen Bewusstseinszustand genau dann erklärt, wenn Folgendes gelte: Aus der wissenschaftlichen Beschreibung folgen alle Eigenschaften des Bewusstseinszustands – also auch die Qualia. Da die Qualia aber eben aus keiner naturwissenschaftlichen Beschreibung folgten, blieben sie ein „Rätsel des Bewusstseins".

Es gebe viele verschiedene Möglichkeiten, auf das Qualiaproblem zu reagieren:

1. Man könne sich auf einen Dualismus zurückziehen und behaupten: Die Naturwissenschaften könnten das Bewusstsein nicht erklären, weil das Bewusstsein nicht materiell sei.

2. Man könne behaupten, dass mit den neuro- und kognitionswissenschaftlichen Beschreibungen schon alle Fragen geklärt seien.

3. Man könne behaupten, dass das Problem für Menschen nicht lösbar sei, da es ihre kognitiven Fähigkeiten übersteige.

4. Man könne zugeben, dass das Qualiaproblem nicht gelöst sei, aber auf den wissenschaftlichen Fortschritt hoffen. Vielleicht bedürfe es einer neuen wissenschaftlichen Revolution.

5. Man könne einen radikalen Schritt versuchen und behaupten: In Wirklichkeit gebe es gar keine Qualia.

6. Man könne umgekehrt die Gegenposition einnehmen und behaupten: Jedem Zustand eines physischen Systems entspreche ein Quale oder ein Satz von Qualia (Panpsychismus).

Das Intentionalitätsproblem

Die Annahme des Intentionalitätsproblems ist analog der Annahme des Qualiaproblems. Die grundlegende argumentative Struktur ist die gleiche. Auf Franz Brentano und seine Aktpsychologie geht die Ansicht zurück, dass die meisten Bewusstseinszustände nicht nur einen Erlebnisgehalt hätten, sondern auch einen Absichtsgehalt. Das heißt, dass sie sich auf ein Handlungsziel beziehen. Ausnahmen seien Grundstimmungen wie Langeweile, Grundhaltungen wie Optimismus und etwa nach Hans Blumenberg auch Formen der Angst.

Beim Intentionalitätsproblem werden ähnliche Lösungsvorschläge vertreten wie beim Qualiaproblem. Doch es gibt noch weitere Möglichkeiten. Man kann nämlich auch versuchen zu erklären, wann sich eine neuronale Aktivität auf etwas (etwa X) bezieht. Drei Vorschläge sind:

1. Jerry Fodor meint, dass sich ein neuronaler Prozess genau dann auf X bezieht, wenn er in einer bestimmten kausalen Relation zu X steht.

2. Fred Dretske meint, dass sich ein neuronaler Prozess genau dann auf X bezieht, wenn er ein verlässlicher Indikator für X ist.

3. Ruth Millikan meint, dass sich ein neuronaler Prozess genau dann auf X bezieht, wenn es die evolutionäre Funktion des Prozesses ist, X anzuzeigen.

Manche Philosophen, etwa Hilary Putnam und John Searle, halten Intentionalität für naturwissenschaftlich nicht erklärbar.

Innenperspektive und Außenperspektive

Es wird oft zwischen zwei Zugängen zum Bewusstsein unterschieden. Zum einen gebe es eine unmittelbare und nicht-symbolische Erfahrung des Bewusstseins, auch Selbstbeobachtung genannt. Zum anderen beschreibe man Bewusstseinsphänomene aus der Außenperspektive der Naturwissenschaften. Eine Unterscheidung zwischen der unmittelbaren und der symbolisch vermittelten Betrachtungsweise wird von vielen Philosophen nachvollzogen, auch wenn einige Theoretiker und Theologen eine scharfe Kritik an der Konzeption des unmittelbaren und privaten Inneren geübt haben. Baruch Spinoza etwa nennt die unmittelbare, nicht-symbolische Betrachtung „Intuition" und die Fähigkeit zur symbolischen Beschreibung „Intellekt".

Es wird manchmal behauptet, dass die Ebene der unmittelbaren Bewusstseinserfahrung für die „Erkenntnis der Wirklichkeit" die eigentlich entscheidende sei. Nur in ihr sei der Kern des Bewusstseins, das subjektive Erleben, zugänglich. Da diese Ebene allerdings nicht direkt durch eine objektive Beschreibung zugänglich sei, seien auch den naturwissenschaftlichen Erkenntnissen auf dem Gebiet des Bewusstseins Grenzen gesetzt.

Bewusstsein, Materialismus und Dualismus

Die aufs Bewusstsein bezogenen antimaterialistischen Argumente basieren meist auf den oben diskutierten Konzepten Qualia und Intentionalität. Die argumentative Struktur ist dabei folgende: Wenn der Materialismus wahr sei, dann müssten Qualia und Intentionalität reduktiv erklärbar sein. Sie seien aber nicht reduktiv erklärbar. Also sei der Materialismus falsch. In der philosophischen Debatte wird die Argumentation allerdings komplexer. Ein bekanntes Argument stammt etwa von Frank Cameron Jackson. In einem Gedankenexperiment gibt es die Superwissenschaftlerin Mary, die in einem schwarz-weißen Labor aufwächst und lebt. Sie hat noch nie Farben gesehen und weiß daher nicht, wie Farben aussehen. Sie kennt aber alle physikalischen Fakten über Farbensehen. Da sie aber nicht alle Fakten über Farben kenne (sie wisse nicht, wie sie aussehen), gebe es nicht-physikalische Fakten. Jackson schließt daraus, dass es nicht-physische Fakten gebe und der Materialismus falsch sei. Gegen dieses Argument sind verschiedene materialistische Erwiderungen vorgebracht worden (vgl. Qualia).

Gegen derartige dualistische Argumente sind zahlreiche materialistische Repliken entwickelt worden. Sie beruhen auf den oben beschriebenen Möglichkeiten, auf die Konzepte von Qualia und Intentionalität zu reagieren. Es existiert daher eine Vielzahl von materialistischen Vorstellungen vom Bewusstsein. Funktionalisten wie Jerry Fodor und der frühe Hilary Putnam wollten das Bewusstsein in Analogie zum Computer durch eine abstrakte, interne Systemstruktur erklären. Identitätstheoretiker wie Ullin Place und John Smart wollten Bewusstsein direkt auf Gehirnprozesse zurückführen, während eliminative Materialisten wie Patricia und Paul Churchland Bewusstsein als gänzlich unbrauchbaren Begriff einstufen.

Bewusstsein in den Naturwissenschaften

Da sogenannte mentale Zustände Ursachen und Wirkungen haben, lassen sie sich naturwissenschaftlich beschreiben. Sie lösen Verhalten aus und verursachen andere mentale Zustände. Diese Wirkungen werden von der Psychologie beschrieben. Doch die mentalen Zustände sind auch aufs Engste mit den neuronalen Zuständen verknüpft. Diese Zusammenhänge werden von den Neurowissenschaften beschrieben. Schließlich kann die

Funktionalität mentaler Zustände und neuronaler Prozesse auch so weit formalisiert werden, dass sie auf einem Computer simulierbar sind. Dies ist ein Arbeitsgebiet der künstlichen Intelligenz. An der Erforschung des Bewusstseins sind viele Einzelwissenschaften beteiligt, da es eine große Anzahl verschiedener, empirisch beschreibbarer Phänomene gibt. Ob und in welchem Maße die Naturwissenschaften damit zu einer Klärung der in der Philosophie diskutierten Probleme Qualia und Intentionalität beitragen, gilt als umstritten.

Neurowissenschaften

Die begriffliche und methodische Unterscheidung von neuronalen Korrelaten des Bewusstseins und unbewusster Gehirnaktivität ermöglicht die Untersuchung der Frage, welche neuronalen Prozesse an die Bewusstwerdung eines internen Zustandes gekoppelt sind und welche nicht. Während tiefen Schlafs, einer Narkose oder einigen Arten von Koma und Epilepsie, zum Beispiel, sind weite Teile des Gehirns aktiv, ohne von bewussten Zuständen begleitet zu werden.

In den vergangenen Jahren nahm die Wahrnehmungsforschung eine dominierende Position innerhalb der neurobiologischen Grundlagenforschung des Bewusstseins ein. Einige visuelle Illusionen etwa erlauben es, zu untersuchen, wie das bewusste Erleben der Sinneswelt mit den physikalischen Vorgängen der Reizaufnahme und -verarbeitung zusammenhängt. Ein Paradebeispiel hierfür ist das Phänomen der binokularen Rivalität, bei dem ein Beobachter nur eines von zwei gleichzeitig präsentierten Bildern bewusst wahrnehmen kann. Die neurowissenschaftliche Erforschung dieses Phänomens hat ergeben, dass weite Teile des Gehirns von den nicht bewusst wahrgenommenen Sehreizen aktiviert werden. Andererseits erlebt sich der Mensch auch dann als bewusst, wenn seine sinnliche Wahrnehmung und seine Aufmerksamkeit äußerst reduziert sind, wie zum Beispiel während einer luziden Traumphase. Worin daher beim Menschen der eigentümliche Zustand „bewusst zu sein" besteht, wurde von der Hirnforschung noch nicht befriedigend beantwortet.

Der Bestimmung der Gehirnaktivität, die bewusstes Erleben anzeigt, kommt zunehmend ethische und praktische Bedeutung zu. Mehrere medizinische Problemfelder, so die Möglichkeit zeitweiliger intraoperativer Wachheit während einer Vollnarkose, die Einordnung von Koma-Patienten und ihre optimale Behandlung, oder die Frage nach dem Hirntod sind hiervon direkt betroffen.

Ein zentrales Element der neurowissenschaftlichen Erforschung des Bewusstseins ist die Suche nach neuronalen Korrelaten von Bewusstsein. Man versucht bestimmten mentalen Zuständen neuronale Abläufe gegenüberzustellen. Dieser Suche nach Korrelaten kommt die Tatsache entgegen, dass das Gehirn funktional gegliedert ist. Verschiedene Teile des Gehirns (Areale) sind für verschiedene Aufgaben zuständig. So weiß man etwa, dass das Broca-Zentrum im Wesentlichen für Sprachproduktion zuständig ist. Schädigungen dieser Region führen nämlich oft zu einer Sprachproduktionsstörung, der sogenannten Broca-Aphasie. Messungen der Hirnaktivität bei Sprachproduktion zeigen außerdem erhöhte Aktivität in dieser Region. Des Weiteren kann die elektrische Reizung dieses Areals zu vorübergehenden Sprachproblemen führen. Zuordnungen von mentalen Zuständen zu Hirnregionen sind jedoch fast immer unvollständig, da Reize in der Regel in mehreren Hirnregionen gleichzeitig verarbeitet werden und dabei selten komplett aufgezeichnet werden.

Psychologie

Die Psychologie beschreibt im Detail, welche Reize in welchen Kontexten welche Bewusstseinszustände auslösen. So untersucht etwa die Wahrnehmungspsychologie, wie Sinnesreizungen Bewusstseins- bzw. Wahrnehmungszustände erzeugen. Typische Fragen sind hier: Was nimmt eine Person wahr, wenn sie gleichzeitig visuelle und auditive Reize präsentiert bekommt? Welche Reize an der Peripherie des Gesichtsfeldes werden bewusst, wenn die Aufmerksamkeit an das Zentrum gebunden wird?

Dabei spielt in der Psychologie die Unterscheidung zwischen bewussten und unbewussten Vorgängen eine besondere Rolle. Nur ein kleiner Teil der Reize, die vom Gehirn verarbeitet werden, werden auch bewusst. So kann man etwa durch Priming zeigen, dass Reize, die nicht bewusst geworden sind, dennoch das Verhalten des Probanden messbar beeinflussen. Ein weiteres Beispiel ist das Phänomen der Rindenblindheit bzw. des Blindsight. Hier handelt es sich um eine Störung, bei der visuelle Informationen zwar verarbeitet werden, jedoch nicht bewusst wird. Während die

Versuchspersonen also meinen, nichts zu sehen, kann man nachweisen, dass sie den visuellen Reiz durchaus teilweise verarbeitet haben. Dies geschieht, indem man sie Merkmale des Gesehenen „raten" lässt.

Kognitionswissenschaft

Da viele Einzelwissenschaften an der Erforschung von Bewusstsein beteiligt sind, ist eine umfassende Erkenntnis nur durch einen interdisziplinären Austausch möglich. Die Wissenschaftsgeschichte spiegelt dies mit dem Begriff der Kognitionswissenschaft wider. Sie wird als Zusammenarbeit von Informatik, Linguistik, Neurowissenschaft, Philosophie und Psychologie verstanden.

Ein besonderer Schwerpunkt aktueller kognitionswissenschaftlicher Forschung besteht dabei in der Zusammenführung von empirischen Ergebnissen der Lebenswissenschaften und den Methoden und Erkenntnissen der modernen Informatik. Zwei Beispiele:

• In kognitiven Architekturen werden psychologische Theorien und Ergebnisse – soweit sie formalisierbar sind – in komplexe Computermodelle integriert, die schließlich der Prognose und Erklärung menschlichen Verhaltens dienen sollen.

• In der Neuroinformatik werden seit den 1980er Jahren die Grundbausteine des Gehirns und ihre Verschaltung analysiert und simuliert. Dabei zeigte sich, dass allein eine massiv parallele Verschaltung simulierter Neuronen mit jeweils geringer Funktionalität zu einem künstlichen neuronalen Netz die Modellierung von Lernen und Verarbeitung komplexer Muster ermöglicht, sowie von kognitiven Fähigkeiten wie Gedächtnis oder Problemlösen. Dabei steht die Neuroinformatik insbesondere noch vor dem Problem der Initiative – z. B. für einen Lernprozess.

Experimente zum Bewusstsein

Das sehr häufig zitierte Libet-Experiment und weitergehende Nachfolgeexperimente zeigten, dass bewusstes Erleben eines Ereignisses zeitlich nach neuronalen Prozessen auftritt, die bekannterweise mit dem Ereignis korrelieren. Während die Konsequenzen dieser Experimente für das Konzept der Willensfreiheit noch nicht als abschließend geklärt gelten, besteht Einigkeit darüber, dass bewusstes Erleben relativ zu einem Teil der dazu gehörenden neuronalen Prozesse zeitverzögert auftreten kann.

Ein Teil von Libets Experimenten zeigte, dass der Unterschied zwischen bewussten und unbewussten Erlebnissen von der Dauer der Gehirnaktivitäten abhängen kann. Bei diesen Experimenten wurden den Versuchspersonen Reize auf die aufsteigende sensorische Bahn im Thalamus gegeben. Die Versuchspersonen sahen zwei Lampen, die jeweils eine Sekunde lang abwechselnd leuchteten. Die Versuchspersonen sollten sagen, welche der beiden Lampen leuchtete, als der Reiz verabreicht wurde. Wenn der Reiz kürzer als eine halbe Sekunde andauerte, nahmen sie den Reiz nicht bewusst wahr. Die Versuchspersonen wurden jedoch gebeten, auch wenn sie keinen Reiz bewusst wahrnahmen, zu raten, welche Lampe leuchtete, während der Reiz verabreicht wurde. Dabei zeigte sich, dass die Versuchspersonen, auch wenn sie den Reiz nicht bewusst wahrnahmen, sehr viel häufiger als nach Zufallswahrscheinlichkeit (50 Prozent) richtig rieten. Wenn der Reiz 150 bis 260 Millisekunden anhielt, rieten die Versuchspersonen in 75 Prozent der Fälle richtig. Damit die Versuchspersonen den Reiz bewusst wahrnahmen, musste der Reiz 500 Millisekunden andauern.

Nach Libets Time-on-Theorie beginnen alle bewussten Gedanken, Gefühle und Handlungspläne unbewusst. D. h. alle schnellen Handlungen, z. B. beim Sprechen, beim Tennis usw. werden unbewusst vollzogen.

Die Dauer der Gehirnaktivitäten ist nicht der einzige Unterschied zwischen bewussten und unbewussten Erlebnissen. Die visuelle Wahrnehmung liefert über die eine Hälfte der Fasern des Sehnervs den bewussten Anteil der fovealen Wahrnehmung. Die andere Hälfte der Nervenfasern überträgt den Hintergrund, die periphere Wahrnehmung. Gleichzeitig werden – zusätzlich zu den visuellen Sinneseindrücken – auch noch Geräusche, Gerüche, Gefühle, Berührungen, innerkörperliche Eindrücke usw. (meist unbewusst) wahrgenommen.

Selbstbewusstsein

Unter der Vielfalt der Bewusstseinsphänomene hat das Selbstbewusstsein in den philosophischen, empirischen und religiösen Diskussionen eine herausgehobene Stellung. Dabei wird „Selbstbewusstsein" nicht im Sinne der Umgangssprache als positives

Selbstwertgefühl verstanden, sondern beschreibt zwei andere Phänomene. Zum einen wird hierunter das Bewusstsein seiner selbst als ein Subjekt, Individuum oder Ich (griech. und lat. Ego) verstanden. Zum anderen bezeichnet „Selbstbewusstsein" aber auch das Bewusstsein von den eigenen mentalen Zuständen. Hierfür wird auch oft der Begriff „Bewusstheit" verwendet.

Selbstbewusstsein als Bewusstsein vom Selbst

Selbstbewusstsein im ersten Sinne ist insbesondere durch René Descartes ein zentrales Thema der Philosophie geworden. Descartes machte das gedankliche Selbstbewusstsein durch seinen berühmten Satz „cogito, ergo sum" („ich denke, also bin ich") zum Ausgangspunkt aller Gewissheit und damit auch zum Zentrum seiner Erkenntnistheorie. Descartes Konzeption blieb allerdings an seine dualistische Metaphysik gebunden, die das Selbst als ein immaterielles Ding postulierte. In Immanuel Kants transzendentalem Idealismus blieb die erkenntnistheoretische Priorität des Selbstbewusstseins bestehen, ohne dass damit Descartes Metaphysik übernommen wurde. Kant argumentierte, dass das Ich die „Bedingung, die alles Denken begleitet" (KrV A 398), sei, ohne dabei ein immaterielles Subjekt zu postulieren.

In der Philosophie der Gegenwart spielt die Frage nach dem Bewusstsein vom Selbst nicht mehr die gleiche zentrale Rolle wie bei Descartes oder Kant. Dies liegt auch daran, dass das Selbst oft als ein kulturelles Konstrukt aufgefasst wird, dem kein reales Objekt entspreche. Vielmehr lernten Menschen im Laufe der ontogenetischen Entwicklung ihre Fähigkeiten, ihren Charakter und ihre Geschichte einzuschätzen und so ein Selbstbild zu entwickeln. Diese Überzeugung hat zu verschiedenen philosophischen Reaktionen geführt. Während etwa die Schriftstellerin Susan Blackmore die Aufgabe der Konzeption vom Selbst fordert, halten manche Philosophen das Selbst für eine wichtige und positiv zu bewertende Konstruktion. Prominente Beispiele sind hier Daniel Dennetts Konzeption vom Selbst als einem „Zentrum der narrativen Gravitation" und Thomas Metzingers Theorie der Selbstmodelle.

Der konstruktivistische Blick auf das Selbst hat auch wichtige Einflüsse auf die empirische Forschung. Insbesondere die Entwicklungspsychologie beschäftigt sich mit der Frage, wie und wann wir zu den Vorstellungen von einem Selbst kommen. In diesem

Kontext spielt auch die Frage nach Entwicklungsstörungen eine große Rolle. Wie kann es etwa dazu kommen, dass Personen eine multiple Persönlichkeit und mehrere Identitäten entwickeln? Den Verlauf struktureller Persönlichkeitseigenschaften untersuchte der Ansatz der Ich-Entwicklung. In sequenzieller Abfolge wurden hier universelle und qualitativ verschiedene Entwicklungsstufen angenommen, die im Potenzial einer jeden Person lägen und die Fundamente ihres Selbstbildes und ihrer Haltung zur Welt bilden.

Selbstbewusstsein als Bewusstsein von mentalen Zuständen

Mit „Selbstbewusstsein" kann auch das Bewusstsein von eigenen mentalen Zuständen gemeint sein, also etwa das Bewusstsein der eigenen Gedanken oder Emotionen. In der künstlichen Intelligenz wird eine analoge Perspektive durch den Begriff der Metarepräsentationen eröffnet. Ein Roboter müsse nicht nur die Information repräsentieren, dass sich vor ihm etwa ein Objekt X befinde. Er sollte zudem „wissen", dass er über diese Repräsentation verfüge. Erst dies ermögliche ihm den Abgleich der Information mit anderen, eventuell widersprechenden, Informationen. In der Philosophie ist es umstritten, ob sich das menschliche Selbstbewusstsein in ähnlicher Weise als Metarepräsentation begreifen lässt.

Bewusstsein bei Tieren

Ein Thema, das in den letzten Jahrzehnten an Popularität gewonnen hat, ist die Frage nach dem möglichen Bewusstsein bei anderen Lebewesen. An seiner Erforschung arbeiten verschiedene Disziplinen: Ethologie, Neurowissenschaft, Kognitionswissenschaft, Linguistik, Philosophie und Psychologie.

Beispielsweise können Hunde, wie alle höher entwickelten Tiere, zwar Schmerz empfinden, aber wir wissen nicht, inwieweit sie ihn bewusst verarbeiten können, da sie eine derartige bewusste Verarbeitung nicht mitteilen können. Dazu bedarf es Gehirnstrukturen, die sprachlich gefasste Vorstellungen verarbeiten können. Etwa bei Schimpansen, die Zeichensysteme erlernen können, und Graupapageien ist diese Barriere teilweise durchbrochen. Der Gradualismus, der die plausibelste Position zu sein scheint, prüft für jede Spezies von Neuem, welche Bewusstseinszustände sie haben kann. Besonders schwierig gestaltet sich dies bei den Tieren,

Abb. 2.27: Die Primatenforschung hat viel Erstaunliches über die geistigen Fähigkeiten von Affen herausgefunden. CC0

die eine von der menschlichen stark verschiedenen Wahrnehmung besitzen.

Lange Zeit wurde vermutet, dass Ich-Bewusstsein allein bei Menschen vorkomme. Inzwischen ist jedoch erwiesen, dass sich auch andere Tiere, wie etwa Schimpansen, Orang-Utans, Rhesusaffen, Schweine, Elefanten, Delfine und auch diverse Rabenvögel im Spiegel erkennen können, was einer weitverbreiteten Auffassung zufolge ein mögliches Indiz für reflektierendes Bewusstsein sein könnte. Ein Gradualismus in Bezug auf die Existenz von Bewusstsein steht nicht vor dem Problem, zu klären, wo im Tierreich Bewusstsein anfängt. Vielmehr geht es hier darum, die Bedingungen und Beschränkungen von Bewusstsein für jeden Einzelfall möglichst genau zu beschreiben.

Experimente einer Forschergruppe um J. David Smith deuten möglicherweise darauf hin, dass Rhesusaffen zur Metakognition fähig sind, also zur Reflexion über das eigene Wissen.

2.5   Der Nachweis von Bewusstseinsprozessen

Schlüsselmerkmale und die Definition von Bewusstsein

Das Phänomen Bewusstsein ist bis heute mit einem grundlegenden Makel behaftet: Es existiert keine allgemein anerkannte Definition, was Bewusstsein überhaupt ist. Das lässt Bewusstsein für Physiker, Informatiker und jenen, die sich den exakten Naturwissenschaften verpflichtet fühlen, zum Tabuthema werden, von dem man als ernsthafter Wissenschaftler lieber die Finger lässt. Doch solche Tabus sollte es in der Wissenschaft eigentlich nicht geben. Besser wäre es, den Weg für eine operationale Behandlung des Themas zu ebnen. Aus diesem Grund soll Bewusstsein in diesem Kapitel naturwissenschaftlich definiert werden.

Bisher haben wir kein geeignetes Kriterium, um zu entscheiden, ob eine beliebige Entität Bewusstsein zeigt. Selbst bei unserem Nachbarn bleibt uns ein Rest an Zweifel. Größer wird der Zweifel bei einem Tier oder gar einem Kunstprodukt. Um zu einem definitiven Entscheidungskriterium zu kommen, können wir das Verhalten von Mensch, Tier oder einem Roboter beobachten, interpretieren und in Merkmalskategorien einordnen. Dabei werden wir feststellen, dass es Schlüsselmerkmale gibt, die bestimmten Funktionen zuordenbar sind.

Ein Schlüsselmerkmal ist eine wesentliche Eigenschaft, die ein System, eine Funktion, einen Prozess oder sonst eine Entität von anderen unterscheidet.

Beispielsweise ist beim System Schloss mit Schlüssel die Bartform des Schlüssels so ein Schlüsselmerkmal. Ihm kann die Funktion des Schließens zugeordnet werden. Dagegen lässt sich nicht mit Sicherheit sagen, wie die Konstruktion des Schließmechanismus ausgeführt ist, aber das ist wie oben erwähnt, auch nicht nötig. Beim Wecker ist der Einstellknopf für die Weckzeit ein Schlüsselmerkmal, das der Weckfunktion zugeordnet ist.

Verhaltensbiologen können auf dem Gebiet tierischen Verhaltens zahlreiche Schlüsselmerkmale finden, die komplexen geistigen Prozessen wie Denken und Fühlen zuordenbar sind. Beispielsweise erfordern manche Strategien und Tricks, die Schimpansen anwenden, ein Verständnis der Bedeutung von Signalen und sozialem

Status von Artgenossen, sowie die Beurteilung der Vorlieben und Interessen dominanter Rivalen um begehrtes Futter.

Wie die britische Verhaltensforscherin Jane Goodal und andere Feldforscher berichten[6], wird untergeordneten Schimpansen aufgefundenes Futter in der Regel wieder abgenommen, wenn sie beim Auffinden von dominanten Artgenossen beobachtet werden. Schimpansen überwachen sich gegenseitig und verfolgen die Blicke der anderen Gruppenmitglieder.

Doch die untergeordneten Tiere sind kreativ und finden immer neue Tricks, um das Futter für sich behalten zu können. Ein neuer Trick oder eine List kann allerdings nicht allzu häufig wiederholt werden, da er meist nur kurzzeitig funktioniert.

Eine im sozialen Rang weit unten stehende Schimpansin hat einmal die neue List angewandt, am Ort des entdeckten Futters erst vorbeizugehen und so zu tun als habe sie nichts gefunden. Dann aber wandte sie sich blitzschnell um und griff danach.

Als das nicht mehr funktionierte und ein dominantes Männchen ihr dennoch das Futter abnahm, kam sie auf den Trick sich auf das Futter zu setzen. Erst nachdem die Luft rein war und die übrige Schimpansengruppe anfing an anderer Stelle nach Futter suchen, verzehrte sie ihren Fund.

Goodal berichtete auch über einen Fall, bei dem eine Banane auf dem Ast eines Baumes versteckt wurde. Ein untergeordnetes Männchen entdeckte die Frucht zuerst. Aber anstatt die Banane vom Baum zu holen oder auch nur im Auge zu behalten, saß es einfach da und schaute so lange weg, bis es alleine unterm Baum war. Danach holte es sich die Frucht, um sie in Ruhe zu verspeisen.

Die Berichte mögen einen anekdotenartigen Charakter haben. Doch darf man sie nicht einfach als unwissenschaftlich abtun, denn die Beobachtungen wurden von erfahrenen Forschern angestellt. Es liegt auch in der Natur der Sache, dass Neuartigkeit nicht wiederholbar ist, sondern immer nur aus einem einzigartigen Ereignis besteht. Deshalb greift die wissenschaftliche Forderung nach Wiederholbarkeit von Versuchen ins Leere, wenn Tiere neuartige Lösungen finden sollen. Die Wiederholung der gleichen neuartigen Lösung ist nicht möglich.

Wenn man diese Berichte der Feldforscher nach Schlüsselmerkmalen durchforstet, findet man für das oben beschriebene

---

6   Gould (1997), S. 186

Abb. 2.28: Schimpansen beweisen Kreativität beim Lösen von Aufgaben. Im Foto angelt ein Bonobo mit einem Werkzeug nach Termiten. Ist das bereits ein Schlüsselmerkmal für das Vorhandensein von Bewusstsein? *Foto: Mike R CC-BY-SA*

Verhalten der Schimpansen den Begriff »Täuschung«.

Richard Byrne und Andrew Whiten von der amerikanischen University of St. Andrews empfehlen Täuschung bei Tieren anhand von vier Kriterien festzustellen[7]:

»Erstens sollte das Verhalten des täuschenden Tieres Teil eines normalen Verhaltensrepertoires sein … Zweitens dürfen die Verhaltensweisen nur selten für eine Täuschung eingesetzt werden … Drittens muss das Verhalten so eingesetzt werden, dass ein anderes Tier es wahrscheinlich falsch auslegen wird. Und viertens muss der Täuschende durch seine Täuschung irgendetwas erreichen.«

Täuschung geht einher mit einem weiteren Schlüsselmerkmal, nämlich der gedanklichen Vorwegnahme von Handlungsschritten zur Erreichung eines Ziels. Die Schimpansen zeigen zudem Flexibilität anstelle eines unveränderlichen automatisierten Verhaltens. Sie beweisen Kreativität beim Erfinden neuer Tricks und der Lösung von Aufgaben, wie das Futter für den Eigenverbrauch gerettet werden kann. So ein Verhalten bezeichnet man auch als Planung. Planung ist ein komplexer geistiger Prozess.

Nun haben wir Schlüsselmerkmale, die möglicherweise auf Bewusstsein hindeuten, aber es fehlt immer noch ein Kriterium um zweifelsfrei im Verhalten einer beliebigen Entität, einem Tier oder einem meiner mir lieb gewordenen Mitmenschen das Werk eines bewussten Geistes zu entdecken. Ich möchte im folgenden Absatz das Problem stark überzeichnet darstellen, damit deutlicher wird, worum es geht.

Es gibt Ähnlichkeiten im Verhalten meines Mitmenschen mit meinem eigenen und ich setze voraus, dass ich mir selbst bewusst bin, wenn ich nicht gerade schlafe. Doch die Ähnlichkeiten seines Verhaltens mit meinem könnten genauso gut ohne Bewusstsein er-

---

7   Dawkins (1994), S. 177

reicht werden. Er könnte vor Schmerz das Gesicht verziehen, vor Freude lachen und mir versichern, er habe Bewusstsein. Die Logik sagt mir dennoch, dass das nicht unbedingt ein Beweis für sein Bewusstsein ist. Vielleicht ist er nur ein ausgezeichnet konstruierter Automat ohne wirklich bewusste Gefühle. Die Hypothese, mein Mitmensch sei ein Automat ohne Bewusstsein, kann aus Sicht der Wissenschaft nicht von vornherein abgetan werden. Ich möchte aber meinem Mitmenschen gern Bewusstsein zugestehen. Was ist zu tun, um das Dilemma zu lösen?

Wenn sich beispielsweise die Wissenschaftlergemeinde zu großen Teilen einig wäre, ein Schlüsselmerkmal wie Täuschung oder Planung für das Vorhandensein von Bewusstsein anzuerkennen, dann muss sie nicht nur meinem Mitmenschen, sondern auch zweifellos Schimpansen Bewusstsein zusprechen.

Die Fachwelt geht tatsächlich davon aus, dass Schimpansen Bewusstsein zeigen, allerdings nicht aufgrund des Täuschung-Merkmals, sondern aufgrund eines Verhaltenstests mit der Bezeichnung Fleck- oder Spiegeltest.

Leider kann von genereller Einigkeit unter Wissenschaftlern nicht die Rede sein. Der Flecktest kann auch nur in sehr speziellen Fällen angewandt werden und so möchte ich einen kleinen Umweg einschlagen, um das Phänomen Bewusstsein nachzuweisen.

Es gibt nämlich noch die andere Hypothese, dass mein Mitmensch doch Bewusstsein zeigt, weil auf sein Verhalten die gleichen Schlüsselmerkmale zutreffen wie auf mein eigenes.

Nun haben wir zwei einander ausschließende Hypothesen. Um zu entscheiden, welche davon die bessere ist, gibt es in der Wissenschaft ein bewährtes und anerkanntes Instrument. Das ist Ockhams Rasiermesser. So wird die Regel bezeichnet, nach der man, um etwas zu erklären, so wenig Faktoren einführen soll, wie möglich.

Wenn bei zwei einander widerstreitenden Hypothesen die eine mehr Faktoren benötigt, um den gleichen Sachverhalt zu erklären, als die andere, schneidet man die Hypothese mit den zu vielen Faktoren einfach weg (Rasiermesser).

Die Hypothese, mein Mitmensch sei ein ausgezeichnet konstruierter Automat, aber ohne Bewusstsein, führt auf weitere Fragen, die sich kaum beantworten lassen und auf immer abenteuerlicher werdende Erklärungen. Eine solche wäre z. B. »Außerirdische haben sich gegen mich verschworen, um mir eine

Welt bewusster Wesen vorzugaukeln, die in Wirklichkeit aber nur von seelenlosen Robotern besiedelt ist.« Aus wissenschaftlicher Sicht muss so eine Hypothese weggeschnitten werden.

Im Gegensatz dazu ist folgende Hypothese bestechend einfach: »Wenn im Verhalten einer Entität bestimmte Merkmale zu erkennen sind wie Flexibilität, Kreativität oder das Auffinden neuartiger Lösungen, dann zeigt sie Bewusstsein.«. Formuliert man diese Hypothese unter Verwendung von Schlüsselmerkmalen, dann kann sie sogar als Definition für Bewusstsein dienen.

Akzeptieren wir bestimmte Schlüsselmerkmale im Verhalten einer Entität als Kennzeichen für Bewusstsein, wäre es kaum zu begründen, Tieren Bewusstsein abzusprechen, wenn deren Verhalten ebenfalls die Schlüsselmerkmale für Bewusstsein aufweist. Im Vergleich zur einfachsten Hypothese, nämlich diesen Tieren Bewusstsein zuzuschreiben, würden die andernfalls notwendigen weiteren Erklärungen Ockhams Rasiermesser nicht überstehen.

Bewusstes Verhalten ist das Gegenteil von automatischem Verhalten. Das bedeutet nicht, dass automatisches Verhalten nicht bewusst erlebt werden kann. Doch bewusstes Erleben ist etwas anderes als bewusstes Verhalten und nicht vom intentionalen Standpunkt aus zu beobachten.

Wir haben schon jenes Merkmal entdeckt, welches das Gegenteil von automatischem Verhalten kennzeichnet und somit zum Schlüsselmerkmal für bewusstes Verhalten wird. Es ist die Planung.

Was unterscheidet Planung von automatisch ablaufendem Verhalten? Der Planungsvorgang ist zielgerichtet und dient zur Entwicklung einer Idee, die anfangs vielleicht nur vage vorhanden ist. Dazu ist ein Gedächtnis und die Einsicht in die Gegebenheiten und Veränderungen der Umwelt Voraussetzung. Wer plant, muss sich das mögliche Ergebnis vorstellen können. Zudem ist ein hohes Maß an Flexibilität notwendig, um die Fesseln des Instinkts abzustreifen und Kreativität, um neuartige Lösungen für Probleme zu finden. Flexibilität bedeutet unter anderem die freie Wahlmöglichkeit zwischen angeborenen Verhaltensmustern (fixen Unterprogrammen).

Auch wenn eine Entität grundsätzlich Bewusstsein zeigt, muss nicht jedes Verhalten geplant sein. Planung wird gewöhnlich erst dann initiiert, wenn sich die äußeren Umstände geändert haben oder wenn Lösungen auf neue Anforderungen der Umwelt gefunden werden müssen oder wenn zwischen Alternativen entschieden werden muss. Planung und automatisch ablaufendes Verhalten kommen abwechselnd und gemischt vor, wie wir nicht nur von uns selbst wissen, sondern beispielsweise auch im Verhalten der Schimpansen beobachten können.

Zur Planung gehört ein Ziel. Das Ziel untergeordneter Schimpansen ist es, die von ihnen gefundene Nahrung für sich selbst zu behalten. Es gibt in der Tierwelt und nicht nur dort, weitere Ziele, die im Zusammenhang mit Planung auftreten und von Verhaltensforschern dokumentiert wurden, z.B. Fortpflanzung, Sicherheit (Vermeidung von Lebensgefahr) usw.[8]

Schließlich gehört zur Planung auch das Abwägen von Alternativen. Den Schlusspunkt des Planungsvorgangs bildet die Wahl (Entscheidung) für eine der möglichen Handlungen. Diese Entscheidung ist »vernünftig« bezogen auf die Überzeugungen und Wünsche (Ziele) des Akteurs. Trifft der Akteur eine Wahl zwischen gleichwertigen Alternativen, ist nicht vorhersehbar (nicht determiniert), für welche der Möglichkeiten die Entscheidung fällt.

Wer oder was ist dieser Akteur, der die Entscheidung trifft? Ist es, wie der Philosoph Dennet meint, die Entität selbst (Mensch, Tier, Kunstprodukt, was es auch sei), die sich wie ein vernünftig handelnder Akteur verhält? Ich denke, Dennets Sichtweise ist zu pauschal. Wir wissen, dass Bewusstsein ein informationsverarbeitender Prozess ist. Die einzige Möglichkeit, wie bewusste Entscheidungen getroffen werden können, ist während dieses Prozesses. Deshalb ist der Akteur ein Teilprozess innerhalb vom Bewusstsein.

Folgende Definition, die von Schlüsselmerkmalen abgeleitet wurde, hat sich bewährt bei der Erkennung von Bewusstsein:

- *Bewusstsein* ist …
  … ein informationsverarbeitender Prozess, …
  … in dem bei neuen Anforderungen oder geänderten
  äußeren Umständen nicht determinierte Entscheidungen
  zwischen Handlungsalternativen getroffen werden, …
  … die zu zielgerichtetem Verhalten zur Befriedigung von
  Bedürfnissen führen.

- Ein *Bedürfnis* ist die Neigung ein Ziel zu verfolgen.

---

8   vgl. Gould (1997) oder Dawkins (1994)

- *Selbstbewusstsein* ist eine höhere Bewusstseinsform, die bei Menschen oder u.a. auch bei Bonobos vorgefunden wird.

- *Primärbewusstsein* ist bei Lebewesen ein informationsverarbeitender Prozess unterhalb der Stufe des Selbstbewusstseins, bei dem die Kriterien für Bewusstsein erfüllt sind. Unter anderem zählt das Unterwusstsein zum Primärbewusstsein.

- *Elementarbewusstsein* ist eine elementare Bewusstseinsform, welche die Kriterien für Bewusstsein erfüllt und die bei Quanten, Elementarteilchen oder „toter" Materie vorgefunden werden kann.

Informationsverarbeitende Prozesse, welche die Kriterien für Bewusstsein erfüllen, sind ganz wesentlich dafür verantwortlich, dass Lebewesen in einer sonst lebensfeindlichen Atmosphäre, etwa tief in einer Eishöhle, in Tiefseeschloten, Geysirquellen oder anderen extremen Lebensräumen existieren. Ohne die Hilfe eines Bewusstseinsprozesses wäre es nicht möglich, sich auf die äußeren Umstände einzustellen, die von Lebensraum zu Lebensraum extrem unterschiedlich und bestimmt auch nicht immer konstant sind, sondern Schwankungen unterliegen.

Es ist wohl so, dass die Mitglieder der Lebensgemeinschaft in ihren extremen Lebensräumen jeder für sich, und hinsichtlich ihrer eigenen Bedürfnisse nicht determinierte Entscheidungen treffen müssen, um am Leben zu bleiben und um sich replizieren zu können. Einfache Bewusstseinsprozesse sind wesentlich für den Fortbestand auch auf den untersten Stufen des Lebens.

Zeigt die Meeresschnecke Elysia timida Bewusstsein?

Die Meeresschnecke Elysia timida hat einen Weg gefunden, sich die Fotosynthese von Algen nutzbar zu machen. Wie ist das möglich?

Als Naturwissenschaftler gehen wir davon aus, dass sich alle komplexen biologischen Systeme durch evolutionäre Prozesse gebildet haben.

Ein Evolutionsprozess besteht aus drei Schritten. Zuerst entsteht *Neues*, möglicherweise noch nie da Gewesenes. Im zweiten Schritt wird das Neue mit Vorhandenem *kombiniert* und zur *Auswahl* dargeboten. Im dritten und letzten Schritt wird eine Auswahl unter dem Dargebotenen getroffen. Die Auswahl kann passiv durch Wechselwirkungen mit der Umwelt geschehen oder aktiv unter Berücksichtigung der individuellen Neigung, bestimmte Ziele zu verfolgen (= *Bedürfnisse*).

Schlundsackschnecken, zu denen Elysia timida gehört, ernähren sich fast ausschließlich von Algen. Das Verdauungsorgan der Schnecke zerkleinert und zerlegt die gefressenen Algen. Neu ist wohl (Schritt 1 der Evolution), dass die Schnecke und speziell ihr Darm zwischen verschiedenen Zellbestandteilen der zerlegten Algen unterscheiden kann. Die Schnecke verfügt ganz offensichtlich über die Möglichkeit, selektiv bestimmte Zellbestandteile zu verdauen, oder auch nicht, obwohl sich die einzelnen Bestandteile nicht prinzipiell unterscheiden und andere Meeresschnecken ungeachtet der unterschiedlichen Algenbestandteile die komplette Alge verdauen.

Für den zweiten Schritt des Evolutionsprozesses ergeben sich daraus folgende *Kombinationen*:

a. Alle Zellbestandteile verdauen, ...

b. Chloroplasten verdauen, ...

c. Alles verdauen außer Chloroplasten.

Im dritten Schritt des Evolutionsprozesses kommt es zu einer Auswahl unter den drei dargebotenen Möglichkeiten. Bei einer passiven Auswahl durch die Umwelt bleibt entweder alles beim Alten (Kombination a) oder das Neue ist im Regelfall von entscheidendem Vorteil für Lebenserhalt und Fortpflanzung. Bei einer aktiven Auswahl können Bedürfnisse die Wahl bestimmen und es kann b oder c zum Tragen kommen.

Die Biologen gehen davon aus, dass die Elysia-Schnecken in Hungerphasen Energie von den Chloroplasten beziehen, die im Darm weiterhin Fotosynthese betreiben. Ein Experiment zeigte allerdings, dass die Schnecken auch ohne Fotosynthese der Chloroplasten überleben. Nach zwei Monaten im Dunkeln waren die Schnecken so lebendig wie zuvor. Jetzt vermuten die Forscher, die Schnecke profitiert nicht unbedingt sofort von den Chloroplasten, sondern erst dann, wenn die Darmzellen diese in Hungerphasen abbauen.

Für eine passive Auswahl durch die Umwelt im dritten Schritt der Evolution spricht, dass man aus dem Vorhandensein der Chloroplasten im Darm einen geringfügigen Vorteil für den Lebenserhalt ableiten kann. Doch ist dieser Vorteil entscheidend?

Gegen das Wirken eines passiven Prozesses spricht das Erkennen des Unterschieds verschiedener Zellbestandteile der Algen durch die Schnecke selbst bzw. durch ihre Darmzellen. Es gibt also etwas, was sich auf unterschiedliche Anforderungen einstellen kann.

Was die Auswahl im Evolutionsprozess betrifft, so ist die Wahl der Evolution auf Kombination c gefallen, alles wird verdaut außer den Chloroplasten. Allerdings hat die Schnecke anscheinend die Möglichkeit, in Hungerphasen die Kombination b zu wählen, nämlich die Chloroplasten zu verdauen.

Es existiert eine nicht determinierte Entscheidungsmöglichkeit zwischen Handlungsalternativen.

Wenn man zudem davon ausgeht, dass die Schnecke das ganz einfache Bedürfnis hat, sich ihr Leben etwas komfortabler zu gestalten, indem sie die Chloroplasten Sauerstoff und Zucker produzieren lässt, dann sind alle Kriterien für den informationsverarbeitenden Prozess erfüllt, der laut Definition als Bewusstsein bezeichnet werden kann.

Der gleiche Bewusstseinsprozess, der Entscheidungen trifft, wann die Chloroplasten Sauerstoff und Zucker produzieren sollen und wann sie zu verdauen sind, hat auch beim dritten Evolutionsschritt die aktive Auswahl durchgeführt.

Sicher handelt es sich nicht um einen hoch entwickelten Bewusstseinsprozess wie das Selbst- oder Oberbewusstsein beim Menschen. Es ist eher ein dem Unterbewusstsein vergleichbarer Prozess. Beim Menschen führt das Unterbewusstsein viele Entscheidungen und körperliche Steuerungen durch. Nur das Wichtigste wird zur Entscheidung dem Oberbewusstsein zugeführt. Und was das Wichtigste ist, das entscheidet ebenfalls das Unterbewusstsein.

Die Elysia-Schnecke zeigt uns mit hoher Wahrscheinlichkeit, dass einfache Bewusstseinsprozesse selbst auf ihrer nicht allzu hohen Entwicklungsstufe wirken.

Es ist sogar anzunehmen, dass eine einfache Art von Bewusstseinsprozessen ab Anbeginn der Evolution beim Aufstieg des Lebens mitgewirkt hat. Denn als reine Zufallsprozesse und ohne aktive Auswahl ist die Entstehung von Eiweißmolekülen, DNA, Archaeen, Eukaryonten, Mitochondrien oder Plastide mehr als unwahrscheinlich.

Wie Bewusstseinsprozesse bei Bakterien experimentell nachgewiesen werden können

Nachdem Verhaltenspsychologen bei Tieren wie Schimpansen, Elefanten oder Raben Bewusstsein feststellen konnten, müsste es aufgrund unserer Theorie nun auch gelingen, bei Prokaryonten (Bakterien und Archaeen) Bewusstseinsprozesse experimentell nachzuweisen.

Primäres Bewusstsein ist wie schon besprochen, eine einfache Bewusstseinsform, die etwa mit den Funktionen eines Unterbewusstseins vergleichbar ist. Es beinhaltet nicht das Selbst- oder Ich-Bewusstsein, das wir von uns Menschen kennen. Bewusstsein ist ein informationsverarbeitender Prozess und dient einem Lebewesen dazu, sich auf neue Anforderungen oder geänderte äußere Umstände einzustellen. Wenn das Lebewesen zwischen möglichen Handlungsalternativen auf nicht determinierte Weise entscheidet und die Entscheidung zur Befriedigung seiner Bedürfnisse dient, dann kann man zumindest von primärem Bewusstsein ausgehen. Andererseits kann man nicht von primärem Bewusstsein ausgehen, wenn Handlungen ausschließlich eine automatische oder zufällige Reaktion auf Umweltreize sind und keinerlei Entscheidungen zwischen Alternativen erkennen lassen.

Prokaryonten haben Geißeln, um sich schwimmend fortbewegen zu können. Die Beweglichkeit kann ihnen nur nützen, wenn sie erkennen, wohin sie schwimmen sollen. Aus ihrer Orientierungsreaktion (Taxis), das heißt, ihrer Ausrichtung nach einem Reiz oder einem Umweltfaktor lassen sich Rückschlüsse auf jenen informationsverarbeitenden Prozess ziehen, der eine Voraussetzung für Bewusstsein ist. Man unterscheidet zum Reiz gerichtete Reaktionen und vom Reiz weggerichtete Meide- oder Schreckreaktionen (negative Taxis).

Bei einer Chemotaxis erfolgt beispielsweise die Ausrichtung nach der Konzentration eines Stoffes. Aerotaxis ist die Orientierung zum Sauerstoff. Es handelt sich um eine besondere Form von Chemotaxis oder Energietaxis. Fototaxis ist die Orientierung an der Helligkeit und Farbe des Lichts und Galvanotaxis die Orientierung an elektrischen Feldern um nur ein paar Taxisarten zu nennen. Im Internet findet sich ein kleines Video über das Pantoffeltierchen (Paramecium), wie es sich an einem elektrischen Feld ausrichtet.[9]

Viele Bakterien, die zu den Prokaryonten zählen, können gleichzeitig die Konzentration von Futtersubstanzen, Sauerstoff oder Licht erkennen und sich danach ausrichten. Solange sie z.B. keine Futtersubstanz erkennen, schwimmen sie eine Zeit lang in eine zufällige Richtung und wechseln anschließend die Richtung, um wieder eine Zeit lang in eine andere Richtung weiterzuschwimmen. Bei geringer werdender Konzentration wechseln sie häufig die Richtung. Bei zunehmender Konzentration schwimmen sie dagegen zielgerichteter zum Ort der höheren Konzentration. Sie zeigen ein gleiches Verhalten in Bezug auf die Sauerstoffkonzentration und auf Licht.[10]

Aus dem Verhalten kann man ableiten, dass die Bakterien zeitlich auflösen können, ob die Konzentration geringer oder stärker wird. Sie können also *Änderungen in den Umweltbedingungen* feststellen, indem sie einen vorherigen Zustand auf irgendeine Weise speichern. Schon allein dadurch erkennt man das Vorhandensein eines informationsverarbeitenden Prozesses. Die Mikroben zeigen zudem ein Bedürfnis (= Neigung ein Ziel zu verfolgen), zum Ort der höheren Futter- oder Sauerstoffkonzentration zu schwimmen.

Es kann aber auch vorkommen, dass zwei unterschiedliche Bedürfnisse nicht miteinander vereinbar sind. Beispielsweise kann die höhere Sauerstoffkonzentration entgegengesetzt vom Ort der höheren Futterkonzentration liegen. Aus dieser Tatsache lässt sich ein Experiment konstruieren, das Schlussfolgerungen zulässt, ob die Bakterien primäres Bewusstsein zeigen oder nicht.

Wenn es zwischen den beiden Orten, an denen je ein anderes Bedürfnis befriedigt wird, einen Bereich gibt, an dem die Bewertung, welcher Reiz stärker ist, gleich ausfällt, dann wird eine sich dort befindende Mikrobe entscheiden müssen, welchem Reiz sie nachgeht, d. h., zu welchem Ort sie schwimmen soll. Die Alternative wäre: Sie bleibt unverhältnismäßig lange in dem Bereich gleich starker Reizbewertung, weil sie sich nicht entscheiden kann.

---

9   http://youtu.be/-U9G0Xhp3Iw
10 vgl. Cypionka (2006), S. 33f.

Über Vortests kann ermittelt werden, wie groß der Bereich gleicher Reizstärke und wie der Zeitrahmen zur Annäherung an einen Ort der Bedürfnisbefriedigung ist. Überschreiten die Mikroben beim Haupttest mehrheitlich und deutlich diesen Zeitrahmen, dann weiß man, dass die Mikroben sich nicht entscheiden können. Andernfalls handelt es sich um bewusste Entscheidungen, wenn gleichzeitig die übrigen Kriterien für Bewusstsein erfüllt sind.

Wenn die Entscheidung mehrheitlich innerhalb des im Vortest ermittelten Zeitrahmens ausfällt, kann sie nicht determiniert sein, weil der Versuch so ausgelegt wurde, dass die Stärke der Reize von der Mikrobe gleich bewertet wird. Wir haben es dann mit einer nicht determinierten Entscheidung zwischen Handlungsalternativen zu tun. Es ist die Entscheidung in die eine oder in die andere Richtung zur Befriedigung eines Bedürfnisses zu schwimmen.

Zusammenfassend gilt: Im Verhalten der Mikroben kann man einen informationsverarbeitenden Prozess erkennen, der bei Änderungen der Konzentration verschiedener Stoffe, also der Umweltbedingungen, entweder eine nicht determinierte Entscheidung zwischen Handlungsalternativen trifft, die zum zielgerichteten Verhalten zur Befriedigung von Bedürfnissen führt oder es liegt bei deutlichem Überschreiten des im Vortest ermittelten Zeitrahmen ein mehr im klassischen Sinn zufälliges Annähern an einen der möglichen Orte vor. Aus dem Versuchsergebnis kann dann geschlossen werden, ob die Mikroben die Kriterien für Bewusstsein erfüllt haben und somit primäres Bewusstsein zeigen.

Wie anhand der Beispiele gesehen werden kann, ist Bewusstsein ein Regulationsmechanismus, der über den anderen Regulationsmechanismen steht, weil es diese beeinflusst und steuert. Es ist der oberste Regulationsmechanismus.

Als Nächstes wollen wir uns einige Details einer biologischen Zelle genauer betrachten, damit wir in den weiter unten folgenden Kapiteln die dort beschriebenen biochemischen Funktionen besser verstehen können.

2.6   Der Blick in die biologische Zelle

Im Laufe der Evolution haben sich zwei verschiedene Gruppen von Lebewesen gebildet, die sich durch die Struktur ihrer Zellen stark unterscheiden: zum einen die Prokaryoten, die aus einfach gebauten Zellen ohne Zellkern bestehen, und zum anderen die Eukaryoten, die aus Zellen bestehen, die wesentlich komplizierter strukturiert sind und einen Zellkern besitzen. Prokaryoten und Eukaryoten können sowohl als Einzeller als auch als Mehrzeller auftreten. Bei den Mehrzellern bilden Zellen sogenannte Zweckverbände. Meistens teilen sie sich Funktionen und sind oft einzeln nicht mehr lebensfähig. Durch die Spezialisierung in Vielzellern sind die oben beschriebenen Fähigkeiten eingeschränkt.

Die Größe von Zellen variiert stark. Normalerweise haben sie einen Durchmesser zwischen 1 und 30 Mikrometer, Eizellen höherer Tiere sind jedoch oft wesentlich größer als die übrigen Zellen. Beispielsweise hat die Eizelle eines Straußes einen Durchmesser von über 70 mm, die des Menschen hat einen Durchmesser von 0.15 mm und ist seine größte Zelle und die einzige, die mit bloßem Auge erkennbar ist.

Die prokaryotische Zelle

Prokaryotische Zellen besitzen keinen echten Zellkern wie die eukaryotischen Zellen und weisen eine einfachere innere Organisation im Vergleich zu den eukaryotischen Zellen auf. Man bezeichnet sie auch als Procyten oder Protocyten. Lebewesen mit prokaryotischen Zellen nennt man Prokaryoten. Zu ihnen gehören die Bakterien und die Archaeen. Sie treten meist als einzellige Organismen auf.

Prokaryotische Zellen kann man im Allgemeinen durch folgende Merkmale von den eukaryotischen Zellen unterscheiden:

- Sie besitzen eine einfachere Struktur als eukaryotische Zellen, sie bilden seltener Kompartimente.

- Die DNA liegt frei im Zytoplasma vor und ist nicht durch Histone (spezielle Proteine) stabilisiert, ist also nicht in einem echten Chromosom organisiert. Sie ist auf engem Raum angeordnet und wird als Nucleoid bezeichnet.

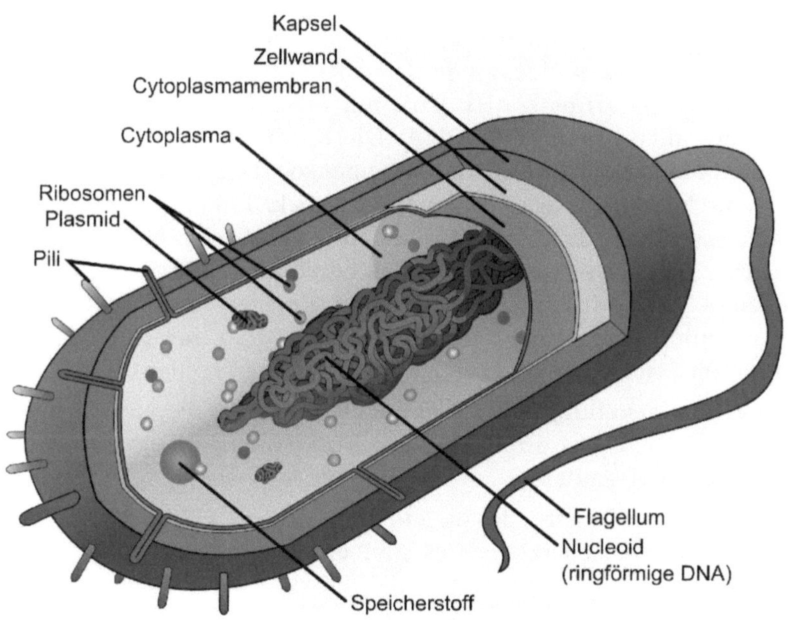

Abb. 2.29: Schema eines einzelligen prokaryotischen Lebewesen. CC0

- Das Genom besteht meist nur aus einem einzelnen DNA-Molekül, welches als „Bakterienchromosom" bezeichnet wird. Oft ist dieses DNA-Molekül in sich geschlossen.

- Die Zellhüllen sind häufig komplex aufgebaut, teilweise sogar mit zwei Membranen.

- Die Ribosomen sind immer kleiner als in eukaryotischen Zellen.

Prokaryoten zeichnen sich durch ein weites Spektrum physiologischer und ökologischer Typen aus. Einige sind auch unter extremen Bedingungen lebensfähig (Temperaturbereich bis über 100 °C); oxisches oder anoxisches Milieu; saures Milieu (pH-Wert 1-4); hohe hydrostatische Drücke (1000 bar). Viele leben parasitär, symbiotisch oder saprovor (ernährt sich von totem Material), einige sind pathogen (krankheitserregend). Häufig enthalten sie Plasmide (extrachromosomale, in sich geschlossene oder lineare DNA-Elemente). Weiterhin besitzen Prokaryoten nur beschränkt die Fähigkeit, sich zu differenzieren, zum Beispiel bei der Sporenbildung (unter anderem Endosporenbildung bei Bacillus subtilis).

Die eukaryotische Zelle

Eukaryotische Zellen werden auch als Eucyten bezeichnet. Der wesentliche Unterschied zu prokaryotischen Zellen (Procyten) ist die Existenz eines Zellkerns mit einer Kernhülle um die in Chromosomen organisierte DNA. Die Kernhülle besteht aus zwei Membranlagen mit Zwischenraum, einer sog. Doppelmembran, und ist typischerweise etwa 15 Nanometer dick. Eukaryotische Zellen sind wesentlich differenzierter als prokaryotische. Ihre Vielzahl resultiert aus den sehr verschiedenen Funktionen, die sie zu erfüllen haben. – Die mittlere Zellmasse von Eucyten beträgt etwa 2,5 Nanogramm. Ihre Länge reicht von einigen Mikrometern bis hin zu mehreren Zentimetern bei Myozyten (Muskelfaserzellen).

Eine Sonderstellung unter den Eucyten nehmen die Nervenzellen (Neuronen) ein. Diese reichen vom Rückenmark bis hinein in die peripheren Extremitäten.

Zellen von Tieren, Pflanzen und Pilzen gehören zu den eukaryotischen Zellen, aber es gibt einige Unterschiede in ihrer Struktur.

Besonderheiten pflanzlicher Zellen

Die Zellwand ist so beschaffen, dass sie der Zelle und damit dem gesamten Pflanzenkörper eine mehr oder weniger feste Form gibt. Sie ist durchlässig für Wasser, gelöste Nährstoffe und Gase. Sie besteht hauptsächlich aus Zellulose. Bei Zellen mit dicken Zellwänden, durch die dennoch Stoffe transportiert werden, gibt es in den Zellwänden Tüpfel. Das sind Öffnungen in der Zellwand, durch die benachbarte Zellen – nur durch eine dünne Membran getrennt – untereinander in Kontakt stehen und durch die der Austausch von Stoffen erleichtert wird.

Die Chloroplasten enthalten ein komplexes System zur Nutzung der Lichtenergie für die Fotosynthese, das unter anderem Chlorophyll (ein grüner Farbstoff) enthält. Dabei wird die Energie von Licht eingefangen (absorbiert), in chemische Energie in Form von Traubenzucker (Glucose) umgewandelt und in Form von Stärke gespeichert.

Die Vakuolen sind Räume im Zytoplasma, die mit Zellsaft gefüllt sind. In diesem können Farbstoffe (zum Beispiel Flavone), Giftstoffe (zum Beispiel Koffein), Duftstoffe und anderes enthalten sein.

Der Tonoplast ist die selektiv permeable Membran, welche die Vakuole gegen das Plasma abgrenzt.

Struktur der Zelle

Jede Zelle, ob prokaryotisch oder eukaryotisch, besitzt eine Zellmembran, die die Zelle von der Umgebung abgrenzt. Durch die Zellmembran wird kontrolliert, was in die Zelle aufgenommen und was hinaustransportiert wird. Auf jeder Seite befinden sich Ionen (elektrostatisch geladene Atome oder Moleküle) unterschiedlicher Konzentration, die durch die Zellmembran getrennt gehalten werden. Dadurch wird ein Konzentrationsunterschied aufrechterhalten, welcher ein chemisches Potenzial nach sich zieht. Das durch die Zellmembran umschlossene Medium ist das Zytoplasma. Alle teilungsfähigen Zellen besitzen DNA, in der die Erbinformationen gespeichert sind sowie Proteine, die als Enzyme Reaktionen in der Zelle katalysieren oder Strukturen in der Zelle bilden und RNA, die vor allem zum Aufbau der Proteine notwendig ist. Im Folgenden sind die wichtigsten Zellkomponenten kurz beschrieben:

Zellmembran – die schützende Hülle

Jede Zelle ist von einer Zellmembran oder auch Plasmamembran umschlossen. Diese Membran trennt die Zelle von der Umgebung ab und schützt sie auch. Sie besteht hauptsächlich aus einer Doppellipidschicht und verschiedenen Proteinen, die unter anderem den Austausch von Ionen oder Molekülen zwischen der Zelle und ihrer Umgebung möglich machen. Ihre Dicke beträgt etwa 4 bis 5 nm.

Zellskelett – das Gerüst der Zelle

Das Zellskelett ist eine wichtige, komplexe und trotz des eventuell irreführenden Namens eine höchst dynamische Struktur in der Zelle. Es besteht aus Proteinen, die insgesamt drei große Systeme bildenden Mikrofilamente (Aktinfilamente), die Mikrotubuli und die Intermediärfilamente.

In seiner Gesamtheit ist es verantwortlich für die Elastizität und die mechanische Stabilität der Zelle und ihrer äußeren Form, für aktive Bewegungen der Zelle als Ganzes sowie für Bewegungen

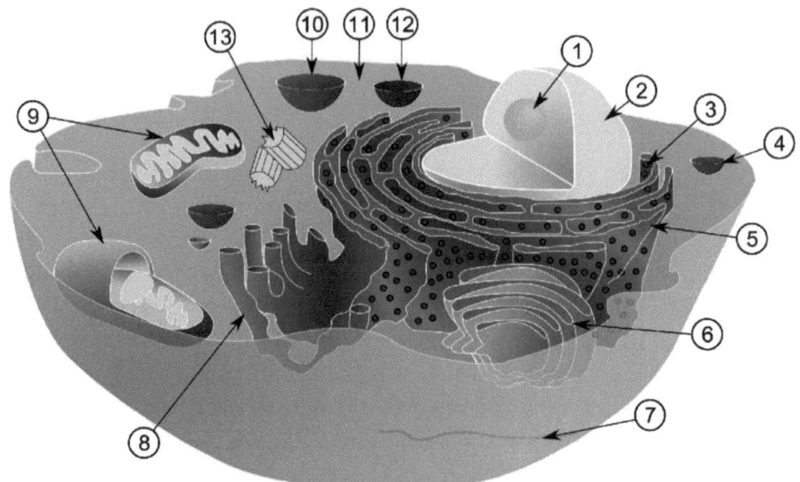

Abb. 2.30 Organisation einer typischen eukaryotischen Zelle 1. Nucleolus (chromosomale DNA) 2. Kernhülle 3. Ribosomen (Aufgaben der Proteinsynthese) 4. Vesikel zum Transport von Stoffen 5. Raues Endoplasmatisches Reticulum (ER) trennt Zellprozesse voneinander 6. Golgi-Apparat (Aufgaben des Zellstoffwechsels) 7. Mikrotubuli (u.a. für Bewegungen und Transporte innerhalb der Zelle) 8. Glattes ER 9. Mitochondrien (= Zellorganellen mit eigener Erbsubstanz. Aufgaben zur Zellatmung und Energieversorgung) 10. Chloroplast (photosynthetisch aktiv bei grünen Pflanzen). Zusätzlich haben Pflanzenzellen noch eine Vakuole als Verdauungsorgan (nicht abgebildet) 11. Zytoplasma (= die Zelle ausfüllende Grundstruktur) 12. Peroxisom (Entgiftungsapparat) 13. Zentriolen (Transport- und Stützaufgaben).

und Transporte innerhalb der Zelle. Es spielt zudem wichtige Rollen in der Zellteilung und der Rezeption von äußeren Reizen und deren Weitervermittlung in die Zelle hinein.

Die Existenz der drei Zytoskelettelemente als Grundausstattung jeder Zelle wurde in den 60er Jahren des 20. Jahrhunderts unter Einsatz der Elektronenmikroskopie und neuartigen Fixier- und Detektionsverfahren erkannt.

Das genetische Material

In der Zelle existieren zwei Arten von genetischem Material: die Desoxyribonukleinsäuren (DNA) und die Ribonukleinsäuren (RNA). Für die Speicherung der Informationen über lange Zeit wird von den Organismen DNA genutzt. Die RNA wird häufig zum Transport der Information und für enzymähnliche Reaktionen verwendet.

Bei Prokaryoten liegt die DNA in einfacher, in sich geschlossener („zirkulärer") Form vor. Diese Struktur nennt man Bakterienchromosom, obwohl sie sich von Chromosomen der eukaryotischen Zellen beträchtlich unterscheidet. In eukaryotischen Zellen ist die DNA an verschiedenen Orten verteilt: im Zellkern und in den Mitochondrien und Plastiden, Zellorganellen mit doppelter Membran. In den Mitochondrien und den Plastiden liegt die DNA wie in Prokaryoten „zirkulär" vor. Die DNA im Zellkern ist linear in sogenannten Chromosomen organisiert. Die Anzahl der Chromosomen variiert von Art zu Art. Die menschliche Zelle besitzt 46 Chromosomen.

Ribosomen – Die Proteinfabriken

Die Ribosomen sind aus RNA und Proteinen bestehende Komplexe in Pro- und Eukaryoten. Sie sind für die Synthese von Proteinen aus Aminosäuren verantwortlich. Die mRNA dient als Information für Art und Reihenfolge der Aminosäuren in den Proteinen. Die Proteinbiosynthese ist sehr wichtig für alle Zellen, weshalb die Ribosomen in vielfacher Zahl in den Zellen vorliegen, zum Teil Hunderte bis Tausende von Ribosomen pro Zelle. Ihr Durchmesser beträgt 18 bis 20 nm.

Die Organellen

Bei mehrzelligen Organismen sind die Zellen meistens zu Geweben zusammengefasst, die auf bestimmte Funktionen spezialisiert sind. Oft bilden solche Gewebe einen Komplex, den man Organ nennt. Beim Menschen ist zum Beispiel die Lunge für den Gasaustausch von Kohlendioxid und Sauerstoff verantwortlich. Ähnliche funktionsbezogene Strukturen gibt es in kleinstem Maßstab auch innerhalb der Zelle. Solche Organellen sind in jeder eukaryotischen Zelle zu finden. Der Aufbau von pflanzlichen und tierischen Zellen unterscheidet sich teilweise durch Anzahl und Funktion mancher Organellen. Im Folgenden werden wichtige Organellen aufgeführt.

Zellkern – die Steuerzentrale der Zelle

Der Zellkern bildet die Steuerzentrale der eukaryotischen Zelle: Er enthält die chromosomale DNA und somit die Mehrzahl der Gene. Bei Säugerzellen hat er einen Durchmesser um 6 μm. Durch die Kernhülle, eine doppelte Membran mit Zwischenraum, Gesamtdicke etwa 35 nm, wird der Kern vom Zytoplasma abgegrenzt. Sie wird von Kernporen durchbrochen, wodurch ein Austausch von Molekülen zwischen der Substanz des Kerninneren, dem sogenannten Karyoplasma und dem Zytoplasma möglich ist. Die äußere Membran der Kernhülle steht mit dem endoplasmatischen Retikulum in Verbindung. Im Zellkern findet die Synthese der RNA (Transkription) statt. Jene RNA-Arten, die für die Proteinsynthese (Translation) benötigt werden, werden aus dem Zellkern durch die Kernporen ins Zytoplasma transportiert. Lichtmikroskopisch ist im Kern eine globuläre Struktur mit einem Durchmesser von etwa 2 bis 5 μm zu erkennen, die man Kernkörperchen oder Nukleolus nennt. Die DNA in diesem Bereich des Kerns enthält die Baupläne für die ribosomale RNA, also für die katalytische RNA der Ribosomen.

Mitochondrien – die Kraftwerke

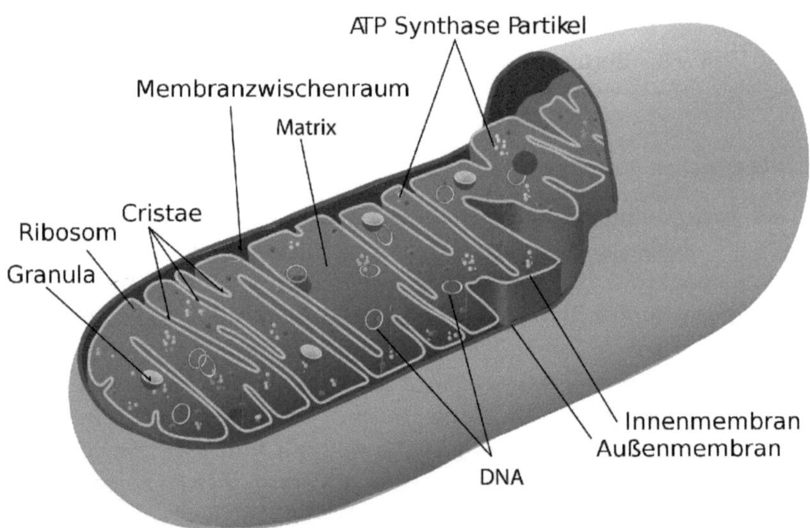

Abb. 2.31: Detaillierter Aufbau eines Mitochondriums. CC0

Die Mitochondrien gehören zu den selbstvermehrenden Organellen und sind nur in Eukaryoten-Zellen enthalten, und zwar in unterschiedlicher Anzahl. Sie enthalten ein eigenes Genom, das viele, aber nicht alle der für die Mitochondrien wichtigen Gene enthält. Die anderen Gene befinden sich in den Chromosomen im Zellkern. Deshalb sind die Mitochondrien semiautonom. Mitochondrien werden als „Energiekraftwerke" der Zelle bezeichnet. In ihnen findet die Oxidation organischer Stoffe mit molekularem Sauerstoff statt, wobei Energie freigesetzt und in Form von chemischer Energie (als ATP) gespeichert wird. Sie haben einen Durchmesser von etwa 0,5 bis 1,5 µm und sind etwa 0,8 bis 4 µm lang.

Endoplasmatisches Retikulum und Golgi-Apparat

Diese beiden Systeme bestehen aus von Membranen begrenzten Hohlräumen und sind in den meisten Eukaryoten zu finden. Sie sind funktionell eng miteinander verknüpft. Das Endoplasmatische Retikulum (ER) ist das schnelle Transportsystem für chemische Stoffe, weiterhin wird in der Mitose die neue Kernmembran vom ER abgeschnürt. Außerdem ist es für die Translation, Proteinfaltung, posttranslationale Modifikationen von Proteinen und Proteintransport von Bedeutung. Diese Proteine werden anschließend vom Golgi-Apparat „verteilt". Im Golgi-Apparat werden die Proteine modifiziert, sortiert und an den Bestimmungsort transportiert. Defekte Proteine werden dabei aussortiert und abgebaut.

2.7 Die Quantenmechanik des Mikrogeschehens

Die Quantenphysik mit der Quantenmechanik ist neben der Relativitätstheorie der zweite Grundpfeiler der modernen Physik und hat nicht nur im Zusammenhang mit der Fotosynthese einen grundlegenden Einfluss auf wichtige biologische Prozesse. Deswegen soll an dieser Stelle näher auf die Quantenmechanik eingegangen werden, bevor die Darstellung der Fotosynthese folgt.

Der Begriff Quantenphysik fasst alle Phänomene und Effekte zusammen, die darauf beruhen, dass bestimmte Größen nicht jeden beliebigen Wert annehmen können, sondern nur festgelegte diskrete Werte. Dazu gehören auch der Welle-Teilchen-Dualismus, die Nichtdeterminiertheit von physikalischen Vorgängen und deren unvermeidliche Beeinflussung durch die Beobachtung. Quantenphysik umfasst alle Theorien, Modelle und Konzepte, die auf die Quantenhypothese von Max Planck zurückgehen. Plancks Hypothese war um 1900 notwendig geworden, weil die klassische Physik

z. B. bei der Beschreibung des Lichts oder des Aufbaus der Materie an ihre Grenzen gestoßen war.

Die Quantenmechanik ist die zur Quantenphysik gehörende physikalische Theorie für die Beschreibung der Materie, ihrer Eigenschaften und Gesetzmäßigkeiten.

Besonders deutlich zeigen sich die Unterschiede zwischen der Quantenphysik und der klassischen Physik im mikroskopisch Kleinen (z. B. Aufbau der Atome und Moleküle) oder in besonders „reinen" Systemen (z. B. Supraleitung, Laserstrahlung, ...). Aber auch ganz alltägliche Dinge wie die chemischen oder physikalischen Eigenschaften verschiedener Stoffe (Farbe, Ferromagnetismus, elektrische Leitfähigkeit, ...) lassen sich nur quantenphysikalisch verstehen.

Grundlagen

Die Grundlagen der Quantenmechanik wurden zwischen 1925 und 1935 von Werner Heisenberg, Erwin Schrödinger, Max Born, Pascual Jordan, Wolfgang Pauli, Niels Bohr, Paul Dirac, John von Neumann, Friedrich Hund und weiteren Physikern erarbeitet, nachdem erst die klassische Physik und dann die älteren Quantentheorien bei der systematischen Beschreibung der Vorgänge in den Atomen versagt hatten. Die Quantenmechanik erhielt ihren Namen in Anlehnung, aber auch Abgrenzung zu der klassischen Mechanik. Wie diese bleibt die Quantenmechanik einerseits auf die Bewegung von massenbehafteten Teilchen unter der Wirkung von Kräften beschränkt und behandelt z. B. noch keine Entstehungs- und Vernichtungsprozesse, andererseits werden einige zentrale Begriffe der klassischen Mechanik, unter anderem "Ort" und "Bahn" eines Teilchens, durch grundlegend andere, der Quantenphysik besser angepasste Konzepte ersetzt.

Die Quantenmechanik bezieht sich auf materielle Objekte und modelliert diese als einzelne Teilchen oder als Systeme, die aus einer bestimmten Anzahl von einzelnen Teilchen bestehen. Mit diesen Modellen können Elementarteilchen, Atome, Moleküle oder die makroskopische Materie detailliert beschrieben werden. Zur Berechnung von deren möglichen Zuständen mit ihren jeweiligen physikalischen Eigenschaften und Reaktionsweisen wird ein der Quantenmechanik eigener mathematischer Formalismus genutzt.

Die Quantenmechanik unterscheidet sich nicht nur in ihrer mathematischen Struktur grundlegend von der klassischen Physik. Sie verwendet Begriffe und Konzepte, die sich der Anschaulichkeit entziehen und auch einigen Prinzipien widersprechen, die in der klassischen Physik als fundamental und selbstverständlich angesehen werden. Durch Anwendung von Korrespondenzregeln und Konzepten der Dekohärenztheorie können viele Gesetzmäßigkeiten der klassischen Physik, insbesondere die gesamte klassische Mechanik, als Grenzfälle der Quantenmechanik beschrieben werden. Allerdings gibt es auch zahlreiche Quanteneffekte ohne klassischen Grenzfall. Zur Deutung der Theorie wurde eine Reihe verschiedener Interpretationen der Quantenmechanik entwickelt, die sich insbesondere in ihrer Konzeption des Messprozesses und in ihren metaphysischen Prämissen unterscheiden.

Auf der Quantenmechanik und ihren Begriffen bauen die weiterführenden Quantenfeldtheorien auf, angefangen mit der Quantenelektrodynamik ab ca. 1930, mit denen auch die Prozesse der Erzeugung und Vernichtung von Teilchen analysiert werden können.

Geschichte

Anfang des 20. Jahrhunderts begann die Entwicklung der Quantenphysik zunächst mit den sogenannten alten Quantentheorien. Max Planck stellte 1900 zur Herleitung des nach ihm benannten Strahlungsgesetzes die Hypothese auf, dass ein Oszillator Energie nur in ganzzahligen Vielfachen des Energiequantums $\Delta E = h\,f$ aufnehmen oder abgeben kann (h ist das Plancksche Wirkungsquantum, f ist die Frequenz des Oszillators). 1905 erklärte Albert Einstein den fotoelektrischen Effekt durch die Lichtquantenhypothese. Demnach besteht Licht aus diskreten Partikeln gleicher Energie E, welchen mit der Frequenz $f = E\,/\,h$ auch eine Welleneigenschaft zukommt.

Im Zeitraum ab 1913 entwickelte Bohr das nach ihm benannte Atommodell. Dieses basiert auf der Annahme, dass Elektronen im Atom nur Zustände zu ganz bestimmten Energien einnehmen können und dass die Elektronen bei der Emission oder Absorption von Licht von einem Energieniveau auf ein anderes „springen". Bei der Formulierung seiner Theorie nutzte Bohr das Korrespondenzprinzip, dem zufolge sich das quantentheoretisch berechnete optische Spektrum von Atomen im Grenzfall großer Quantenzahlen dem klassisch berechneten Spektrum annähern muss. Mit dem Bohrschen Atommodell und seinen Erweiterungen, dem Schalenmodell und dem Bohr-Sommerfeld-Modell, gelangen einige Erfolge, darunter die Erklärung des Wasserstoffspektrums, der Röntgenlinien und des Stark-Effekts, sowie die Erklärung des Aufbaus des Periodensystems der Elemente.

Schnell erwiesen sich diese frühen Atommodelle jedoch als unzureichend. So versagten sie bereits bei der Anwendung auf das Anregungsspektrum von Helium, beim Wert des Bahndrehimpulses des elektronischen Grundzustandes von Wasserstoff und bei der Beschreibung verschiedener spektroskopischer Beobachtungen, wie z. B. des anomalen Zeemaneffekts oder der Feinstruktur.

Im Jahr 1924 veröffentlichte Louis de Broglie seine Theorie der Materiewellen, wonach jegliche Materie einen Wellencharakter aufweisen kann und umgekehrt Wellen auch einen Teilchencharakter aufweisen können. Diese Arbeit führte die Quantenphänomene auf eine gemeinsame Erklärung zurück, die jedoch wieder heuristischer Natur war und auch keine Berechnung der Spektren von Atomen ermöglichte. Daher wird sie als letzte den alten Quantentheorien zugeordnet, war jedoch richtungsweisend für die Entwicklung der Quantenmechanik.

Die moderne Quantenmechanik fand ihren Beginn im Jahr 1925 mit der Formulierung der Matrizenmechanik durch Werner Heisenberg, Max Born und Pascual Jordan. Während Heisenberg im ersten dieser Aufsätze noch von "quantentheoretischer Mechanik" gesprochen hatte, wurde in den beiden späteren Aufsätzen die noch heute gebräuchliche Bezeichnung "Quantenmechanik" geprägt. Wenige Monate später stellte Erwin Schrödinger über einen völlig anderen Ansatz – ausgehend von de Broglies Theorie der Materiewellen – die Wellenmechanik bzw. die Schrödingergleichung auf. Kurz darauf konnte Schrödinger nachweisen, dass die Wellenmechanik mit der Matrizenmechanik mathematisch äquivalent ist. Schon 1926 brachte J. H. Van Vleck in den USA unter dem Titel Quantum Principles and Line Spectra das erste Lehrbuch zur neuen Quantenmechanik heraus. Das erste deutschsprachige Lehrbuch, Gruppentheorie und Quantenmechanik von dem Mathematiker Hermann Weyl, folgte 1928.

Heisenberg entdeckte die nach ihm benannte Unschärferelation im Jahr 1927; im gleichen Jahr wurde auch die bis heute vorherrschende Kopenhagener Interpretation der Quantenmechanik formuliert. In den Jahren ab etwa 1927 vereinigte Paul Dirac die Quantenmechanik mit der speziellen Relativitätstheorie. Er führte auch erstmals die Verwendung der Operator-Theorie inklusive der Bra-Ket-Notation ein und beschrieb diesen mathematischen Kalkül 1930 in seinem Buch Principles of Quantum Mechanics. Zur gleichen Zeit formulierte John von Neumann eine strenge mathematische Basis für die Quantenmechanik im Rahmen der Theorie linearer Operatoren auf Hilberträumen, die er 1932 in seinem Buch *Mathematische Grundlagen der Quantenmechanik* beschrieb. Die in dieser Aufbauphase formulierten Ergebnisse haben bis heute Bestand und werden allgemein zur Beschreibung quantenmechanischer Aufgabenstellungen verwendet.

Grundlegende Eigenschaften

Diese Darstellung geht von der Kopenhagener Interpretation der Quantenmechanik aus, die ab 1927 vor allem von Niels Bohr und Werner Heisenberg erarbeitet wurde. Trotz ihrer begrifflichen und logischen Schwierigkeiten hat sie gegenüber anderen Interpretationen bis heute eine vorherrschende Stellung inne. Auf Formeln wird im Folgenden weitgehend verzichtet.

Observable und Zustände

Im Rahmen der klassischen Mechanik lässt sich aus dem Ort und der Geschwindigkeit eines (punktförmigen) Teilchens bei Kenntnis der wirkenden Kräfte dessen Bahnkurve vollständig vorausberechnen. Der Zustand des Teilchens lässt sich also eindeutig durch zwei Größen beschreiben, die (immer in idealen Messungen) mit eindeutigem Ergebnis gemessen werden können. Eine gesonderte Behandlung des Zustandes und der Messgrößen (oder „Observablen") ist damit in der klassischen Mechanik nicht nötig, weil der Zustand die Messwerte festlegt und umgekehrt.

Die Natur zeigt jedoch Quantenphänomene, die sich mit diesen Begriffen nicht beschreiben lassen. Es ist im Allgemeinen nicht mehr vorhersagbar, an welchem Ort und mit welcher Geschwindigkeit ein Teilchen nachgewiesen wird. Wenn beispielsweise ein Streuexperiment mit einem Teilchen unter exakt gleichen Ausgangsbedingungen wiederholt wird, muss man für das Teilchen nach dem Streuvorgang immer denselben Zustand ansetzen, gleichwohl kann es an verschiedenen Orten des Schirms auftreffen. Der Zustand des Teilchens nach dem Streuprozess legt also seine Flugrichtung nicht fest. Allgemein gilt: In der Quantenmechanik gibt es Zustände, die auch dann nicht die Vorhersage eines einzelnen Messergebnisses ermöglichen, wenn der Zustand exakt bekannt ist. Es lässt sich dann jedem der möglichen Messwerte nur noch eine Wahrscheinlichkeit zuordnen. Daher werden in der Quantenmechanik Messgrößen und Zustände getrennt behandelt und es werden für diese Größen andere Konzepte verwendet als in der klassischen Mechanik.

Allen messbaren Eigenschaften eines physikalischen Systems werden in der Quantenmechanik mathematische Objekte zugeordnet, die sogenannten Observablen. Beispiele sind der Ort eines Teilchens, sein Impuls, sein Drehimpuls oder seine Energie. Es gibt zu jeder Observablen einen Satz von speziellen Zuständen, bei denen das Ergebnis einer Messung nicht streuen kann, sondern eindeutig festliegt. Ein solcher Zustand wird „Eigenzustand" der betreffenden Observablen genannt, und das zugehörige Messergebnis ist einer der „Eigenwerte" der Observablen. In allen anderen Zuständen, die nicht Eigenzustand zu dieser Observablen sind, sind verschiedene Messergebnisse möglich. Sicher ist aber, dass bei dieser Messung einer der Eigenwerte festgestellt wird und dass das System anschließend im entsprechenden Eigenzustand dieser Observablen ist. Zu der Frage, welcher der Eigenwerte für die zweite Observable zu erwarten ist, oder gleichbedeutend: In welchem Zustand sich das System nach dieser Messung befinden wird, lässt sich nur eine Wahrscheinlichkeitsverteilung angeben, die aus dem Anfangszustand zu ermitteln ist.

Verschiedene Observablen haben im Allgemeinen auch verschiedene Eigenzustände. Dann ist für ein System, das sich als Anfangszustand im Eigenzustand einer Observablen befindet, das Messergebnis einer zweiten Observablen unbestimmt. Der Anfangszustand selbst wird dazu als Überlagerung (Superposition) aller möglichen Eigenzustände der zweiten Observablen interpretiert. Den Anteil eines bestimmten Eigenzustands bezeichnet man als dessen Wahrscheinlichkeitsamplitude. Das Betragsquadrat einer Wahrscheinlichkeitsamplitude gibt die Wahrscheinlichkeit an, bei einer Messung am Anfangszustand den entsprechenden Eigenwert der zweiten Observablen zu erhalten (Bornsche Regel oder Bornsche Wahrscheinlichkeitsinterpretation). Allgemein lässt sich jeder beliebige quantenmechanische Zustand als Überlagerung von verschiedenen Eigenzuständen einer Observablen darstellen. Verschiedene Zustände unterscheiden sich nur dadurch, welche dieser Eigenzustände mit welchem Anteil zu der Überlagerung beitragen.

Bei manchen Observablen, zum Beispiel beim Drehimpuls, sind nur diskrete Eigenwerte erlaubt. Beim Teilchenort hingegen bilden die Eigenwerte ein Kontinuum. Die Wahrscheinlichkeitsamplitude dafür, das Teilchen an einem bestimmten Ort zu finden, wird deshalb in Form einer ortsabhängigen Funktion, der sogenannten Wellenfunktion angegeben. Das Betragsquadrat der Wellenfunktion an einem bestimmten Ort gibt die räumliche Dichte der Aufenthaltswahrscheinlichkeit an, das Teilchen dort zu finden.

Nicht alle quantenmechanischen Observablen haben einen klassischen Gegenpart. Ein Beispiel ist der Spin, der nicht auf aus der klassischen Physik bekannte Eigenschaften wie Ladung, Masse, Ort oder Impuls zurückgeführt werden kann.

Interferenz

Das Doppelspaltexperiment zeigt sowohl die statistische Natur der Quantenmechanik als auch den Interferenzeffekt und ist damit ein gutes Beispiel für den Welle-Teilchen-Dualismus. Dabei werden mikroskopische „Teilchen", zum Beispiel Elektronen, in einem breiten Strahl auf ein Hindernis mit zwei eng beieinanderliegenden Spalten gesendet und weiter hinten auf einem Leuchtschirm aufgefangen. In der Verteilung der Elektronen auf dem Schirm würde man unter Annahme des klassischen Teilchenmodells zwei klar voneinander abgrenzbare Häufungen erwarten. Das kann man sich so vorstellen, als ob man kleine Kugeln von oben durch zwei Schlitze fallen ließe; diese werden unter jedem Schlitz je einen Haufen bilden. Die mit Elektronen tatsächlich beobachteten Messergebnisse sind anders (siehe Abbildung Fehler: Referenz nicht gefunden). Mit der klassischen Teilchenvorstellung stimmen sie nur insoweit überein, als jedes einzelne Elektron auf dem Schirm genau einen einzigen Leuchtpunkt verursacht. Bei der Ausführung des

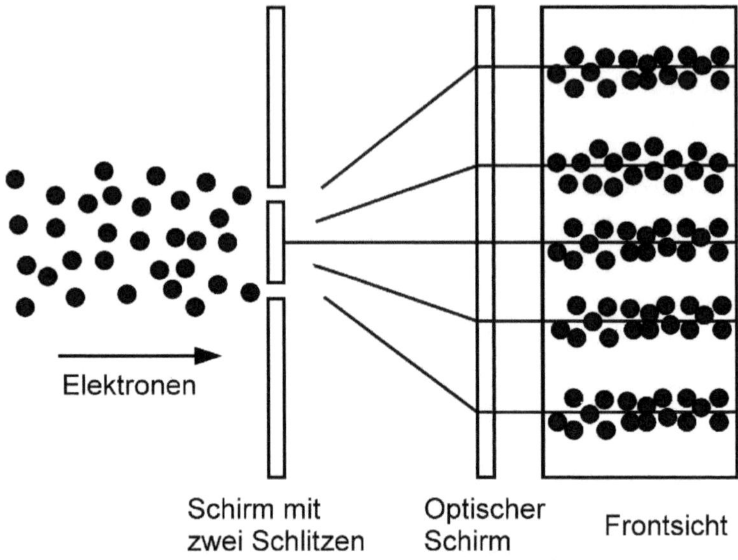

Abb. 2.32: Doppelspaltexperiment mit Teilchen, hier Elektronen, in Aufsicht.

Experiments mit vielen Elektronen (gleich, ob gleichzeitig oder nacheinander auf die Spalte gesendet) wird die Wahrscheinlichkeitsverteilung der Ortsmesswerte sichtbar, die nicht den klassisch erwarteten zwei Häufungen entspricht. Sie weist stattdessen wie beim Licht ausgeprägte Interferenzstreifen auf, in denen sich die destruktive und konstruktive Interferenz abwechseln.

Messprozess

Die Tatsache, dass Messungen eindeutig vorhersagbare Messergebnisse liefern können (nämlich wenn sich das System in einem Eigenzustand zu der zu messenden Observablen befindet), scheint im Widerspruch zu den von der Quantenmechanik postulierten Gesetzmäßigkeiten der Zeitentwicklung des Systemzustands zu stehen: Einerseits erfolgt die Zeitentwicklung des Systemzustands strikt deterministisch, andererseits sind die Messergebnisse im Allgemeinen nur statistisch vorhersagbar. Einerseits sollen den Zuständen des Systems im Allgemeinen überlagerte Linearkombinationen von Eigenzuständen entsprechen, andererseits wird kein verwaschenes Bild mehrerer Werte gemessen, sondern stets ein eindeutiger Wert. Ist ein Messwert einmal erhalten, muss das

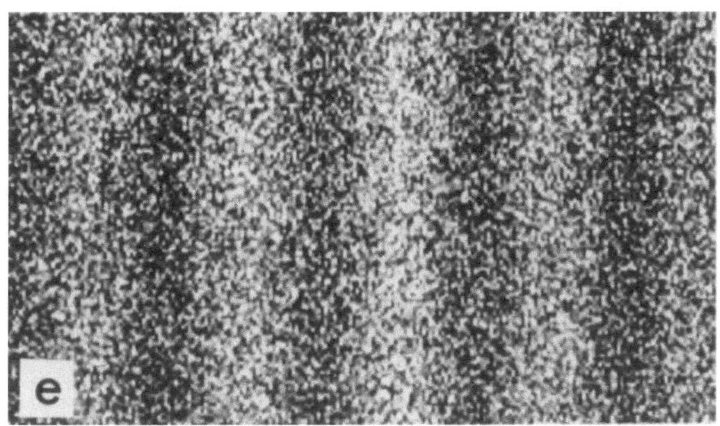

Abb. 2.33: Gemessenes Interferenzmuster von Elektronen hinter einem Doppelspalt.

System sich anschließend in einem Zustand befinden, für den im Fall einer sofort folgenden Wiederholungsmessung derselbe Wert als eindeutiges Ergebnis vorhergesagt werden kann, denn „die Natur macht keine Sprünge". Eine der hauptsächlichen Herausforderungen für Interpretationen der Quantenmechanik ist es, diesen scheinbaren Widerspruch, das sogenannte Messproblem, zu erklären.

Eine Klasse von Interpretationen, die sogenannten Kollaps-Theorien, zu welcher auch die Kopenhagener Interpretation zählt, erklärt dies mit einem Kollaps der Wellenfunktion, also einem Übergang des vorher vorliegenden Systemzustands, sofern er nicht schon ein Eigenzustand der gemessenen Observablen ist, in einen solchen Eigenzustand. In den entsprechenden Formulierungen der Quantenmechanik erfolgt dieser Kollaps beim Vorgang des Messens. Doch dies ist nur eine Umschreibung in der Alltagssprache. Viele Physiker und Interpreten halten es dagegen für notwendig, in physikalischen Begriffen anzugeben, was genau eine „Messung" ausmacht. Wenn nämlich die Quantenmechanik die zutreffende grundlegende Theorie über die Welt ist, müsste sie alle physikalischen Systeme – inklusive der Messvorrichtung selbst – und deren wechselseitige Wirkung aufeinander beschreiben. Dann wird aber auch die Zeitentwicklung ihrer Zustände strikt deterministisch beschrieben – bis unter allen mehr oder minder wahrscheinlichen Ergebnissen das Messergebnis festgestellt wird, womit sich das Problem wiederholt. Das Problem, wo die Grenze zwischen beschreibenden Quantensystemen und der „Messapparatur" liegt, wird als Demarkationsproblem bezeichnet.

Die Kopenhagener Interpretation selbst erklärt den Kollaps und die Fragen zur Demarkation nicht weiter: Eine Messung wird schlicht beschrieben als Interaktion eines Quantensystems mit einem Messgerät, das selber als klassisches physikalisches System aufgefasst wird. Die oben gegebene Beschreibung von Observablen und Zuständen ist an dieser Interpretation orientiert.

Daraus, dass die Messung einer Observablen das System immer in einem Eigenzustand zurücklässt, der zu dem beobachteten Eigenwert gehört, folgt, dass bei zwei aufeinanderfolgenden Messungen verschiedener Observablen die Reihenfolge, in der sie durchgeführt werden, die Messergebnisse beeinflussen kann. Das ist immer der Fall, wenn nacheinander zwei Observablen an einem System gemessen werden, das sich nicht in einem gemeinsamen Eigenzustand beider Observablen befindet. Da der Endzustand einer exakten Messung immer ein Eigenzustand der Observablen ist, die gerade gemessen wurde, durchläuft das System bei zwei aufeinanderfolgenden Messungen von Observablen mit unterschiedlichen Eigenzuständen je nach ihrer Abfolge verschiedene Zustände. Für viele Paare von Observablen trifft dies immer zu, denn sie haben überhaupt keinen gemeinsamen Eigenzustand. Solche Observablen werden komplementäre Observablen genannt. Ein Beispiel für ein Paar komplementärer Observablen sind Ort und Impuls.

Heisenbergsche Unschärferelation

Das Unschärfeprinzip der Quantenmechanik, das in Form der Heisenbergschen Unschärferelation bekannt ist, setzt die kleinstmöglichen theoretisch erreichbaren Unsicherheitsbereiche zweier Messgrößen in Beziehung. Es gilt für jedes Paar von komplementären Observablen, insbesondere für Paare von Observablen, die wie Ort und Impuls oder Drehwinkel und Drehimpuls physikalische Messgrößen beschreiben, die in der klassischen Mechanik als kanonisch konjugiert bezeichnet werden und kontinuierliche Werte annehmen können.

Hat für das betrachtete System eine dieser Größen einen exakt bestimmten Wert (Unsicherheitsbereich Null), dann ist der Wert der anderen völlig unbestimmt (Unsicherheitsbereich unendlich). Dieser

Extremfall ist allerdings nur theoretisch von Interesse, denn keine reale Messung kann völlig exakt sein. Tatsächlich ist der Endzustand der Messung der Observablen A daher kein reiner Eigenzustand der Observablen A, sondern eine Überlagerung mehrerer dieser Zustände zu einem gewissen Bereich von Eigenwerten zu A. Bezeichnet man mit ΔA den Unsicherheitsbereich von A, mathematisch definiert durch die sog. Standardabweichung, dann gilt für den ebenso definierten Unsicherheitsbereich ΔB der kanonisch konjugierten Observablen B die Ungleichung

$$\Delta A \cdot \Delta B \geq h/(4 \cdot \pi) = \hbar/2$$

Darin ist h das Plancksche Wirkungsquantum und $\hbar = h/(2 \cdot \pi)$.

Selbst wenn beide Messgeräte beliebig genau messen können, wird die Schärfe der Messung von B durch die der Messung von A beschränkt. Es gibt keinen Zustand, in dem die Messwerte von zwei kanonisch konjugierten Observablen mit kleinerer Unschärfe streuen. Für das Beispiel von Ort und Impuls bedeutet das, dass in der Quantenmechanik die Beschreibung der Bewegung eines Teilchens durch eine Bahnkurve nur mit begrenzter Genauigkeit sinnvoll und insbesondere im Innern eines Atoms unmöglich ist.

Eine ähnliche Unschärferelation gilt zwischen Energie und Zeit. Diese nimmt aber hier eine Sonderrolle ein, da in der Quantenmechanik aus formalen Gründen der Zeit keine Observable zugeordnet ist.

Tunneleffekt

Der Tunneleffekt ist einer der bekannteren Quanteneffekte, die im Gegensatz zur klassischen Physik und zur Alltagserfahrung stehen. Er beschreibt das Verhalten eines Teilchens an einer Potenzialbarriere. Im Rahmen der klassischen Mechanik kann ein Teilchen eine solche Barriere nur überwinden, wenn seine Energie höher als der höchste Punkt der Barriere ist, andernfalls prallt es ab. Nach der Quantenmechanik kann das Teilchen hingegen mit einer gewissen Wahrscheinlichkeit die Barriere auch im klassisch verbotenen Fall überwinden. Andererseits wird das Teilchen auch dann mit einer gewissen Wahrscheinlichkeit an der Barriere reflektiert, wenn seine Energie höher als die Barriere ist. Die Wahrscheinlichkeiten für das

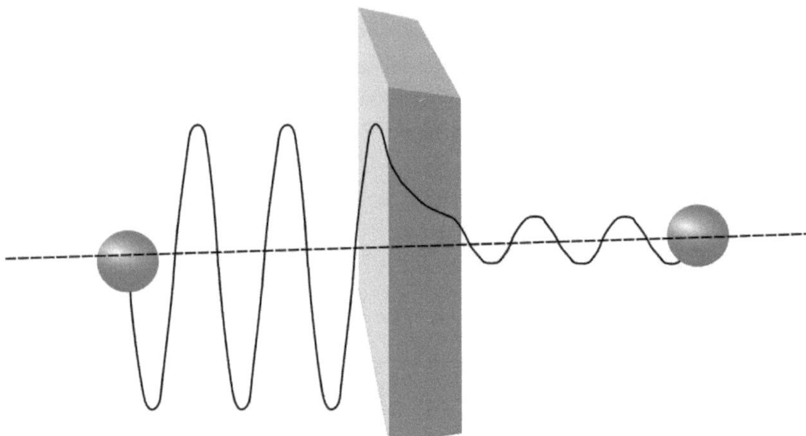

Abb. 2.34: Durchtunneln an einer Potentialbarriere durch eine Elektronenwelle. Ein Teil der Teilchenwelle geht durch die Barriere hindurch, was nach der klassischen Physik nicht möglich wäre. CC0 Yoschi

Tunneln beziehungsweise für die Reflexion können bei bekannter Form der Potenzialbarriere präzise berechnet werden.

Der Tunneleffekt hat eine große Bedeutung in verschiedenen Bereichen der Physik, wie zum Beispiel bei der Beschreibung des Alpha-Zerfalls, der Kernfusion, der Funktionsweise der Feldemissions- und Rastertunnelmikroskopie oder bei der Erklärung des Zustandekommens der chemischen Bindung.

Verschränkung, EPR-Experiment

Wenn zwei Quantensysteme miteinander in Wechselwirkung treten, müssen sie als ein Gesamtsystem betrachtet werden. Selbst wenn vor der Wechselwirkung der quantenmechanische Zustand dieses Gesamtsystems einfach aus den beiden wohldefinierten Anfangszuständen der beiden Teilsysteme zusammengesetzt ist, entwickelt er sich durch die Wechselwirkung zu einer Superposition von Zuständen, die jeweils aus solchen Paaren von Zuständen der Teilsysteme gebildet sind. Es sind mit verschiedener Wahrscheinlichkeit verschiedene Paarungen möglich (z. B. beim Stoß der elastische oder der inelastische Stoß, oder Ablenkung um verschiedene Winkel etc.). In jedem dieser Paare sind die Endzustände der Teilsysteme so aufeinander abgestimmt, dass die Erhaltungssätze (Energie, Impuls, Drehimpuls, Ladung etc.) erfüllt sind. Der

Zustand des Gesamtsystems liegt eindeutig fest und ist eine Superposition aller möglichen Paarungen. Er kann nicht – wie der Anfangszustand vor der Wechselwirkung – einfach aus je einem bestimmten Zustand beider Teilsysteme gebildet werden. Dann ist mit einer Messung, die nur an einem Teilsystem ausgeführt wird und dieses in einem bestimmten seiner möglichen Endzustände findet, auch eindeutig festgestellt, dass das andere Teilsystem sich im dazu passenden Endzustand befindet. Es besteht nun eine Korrelation zwischen den physikalischen Eigenschaften der Teilsysteme. Daher bezeichnet man den Zustand des Gesamtsystems als verschränkt. Die Verschränkung bleibt auch dann erhalten, wenn der Zeitpunkt der Wechselwirkung schon weit in der Vergangenheit liegt und die zwei Teilsysteme sich inzwischen weit voneinander entfernt haben. Es ist zum Beispiel möglich, ein Paar von Elektronen so zu präparieren, dass sie sich räumlich entfernen und für keins der Elektronen einzeln die Richtung des Spins vorhersagbar ist, während es feststeht, dass das eine Elektron den Spin „down" aufweist, wenn das andere Elektron mit dem Spin „up" beobachtet wurde, und umgekehrt. Diese Korrelationen sind auch beobachtbar, wenn erst nach der Wechselwirkung entschieden wird, welche beliebige Richtung im Raum als Up- bzw. Downachse definiert wird.

Folge der Verschränkung ist, dass die Durchführung einer Messung an einem Ort die Messergebnisse an einem (im Prinzip beliebig weit entfernten) anderen Ort beeinflusst, und das ohne jede Zeitverzögerung, also mit Überlichtgeschwindigkeit.

Dieses Phänomen war einer der Gründe, weshalb Albert Einstein die Quantenmechanik ablehnte. Er betrachtete die Separierbarkeit physikalischer Systeme (d. h. die Existenz wohlbestimmter lokaler physikalischer Eigenschaften) als ein fundamentales Prinzip der Physik, insbesondere der speziellen Relativitätstheorie, und versuchte nachzuweisen, dass die Quantenmechanik entweder das Prinzip der Separierbarkeit verletzt oder unvollständig ist. Gemeinsam mit Boris Podolsky und Nathan Rosen entwickelte Einstein ein Gedankenexperiment, das als Einstein-Podolsky-Rosen-Paradoxon bekannt wurde. Dieses Gedankenexperiment erwies sich in seiner ursprünglichen Formulierung als nicht praktisch durchführbar. Jedoch gelang es John Stewart Bell im Jahr 1964, aus Einsteins zentraler Prämisse der Existenz lokaler physikalischer Eigenschaften die experimentell überprüfbare Bellsche Ungleichung zu gewinnen. Alle bislang vorliegenden experimentellen Untersuchungen haben die Verletzung der Bellschen Ungleichung gezeigt, damit Einstein widerlegt und die Voraussagen der Quantenmechanik bestätigt.

Weiterhin zeigt die genaue theoretische Analyse des EPR-Effektes, dass dieser doch nicht im Widerspruch zur speziellen Relativitätstheorie steht, da auf diese Weise keine Information übertragen werden kann: Die einzelne Messung ergibt – unabhängig davon, ob das andere Teilchen bereits gemessen wurde – stets ein am Ort und zum Zeitpunkt der Messung unvorhersagbares Ergebnis. Erst, wenn das Ergebnis der anderen Messung – frühestens durch Kommunikation mit Lichtgeschwindigkeit – bekannt wird, kann man die Korrelation feststellen oder ausnutzen.

Identische Teilchen, Pauli-Prinzip

Durch die prinzipielle Unmöglichkeit, den Zustand eines quantenphysikalischen Systems nach klassischen Maßstäben „vollständig" zu bestimmen, verliert eine Unterscheidung zwischen mehreren Teilchen mit gänzlich identischen intrinsischen Eigenschaften (wie beispielsweise Masse oder Ladung, nicht aber zustandsabhängigen Größen wie Energie oder Impuls) in der Quantenmechanik ihren Sinn. Nach den Vorstellungen der klassischen Mechanik können beliebig genaue Orts- und Impulsmessungen simultan an mehreren Teilchen durchgeführt werden – ob identisch oder nicht –, woraus (zumindest prinzipiell) die zukünftige Bahn jedes Teilchens genau vorhergesagt werden kann. Findet man später ein Teilchen an einem bestimmten Ort, kann man ihm eindeutig seinen Ausgangspunkt zuordnen und mit Sicherheit sagen, an beiden Orten habe es sich um dasselbe Teilchen gehandelt. Eine quantenmechanische Betrachtung lässt eine solche „Durchnummerierung" von identischen Teilchen nicht zu. Das ist deshalb wichtig, weil z. B. alle Elektronen in diesem Sinne identische Teilchen sind. Es ist also beispielsweise unmöglich die Frage zu beantworten, ob bei zwei aufeinanderfolgenden Messungen an einzelnen Elektronen „dasselbe" oder ein „anderes" Elektron beobachtet wurde. Hier sind die Worte „dasselbe" und „anderes" in Anführungszeichen gesetzt, weil sie zwar umgangssprachlich klar erscheinen mögen, für identische Teilchen aber gar keinen Sinn ergeben. Es ist nicht nur unmöglich, die gestellte Frage zu beantworten, sie lässt sich schon gar nicht physikalisch sinnvoll stellen.

Da das Vertauschen zweier identischer Teilchen keine der physikalischen Eigenschaften des Zustands eines Vielteilchensystems ändert, muss der Zustandsvektor gleich bleiben oder kann höchstens sein Vorzeichen wechseln. Identische Teilchen bezeichnet man als Bosonen, wenn bei deren Vertauschung der Zustandsvektor gleich bleibt, als Fermionen, wenn er das Vorzeichen wechselt. Das Spin-Statistik-Theorem besagt, dass alle Teilchen mit ganzzahligem Spin Bosonen sind (z. B. die Photonen) und alle Teilchen mit halbzahligem Spin Fermionen. Dies lässt sich nicht im Rahmen der Quantenmechanik, sondern erst aus der Quantenfeldtheorie ableiten.

Eine wichtige Konsequenz ist die als „Pauli-Prinzip" bekannte Regel, dass zwei identische Fermionen nicht die gleichen Einteilchenzustände einnehmen können. Es schließt bei den Atomen die Mehrfachbesetzung elektronischer Zustände aus und erzwingt deren „Auffüllung" bis zur Fermi-Energie. Das ist von großer praktischer Bedeutung, denn es ermöglicht den Atomen, vielgestaltige chemische Verbindungen einzugehen. Das Spin-Statistik-Theorem bewirkt außerdem erhebliche Unterschiede im thermodynamischen Verhalten zwischen Systemen mit vielen identischen Teilchen. Bosonen gehorchen der Bose-Einstein-Statistik, die z. B. die Wärmestrahlung beschreibt, Fermionen der Fermi-Dirac-Statistik, die z. B. die elektronischen Eigenschaften von Leitern und Halbleitern erklärt.

Dekohärenz

Die Dekohärenz ist ein modernes Konzept der Quantenmechanik, das bei makroskopischen Systemen die äußerst effiziente Unterdrückung der Folgen der Kohärenz beschreibt. Damit kann im Rahmen der Quantenmechanik erklärt werden, dass makroskopische Systeme keine Superpositionseffekte zeigen, sich also (von Ausnahmen abgesehen) „klassisch" verhalten. Dekohärenz ist damit heute ein wichtiger Bestandteil des Korrespondenzprinzips der Quantenmechanik.

Zur Veranschaulichung dieses Effektes sei das Beispiel eines makroskopischen Objekts betrachtet, das dem Einfluss einer isotropen Lichtstrahlung – im Folgenden auch als Umgebung bezeichnet – ausgesetzt ist. Im Rahmen der klassischen Physik ist der Einfluss des einfallenden Lichts auf die Bewegung des Objekts vernachlässigbar, da der mit dem Stoß eines Photons verbundene Impulsübertrag sehr gering ist und sich die Stöße aus verschiedenen Richtungen im Mittel kompensieren. Bei quantenmechanischer Betrachtung findet bei jedem Stoß eine Verschränkung des Objekts mit einem Photon statt (siehe oben), sodass das Objekt und das Photon nun als ein erweitertes Gesamtsystem betrachtet werden müssen. Die für Interferenzeffekte entscheidenden festen Phasenbeziehungen des quantenmechanischen Zustands erstrecken sich nun also über zwei Teilsysteme, das Objekt und das Photon, man spricht auch von einer Delokalisierung der Kohärenz.

Bei isolierter Betrachtung des (Teil)zustands des Objekts äußert sich jeder Stoß in einer Verschiebung seiner quantenmechanischen Phasenbeziehungen und damit in einer Verringerung seiner Interferenzfähigkeit. Hierbei handelt es sich um einen reinen Quanteneffekt, der unabhängig von einem mit dem Stoß verbundenen Impuls- oder Energieübertrag ist. Die praktisch unvermeidlichen, zahlreich auftretenden Wechselwirkungen makroskopischer Objekte mit ihrer Umgebung führen so zu einer effektiven Ausmittelung aller quantenmechanischen Interferenzeffekte. Die für die Dekohärenz charakteristische Zeitskala, die Dekohärenzzeit τ_d , ist im Allgemeinen unter Normalbedingungen äußerst kurz (z. B. etwa 10^{-26}s), die Dekohärenz gilt daher als der effizienteste bekannte physikalische Effekt. Bei makroskopischen („klassischen") Objekten sind daher nur noch solche Zustände anzutreffen, die den Prozess der Dekohärenz schon abgeschlossen haben und ihm nicht weiter unterworfen sind. Die verbleibende inkohärente Überlagerung quantenmechanischer Zustände entspricht demnach genau den Zuständen der makroskopischen bzw. klassischen Physik. Die Dekohärenz liefert so eine quantenmechanische Erklärung für das klassische Verhalten von makroskopischen Systemen.

2.8   Diverse Interpretationen der Quantenmechanik

Interpretationen der Quantenmechanik beschreiben die physikalische und metaphysische Bedeutung der Postulate und Begriffe, aus welchen die Quantenmechanik aufgebaut ist. Besonderes Gewicht hat dabei die Interpretation derjenigen Konzepte, wie z. B. des Welle-Teilchen-Dualismus, die nicht nur einen Bruch mit etablierten Vorstellungen der klassischen Physik bedeuten, sondern auch der Anschauung oftmals zuwiderzulaufen scheinen. Neben der ersten – und bis heute dominierenden – Kopenhagener Interpretation wurde seit Entwicklung der Quantenmechanik in den 1920er Jahren eine Vielzahl alternativer Interpretationen entwickelt, die sich unter anderem in ihren Aussagen über den Determinismus, die Kausalität, die Frage der Vollständigkeit der Theorie, die Rolle von Beobachtern und einer Reihe weiterer metaphysischer Aspekte unterscheiden. Dieser Artikel gibt einen Überblick über die wichtigsten Interpretationen der nichtrelativistischen Quantenmechanik. Eine Beschreibung der konzeptionellen Grundlagen der Theorie auf Basis gängiger Lehrbuch-Darstellungen findet sich im Hauptartikel Quantenmechanik.

Interpretationsrelevante Aspekte

Hinsichtlich ihres empirischen Erfolges gilt die Quantenmechanik als eine der am besten gesicherten physikalischen Theorien überhaupt. Seit ihrer Formulierung in den 1920er Jahren konnte die Quantenmechanik bis heute experimentell nicht falsifiziert werden. Die Frage, wie die Quantenmechanik zu interpretieren ist, wird jedoch kontrovers diskutiert: Beschreibt die Theorie nur physikalische Phänomene, oder erlaubt sie auch Rückschlüsse auf Elemente einer hinter den Phänomenen verborgenen Realität? Fragen zur Ontologie der Quantenmechanik lassen sich weder mit experimentellen noch mit theoretischen Methoden der Physik beantworten, weshalb sie von manchen Physikern als unwissenschaftlich angesehen werden. Allerdings zeigt sich, dass sich viele fundamentale Begriffe der Theorie, wie beispielsweise „Messung", „physikalische Eigenschaft" oder „Wahrscheinlichkeit", ohne interpretativen Rahmen nicht eindeutig definieren lassen. Andere Physiker und Philosophen sehen daher die Formulierung einer konsistenten Interpretation, das heißt einer semantischen Deutung des mathematischen Formalismus, als sinnvollen, wenn nicht notwendigen Bestandteil der Theorie an.

Neben der ersten und lange Zeit dominierenden Kopenhagener Interpretation entstanden im Laufe der Zeit zahlreiche alternative Interpretationen der Quantenmechanik, die im nächsten Kapitel beschrieben werden. Im Folgenden werden zunächst einige der physikalischen und philosophischen Prinzipien und Konzepte erläutert, in welchen sich die Interpretationen der Quantenmechanik voneinander unterscheiden.

Determinismus

Die Gesetze der klassischen Physik gelten gemeinhin als deterministisch: Kennt man den aktuellen Zustand eines abgeschlossenen Systems vollständig, kann man theoretisch sein Verhalten, also alle zukünftig möglichen Beobachtungen an diesem System für jeden beliebigen Zeitpunkt, exakt vorhersagen. Jegliches anscheinend zufällige Verhalten und jegliche Wahrscheinlichkeiten resultieren im Rahmen der klassischen Physik ausschließlich aus Unkenntnis beziehungsweise in konkreten Experimenten aus der Unfähigkeit des Experimentators, den Zustand exakt zu präparieren, oder Unzulänglichkeiten des Messgerätes. Dieser prinzipielle Determinismus besteht auch zum Beispiel für die statistische Mechanik und Thermodynamik.

Viele Interpretationen der Quantenmechanik, darunter insbesondere die Kopenhagener Interpretation, gehen hingegen davon aus, dass die Annahme einer deterministischen Dynamik physikalischer Systeme nicht aufrechterhalten werden kann: Die Tatsache, dass es nicht möglich ist, beispielsweise den Zeitpunkt des Zerfalls eines radioaktiven Atoms vorherzusagen, ist demnach nicht darin begründet, dass ein Beobachter nicht genügend Informationen über etwaige innere verborgene Eigenschaften dieses Atoms besitzt. Vielmehr gibt es keinen Grund für den konkreten Zeitpunkt des Zerfalls; der Zeitpunkt ist „objektiv zufällig".

Eine entgegengesetzte Ansicht vertreten Befürworter von Verborgene-Variablen-Interpretationen, wie der bohmschen Mechanik. Die Quantenmechanik biete demnach keine vollständige Beschreibung der Natur, sie lasse bestimmte Einflussfaktoren außer

Betracht. Wüssten wir um diese, ließe sich auch ein einzelnes künftiges Messergebnis exakt und deterministisch berechnen.

Ideal des losgelösten Beobachters

Diesem Konzept liegt die idealisierte Annahme zugrunde, dass bei Beobachtungen beziehungsweise Messungen zwischen einem beobachteten „Objektsystem" und einem „Beobachter" unterschieden werden kann, wobei zur Beschreibung der Eigenschaften des Objektsystems der Beobachter nicht mit in Betracht gezogen werden muss. Dieses Ideal lässt sich zwar aufgrund der zur Durchführung der Messung zwingend notwendigen Wechselwirkung zwischen Objektsystem und Messvorrichtung weder in der klassischen Physik noch in der Quantenmechanik vollständig erreichen, jedoch kann man in der klassischen Physik den Einfluss der Messapparatur auf das Objektsystem prinzipiell als beliebig minimierbar annehmen. In der klassischen Physik ist die Messung demnach kein grundsätzliches, sondern nur ein praktisches Problem.

In der Quantenmechanik kann die Annahme eines vernachlässigbaren Einflusses der Messvorrichtung hingegen nicht aufrechterhalten werden. Generell ist jede Wechselwirkung des Objektsystems mit der Messvorrichtung mit Dekohärenzprozessen verbunden, deren Auswirkungen nicht als „klein" betrachtet werden können. In vielen Fällen (beispielsweise beim Nachweis eines Photons durch einen Detektor) wird das untersuchte Objekt bei der Messung sogar vernichtet. Die gegenseitige Beeinflussung zwischen Objektsystem und Umgebung beziehungsweise Messvorrichtung wird daher in allen Interpretationen der Quantenmechanik berücksichtigt, wobei sich die einzelnen Interpretationen in ihrer Beschreibung des Ursprungs und der Auswirkungen dieser Beeinflussung wesentlich unterscheiden.

Messproblem

Die von der Quantenmechanik postulierte Gesetzmäßigkeit der Zeitentwicklung des Systemzustands und das Auftreten eindeutiger Messergebnisse scheinen in direktem Widerspruch zu stehen: Einerseits erfolgt die Zeitentwicklung des Systemzustands strikt deterministisch, andererseits sind die Messergebnisse nur statistisch vorhersagbar. Einerseits sollen den Systemzuständen im Allgemeinen überlagerte Linearkombinationen von Eigenzuständen entsprechen, andererseits wird kein verwaschenes Bild mehrerer Werte gemessen, sondern stets eindeutige Werte.

Die in den meisten Lehrbüchern zugrunde gelegte orthodoxe Interpretation erklärt die Vorgänge bei der Durchführung einer quantenmechanischen Messung mit einem sogenannten Kollaps der Wellenfunktion, also einem instantanen Übergang des Systemzustands in einen Eigenzustand der gemessenen Observablen, wobei dieser Übergang im Gegensatz zu sonstigen physikalischen Prozessen nicht durch die Schrödingergleichung beschrieben wird. Hierbei wird in der orthodoxen Interpretation offen gelassen, welcher Vorgang in der Messkette zu dem Kollaps führt, der Messprozess wird im Rahmen dieser Interpretation nicht genauer spezifiziert. Viele Physiker und Interpreten halten es dagegen für notwendig, in physikalischen Begriffen anzugeben, was genau eine „Messung" ausmacht.

Die Erklärung dieses scheinbaren Widerspruchs zwischen deterministischer Systementwicklung und indeterministischen Messergebnissen ist eine der hauptsächlichen Herausforderungen bei der Interpretation der Quantenmechanik.

Erkenntnistheoretische Positionen

Ein grundsätzlicher Aspekt bei der Interpretation der Quantenmechanik ist die wissenschaftstheoretische Fragestellung, welche Art von Kenntnis über die Welt diese Theorie vermitteln kann. Die Standpunkte der meisten Interpretationen der Quantenmechanik zu dieser Frage können grob in zwei Gruppen aufgeteilt werden, die instrumentalistische Position und die realistische Position.

Gemäß der instrumentalistischen Position stellen die Quantenmechanik beziehungsweise die auf Basis der Quantenmechanik ausgearbeiteten Modelle keine Abbildungen der „Realität" dar. Vielmehr handele es sich bei dieser Theorie lediglich um einen nützlichen mathematischen Formalismus, der sich als Werkzeug zur Berechnung von Messergebnissen bewährt hat. Diese pragmatische Sicht dominierte bis in die 1960er Jahre die Diskussion um die Interpretation der Quantenmechanik und prägt bis heute viele gängige Lehrbuchdarstellungen.

Neben der pragmatischen Kopenhagener Interpretation existiert heute eine Vielzahl alternativer Interpretationen, die bis auf wenige

Ausnahmen das Ziel einer realistischen Deutung der Quantenmechanik verfolgen. In der Wissenschaftstheorie wird eine Interpretation als wissenschaftlich-realistisch bezeichnet, wenn sie davon ausgeht, dass die Objekte und Strukturen der Theorie treue Abbildungen der Realität darstellen und dass sowohl ihre Aussagen über beobachtbare Phänomene als auch ihre Aussagen über nicht beobachtbare Entitäten als (näherungsweise) wahr angenommen werden können.

In vielen Arbeiten zur Quantenphysik wird Realismus gleichgesetzt mit dem Prinzip der Wert-Definiertheit. Dieses Prinzip basiert auf der Annahme, dass einem physikalischen Objekt physikalische Eigenschaften zugeordnet werden können, die es eindeutig entweder hat oder nicht hat. Beispielsweise spricht man bei der Beschreibung der Schwingung eines Pendels davon, dass das Pendel (zu einem bestimmten Zeitpunkt, und innerhalb einer gegebenen Genauigkeit) eine Auslenkung x hat.

In der orthodoxen Interpretation der Quantenmechanik wird die Annahme der Wert-Definiertheit aufgegeben. Ein Quantenobjekt hat demnach im Allgemeinen keine Eigenschaften, vielmehr entstehen Eigenschaften erst im Moment und im speziellen Kontext der Durchführung einer Messung. Die Schlussfolgerung der orthodoxen Interpretation, dass die Wert-Definiertheit aufgegeben werden muss, ist allerdings weder aus logischer noch aus empirischer Sicht zwingend. So geht beispielsweise die (empirisch von der orthodoxen Interpretation nicht unterscheidbare) de-Broglie-Bohm-Theorie davon aus, dass Quantenobjekte Teilchen sind, die sich entlang wohldefinierter Bahnkurven bewegen.

Lokalität und Kausalität

Gemäß dem Prinzip der lokalen Wirkung hat die Änderung einer Eigenschaft eines Subsystems A keinen direkten Einfluss auf ein räumlich davon getrenntes Subsystem B. Einstein betrachtete dieses Prinzip als notwendige Voraussetzung für die Existenz empirisch überprüfbarer Naturgesetze. In der speziellen Relativitätstheorie gilt das Lokalitätsprinzip in einem absoluten Sinn, wenn der Abstand zwischen den zwei Subsystemen raumartig ist.

In der Quantenmechanik bewirkt die Verschränkung statistische Abhängigkeiten (sogenannte Korrelationen) zwischen den Eigenschaften verschränkter, räumlich voneinander getrennter Objekte.

Diese legen die Existenz gegenseitiger nicht-lokaler Beeinflussungen zwischen diesen Objekten nahe. Allerdings kann gezeigt werden, dass auch im Rahmen der Quantenmechanik keine überlichtschnelle Übertragung von Information möglich ist (siehe No-signalling-Theorem).

Das mit der quantenmechanischen Verschränkung verbundene Phänomen, dass die Durchführung von Messungen an einem Ort die Messergebnisse an einem (im Prinzip beliebig weit entfernten) anderen Ort zu beeinflussen scheint, war einer der Gründe, weshalb Einstein die Quantenmechanik ablehnte. In dem berühmten, gemeinsam mit Boris Podolsky und Nathan Rosen entwickelten EPR-Gedankenexperiment versuchte er, unter der Prämisse der Lokalität, nachzuweisen, dass die Quantenmechanik keine vollständige Theorie sein kann. Dieses Gedankenexperiment erwies sich in seiner ursprünglichen Formulierung als nicht praktisch durchführbar, jedoch gelang es John Stewart Bell im Jahr 1964, die zentrale EPR-Prämisse des lokalen Realismus, das heißt der Existenz lokaler physikalischer Eigenschaften, in der experimentell überprüfbaren Form der Bellschen Ungleichung zu formulieren. Alle bislang vorliegenden experimentellen Untersuchungen haben die Verletzung der Bellschen Ungleichung und damit die Voraussagen der Quantenmechanik bestätigt.

Allerdings ist sowohl die Bewertung der Aussagekraft der Experimente als auch die Interpretation der genauen Natur der EPR/B-Korrelationen Gegenstand einer bis heute andauernden Kontroverse. Viele Physiker leiten aus den experimentellen Ergebnissen zur Bellschen Ungleichung ab, dass das Lokalitätsprinzip nicht in der von Einstein vertretenen Form gültig sei. Andere Physiker interpretieren hingegen die Quantenmechanik und die Experimente zur Bellschen Ungleichung so, dass die Annahme des Realismus aufgegeben werden müsse, das Lokalitätsprinzip hingegen aufrechterhalten werden könne.

Die Rolle der Dekohärenz

Bei der Wechselwirkung eines Quantensystems mit seiner Umgebung (beispielsweise mit Gasteilchen der Atmosphäre, mit einfallendem Licht oder mit einer Messapparatur) kommt es unweigerlich zu Dekohärenz-Effekten. Das Phänomen der Dekohärenz lässt sich unmittelbar aus dem Formalismus der Quantenmechanik ableiten. Es stellt daher keine Interpretation der Quantenmechanik dar. Dennoch spielt Dekohärenz bei den meisten modernen Interpretationen eine zentrale Rolle, da sie einen unverzichtbaren Bestandteil bei der Erklärung des „klassischen" Verhaltens makroskopischer Objekte darstellt und damit für jeden Versuch relevant ist, die Diskrepanz zwischen den ontologischen Aussagen der Interpretationen der Quantenmechanik und der Alltagserfahrung zu erklären.

Zu den wesentlichen Auswirkungen der Dekohärenz gehören die folgenden Phänomene:

1. Dekohärenz führt zu einer irreversiblen Auslöschung der Interferenzterme in der Wellenfunktion: Bei großen Systemen (ein Fulleren ist in dieser Hinsicht bereits als „groß" anzusehen) ist dieser Mechanismus äußerst effizient. Die Dekohärenz macht somit verständlich, warum bei makroskopischen Systemen keine Superpositionszustände beobachtet werden:

2. Dekohärenz verursacht eine selektive Dämpfung aller Zustände, die nicht bestimmten Stabilitätskriterien genügen, die durch die Details der Wechselwirkung zwischen dem System und seiner Umgebung definiert sind. Diese sogenannte Einselektion (Abkürzung für „environmentally-induced-superselection", d. h. „umgebungsinduzierte Superselektion") führt zur Ausprägung bevorzugter „robuster" Zustände, d. h. von Zuständen, die nicht durch die Dekohärenz zerstört werden.

3. Die tatsächlich beobachtbaren Observablen sind durch diese robusten Zustände bestimmt. Modellrechnungen zeigen, dass das Coulomb-Potenzial, das (unter Normalbedingungen) wichtigste für den Aufbau von Materie relevante Wechselwirkungspotenzial, zu einer Superselektion räumlich lokalisierter Zustände führt. Das Auftreten lokalisierter makroskopischer Zustände von Alltagsgegenständen kann so auch im Rahmen der Quantenmechanik erklärt werden.

4. Messvorrichtungen sind immer makroskopische Objekte und unterliegen damit der Dekohärenz. Das Auftreten eindeutiger Zeigerzustände bei der Durchführung von Messungen lässt sich damit zwanglos erklären. Allerdings löst auch die Dekohärenz das Messproblem nicht vollständig, da sie nicht beschreibt, wie es zum Auftreten eines konkreten Ereignisses (z. B. des Zerfalls eines Atoms) kommt. Hierfür müssen auch im Rahmen des Dekohärenz-

Programms zusätzliche Annahmen, wie z. B. das Postulat eines Kollapses oder die Annahmen der viele-Welten-Interpretation, zugrunde gelegt werden.

Kopenhagener Interpretation

Der Begriff der „Kopenhagener Interpretation" wurde erstmals 1955 in einem Essay von Werner Heisenberg als Bezeichnung für eine vereinheitlichte Interpretation der Quantenmechanik verwendet, wobei Heisenberg weder in diesem Artikel noch in späteren Veröffentlichungen eine präzise Definition dieser Interpretation formulierte. Dieses Fehlen einer autoritativen Quelle und der Umstand, dass die Konzepte Heisenbergs, Bohrs und der anderen Gründungsväter der Kopenhagener Interpretation in einigen Aspekten untereinander unverträglich sind, führten dazu, dass heute unter dem Begriff der „Kopenhagener Interpretation" ein breites Spektrum verschiedener Interpretationsvarianten subsumiert wird.

Interpretation nach Niels Bohr

Ein besonderes Kennzeichen von Bohrs Interpretation ist seine Betonung der Rolle der klassischen Physik bei der Beschreibung von Naturphänomenen. Demnach wird zur Beschreibung von Beobachtungsergebnissen – wie wenig der untersuchte Vorgang auch mit der klassischen Mechanik zu tun haben mag – notwendig die klassische Terminologie benutzt. So spricht man beispielsweise von Zählraten beim Nachweis von Teilchen an einem De-

Abb. 2.35: Niels Bohr in Diskussion mit Albert Einstein. CC0

tektor. Messvorrichtungen und Messergebnisse sind prinzipiell nur in der Sprache der klassischen Physik beschreibbar. Für eine vollständige Beschreibung eines physikalischen Phänomens muss daher die quantenmechanische Beschreibung mikroskopischer Systeme um die Beschreibung der verwendeten Messapparatur ergänzt werden. Hierbei spielt die Messapparatur nicht nur die passive Rolle eines losgelösten Beobachters (siehe oben), vielmehr ist jeder Messvorgang gemäß dem Quantenpostulat unvermeidlich mit einer Wechselwirkung zwischen Quantenobjekt und Messapparatur verbunden. Je nach verwendeter Messvorrichtung weist das Gesamtsystem (Quantenobjekt + Messvorrichtung) daher unterschiedliche komplementäre Eigenschaften auf (siehe Komplementaritätsprinzip). Da z. B. die Messung der Position und die Messung des Impulses eines Teilchens unterschiedliche Messvorrichtungen erfordern, stellen Position und Impuls zwei unterschiedliche Phänomene dar, die grundsätzlich nicht in einer einheitlichen Beschreibung zusammengefasst werden können.

Bohr verneinte die Möglichkeit einer realistischen Interpretation der Quantenmechanik. Er betrachtete das Komplementaritätsprinzip als eine prinzipielle epistemologische Grenze und lehnte daher ontologische Aussagen über die „Quantenwelt" ab. Auch zum Formalismus der Quantenmechanik hatte Bohr eine rein instrumentalistische Einstellung, die Wellenfunktion war für ihn nicht mehr als ein mathematisches Hilfsmittel zur Berechnung der Erwartungswerte von Messgrößen unter wohldefinierten experimentellen Bedingungen.

Interpretation von Werner Heisenberg

Im Gegensatz zu Bohr vertrat Heisenberg eine Interpretation der Quantenmechanik mit realistischen und subjektivistischen Elementen. Gemäß Heisenberg repräsentiert die Wellenfunktion zum einen eine objektive Tendenz, die von ihm so bezeichnete „Potentia", dass ein bestimmtes physikalisches Ereignis eintritt. Zum anderen enthält sie „Aussagen über unsere Kenntnis des Systems, die natürlich subjektiv sein müssen". Hierbei kommt dem Messvorgang eine entscheidende Rolle zu:

Abb. 2.36: Werner Heisenberg. CC0

> *Die Beobachtung selbst ändert die Wahrscheinlichkeits-*
> *funktion unstetig. Sie wählt von allen möglichen Vorgängen*
> *den aus, der tatsächlich stattgefunden hat. Da sich durch die*
> *Beobachtung unsere Kenntnis des Systems unstetig geändert*
> *hat, hat sich auch ihre mathematische Darstellung unstetig*
> *geändert, und wir sprechen daher von einem „Quanten-*
> *sprung". [...] Wenn wir beschreiben wollen, was in einem*
> *Atomvorgang geschieht, müssen wir davon ausgehen, dass*
> *das Wort „geschieht" sich nur auf die Beobachtung beziehen*
> *kann, nicht auf die Situation zwischen zwei Beobachtungen.*
> *Es bezeichnet dabei den physikalischen, nicht den*
> *psychischen Akt der Beobachtung.*

John von Neumann („orthodoxe Interpretation")

Die von John von Neumann und P.A.M. Dirac erarbeiteten mathematischen Methoden bilden bis heute das formale Fundament der orthodoxen Interpretation. Charakteristische Merkmale der orthodoxen Interpretation sind die Annahme des sogenannten „Eigenwert-Eigenzustand-Links" und des Kollaps-Postulats.

Gemäß dem Eigenwert-Eigenzustand-Link hat eine Observable dann – und nur dann – einen definierten (d. h. prinzipiell vorher-sagbaren) Wert, wenn sich das System in einem Eigenzustand der Observablen befindet. Wenn sich das System hingegen in einem Superpositionszustand verschiedener Eigenzustände befindet, kann der Messgröße in dieser Interpretation kein definierter Wert zu-geordnet werden. Der Ausgang eines einzelnen Messvorgangs ist in diesem Fall zufällig, die Entwicklung des Systems ist bei Durch-führung einer Messung nicht deterministisch.

Bei der Beschreibung des Messprozesses ging von Neumann im Unterschied zu Bohr davon aus, dass neben dem Objektsystem auch die Messvorrichtung quantenmechanisch dargestellt werden muss. Zur Vermeidung des Messproblems übernahm er Heisenbergs Konzept des „Kollapses der Wellenfunktion".

Viele-Welten-Interpretation

In der Viele-Welten-Interpretation wird der physikalische Zu-stand des gesamten Universums mit allen darin enthaltenen Objekten durch eine universale Wellenfunktion beschrieben, die sich gemäß der durch die Schrödingergleichung gegebenen

Dynamik entwickelt. Während in der orthodoxen Interpretation die Wellenfunktion die Wahrscheinlichkeiten für das Auftreten verschiedener möglicher Messergebnisse beschreibt, von welchen dann bei Durchführung einer Messung nur eines realisiert wird, geht die Viele-Welten-Interpretation davon aus, dass alle physikalisch möglichen Ereignisse tatsächlich stattfinden.

„Beobachter" haben jedoch keine vollständige Sicht auf diese parallel stattfindenden Ereignisse. Vielmehr wird in der Viele-Welten-Interpretation angenommen, dass sich bei einer Messung an einem Quantensystem (bzw. allgemein bei jeder physikalischen Wechselwirkung) das Universum in viele parallel existierende Welten aufteilt, wobei in jeder dieser Welten jeweils nur eines der verschiedenen möglichen Ergebnisse realisiert ist. Welten, die sich in makroskopischen Größenordnungen voneinander unterscheiden, entwickeln sich aufgrund von Dekohärenzeffekten fast unabhängig voneinander, weshalb ein Beobachter im Normalfall nichts von der Existenz der anderen Welten bemerkt. Das einzige nachweisbare Indiz der Existenz der anderen Welten sind Interferenzeffekte, die sich beobachten lassen, wenn sich die Welten nur auf mikroskopischer Ebene (z. B. in den Bahnkurven einzelner Photonen beim Durchlaufen eines Interferometers) unterscheiden.

Die Viele-Welten-Interpretation wird sehr kontrovers diskutiert. Befürworter, wie der Physiker D. Deutsch oder der Philosoph D. Wallace, betonen, dass sie die einzige realistische Interpretation sei, die das Messproblem ohne Modifikation des Formalismus der Quantenmechanik löse. Auch in der Quantenkosmologie wurde die Viele-Welten-Interpretation als konzeptioneller Rahmen zur Beschreibung der Entwicklung des Universums verwendet.

Kritiker werfen ihr hingegen eine extravagante Ontologie vor. Weiterhin gibt es bislang keinen Konsens, wie in einem Multiversum, in dem alle physikalisch möglichen Ereignisse tatsächlich stattfinden, unterschiedliche Wahrscheinlichkeiten für die verschiedenen Ereignisse erklärt werden können.

2.9 Interpretation der Quantenmechanik nach Klaus-Dieter Sedlacek

Grundsätzlich lehne ich mich an die Kopenhagener Interpretation an. Allerdings habe ich eine andere Vorstellung wie das Doppelspaltexperiment mit Elektronen oder anderen Materieteilchen zu interpretieren ist.

Dazu rufen wir uns erst noch mal die Abb. 2.32, Seite 112 in Erinnerung. Die Elektronen werden dort wie klassische Teilchen dargestellt. Das ist eine durchaus übliche Darstellung, wie man sie fast überall in den Physikbüchern findet. Es ist aber so, dass klassische Teilchen beim Doppelspaltexperiment überhaupt nicht zur Interferenz führen. Anstelle vieler heller aus Punkten gebildeten Streifen auf dem Beobachtungsschirm, hätte man nur zwei.

Wenn wir aber bei Materieteilchen Interferenz feststellen können, wie dargestellt, dann müssen wir davon ausgehen, dass die Teilchen bis zum Auftreffen auf dem Beobachtungsschirm nicht im klassischen Zustand sind. Das muss irgendwie in der Darstellung berücksichtigt werden. Erst im Augenblick der Dekohärenz (Auftreffen) nehmen sie einen klassischen Zustand an, der sich als ein Punkt auf dem Beobachtungsschirm zeigt.

Interferenz bedeutet, dass die Teilchen vor der Dekohärenz keinen punktförmigen Charakter haben, sondern einen wellenartigen. Beim Passieren des Doppelspalts müssen sie sich wie eine Welle verhalten, sonst käme es nicht zur Interferenz.

Halten wir deshalb fest:

Materielle Teilchen im Quantenzustand haben solange Wellencharakter, bis es zur Dekohärenz kommt.

Was bedeutet dieser wellencharakter der Teilchen? Er bedeutet, dass die Teilchen nicht auf einen bestimmten Ort im Raum beschränkt sind, sondern dass sie sich im ganzen Raum ausbreiten. Dabei gibt es natürlich Stellen im Raum, wo man sie mit höherer Wahrscheinlichkeit antreffen kann und andere Stellen, mit geringer Wahrscheinlichkeit sie anzutreffen. Das kann man ganz analog dem Elektronenorbital eines Atoms sehen.

Üblicherweise wird die Darstellung solcher Orbitale so gewählt, dass sich das Elektron innerhalb des von der Isofläche umschlossenen Volumens mit 90 % Wahrscheinlichkeit aufhält.

Aus quantenmechanischer Sicht ist es aber auch so, dass das Elektron sich an keinem bestimmten Ort aufhält, es breitet sich mit angebbarer Wahrscheinlichkeit überall im gesamten

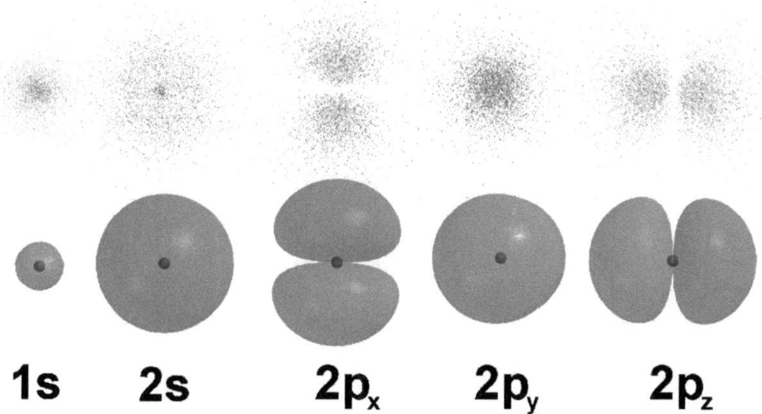

Abb. 2.37: Darstellung unterschiedlicher Orbitale der ersten und zweiten Elektronenschale. Obere Reihe: Darstellung der Wahrscheinlichkeitsdichten der Orbitale als Punktwolken. Untere Reihe: Darstellung von Isoflächen. CC0

Raum aus, denn es hat ja wellenartigen Charakter. Erst wenn man seinen Aufenthaltsort durch ein Experiment feststellt, kommt es zur Dekohärenz und damit zum Ergebnis eines bestimmten Ortes.

In analoger Weise können wir für das Doppelspaltexperiment mit Teilchen ein Quantenorbital angeben. Erst mit dem Auftreffen auf dem optischen Schirm erfolgt die Dekohärenz und damit die Lokalisierung an einem bestimmten Ort.

Formulieren wir deshalb die Aussage, die wir über die Elektronenorbitale eines Atoms gemacht haben, für die Quantenorbitalte freier Quanten um:

Quantenteilchen breiten sich aufgrund ihres Wellencharakters vor der Dekohärenz überall im gesamten Quantenorbital aus. Das Quantenorbital ist der Raum, in dem ein Quantenteilchen mit angebbarer Wahrscheinlichkeit angetroffen werden kann.

Warum nun habe ich auf diese Interpretation der Quantenmechanik wert gelegt? Wenn wir verstehen wollen, warum quantenbiologische Effekte bei der Fotosynthese auftreten, dann sollten wir uns diese Interpretation merken. Mehr dazu im letzten Teil des Buchs. Vorher schauen wir uns aber die Fotosynthese genauer an.

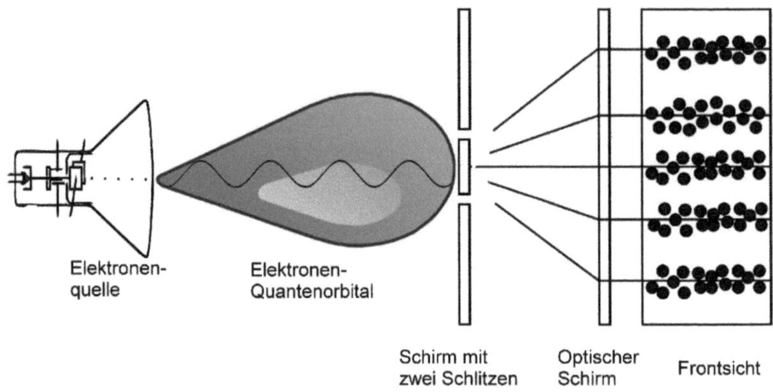

Abb. 2.38 Quantenorbital beim Doppelspaltexperiment mit Materie-Teilchen zu einem Zeitpunkt vorm Passieren des Doppelspalts. Da Quantenteilchen vor der Dekohärenz Wellencharakter haben, breiten sie sich im gesamten Quantenorbital aus. Erst mit dem Auftreffen auf dem Optischen Schirm erfolgt die Dekohärenz und damit die Lokalisierung an einem bestimmten Ort. Grafik: Sedlacek

Weitere meiner Interpretationen der Quantenmechanik finden sich in meinen diversen Veröffentlichungen.[11]

2.10 Fotosynthese – Motor biogeochemischer Kreisläufe

Die Fotosynthese oder Fotosynthese ist die natürliche Erzeugung von energiereichen Stoffen aus energieärmeren Stoffen mithilfe von Lichtenergie. Sie wird von Pflanzen, Algen und einigen Bakterien betrieben. Bei diesem biochemischen Vorgang wird zunächst mit Hilfe von den Licht absorbierenden Farbstoffen Chlorophyll oder Bakteriochlorophyll Lichtenergie in chemische Energie umgewandelt. Diese wird dann unter anderem zum Aufbau energiereicher organischer Verbindungen (z. B. Kohlenhydrate) aus energiearmen, anorganischen Stoffen, wie Kohlenstoffdioxid CO_2 und Wasser H_2O, verwendet. Da die energiereichen organischen Stoffe zu Bestandteilen des Lebewesens werden, bezeichnet man deren Synthese als Assimilation.

---

11 siehe Literatur in Kapitel 5.

Man unterscheidet zwischen oxygener und anoxygener Fotosynthese. Bei der oxygenen wird molekularer Sauerstoff (O_2) erzeugt, bei der anoxygenen nicht. Bei der anoxygenen Fotosynthese können statt Sauerstoff andere anorganische Stoffe entstehen, beispielsweise elementarer Schwefel (S).

Die oxygene Fotosynthese ist der bedeutendste biogeochemische Prozess der Erde und auch einer der ältesten. Sie treibt durch die Bildung organischer Stoffe mittels Sonnenenergie direkt und indirekt nahezu alle bestehenden Ökosysteme an, da sie anderen Lebewesen energiereiche Baustoff- und Energiequellen liefert. Der erzeugte Sauerstoff selbst dient zur Energiegewinnung in der aeroben Atmung als Oxidationsmittel, sodass sich wegen der oxygenen Fotosynthese höher entwickelte Lebensformen bilden konnten. Aus dem Sauerstoff wird außerdem die schützende Ozonschicht aufgebaut.

Unter den derzeitigen Bedingungen der solaren Energieeinstrahlung werden pro Jahr etwa 123 Milliarden Tonnen Kohlendioxid von Pflanzen gebunden, davon werden 60 Milliarden Tonnen durch pflanzliche Atmung wieder in die Atmosphäre freigesetzt, der Rest wird als Biomasse gebunden oder in den Erdboden eingetragen. Die Fotosynthese treibt direkt oder indirekt alle biogeochemischen Kreisläufe in allen bestehenden Ökosystemen der Erde an. Selbst die lithotrophen (= sich aus anorganischen Stoffen ernährende) Lebensgemeinschaften an hydrothermalen Quellen, welche anorganische Verbindungen geothermalen Ursprungs als Energiequelle verwenden und vom Licht der Sonne völlig abgeschnitten sind, sind auf den Sauerstoff, das Nebenprodukt der Fotosynthese, angewiesen.

Gegenwärtig sind die terrestrischen Pflanzen verantwortlich für einen Großteil der fotosynthetischen Primärproduktion. Im Vergleich ist die Biomasse der marinen Primärproduzenten sehr gering und stellt nur 0,2 % der globalen Biomasse dar. Jedoch ist der Stoffwechselumsatz mariner fotosynthetischer Mikroorganismen bis zu 700-mal schneller im Vergleich zu terrestrischen Pflanzen. Somit tragen die marinen Primärproduzenten trotz ihrer geringen Biomasse zur globalen Primärproduktion 55 Milliarden Tonnen Trockenmasse je Jahr bei. Die terrestrischen Pflanzen tragen jährlich 120 Milliarden Tonnen Trockenmasse bei.

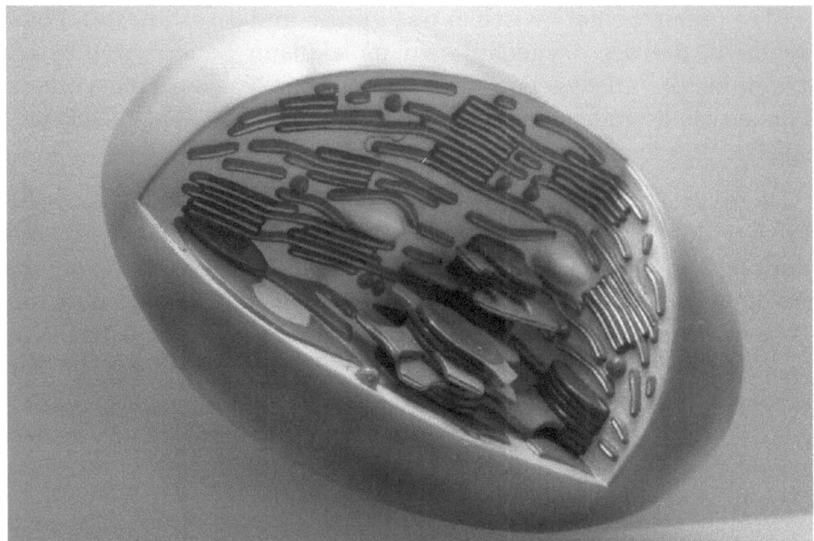

Abb. 2.39 Modell eines Chloroplasten (Bremer Überseemuseum). Bei Landpflanzen findet die Fotosynthese in den Chloroplasten statt. GPL

Die globale CO_2-Fixierung erfolgt fast ausschließlich durch den Prozess der oxygenen Fotosynthese, durch Pflanzen und fotosynthetische Bakterien. Fotosynthetische aerobe Bakterien im Meer besitzen einen Anteil von 2 bis 5 % an der marinen Fotosynthese. Die Bedeutung der anoxygenen Fotosynthese für die globale CO_2-Fixierung liegt unter 1 %. Hierfür sind zwei Gründe ausschlaggebend. Zum einen kommen fototrophe Schwefelbakterien, welche die dominierende Gruppe unter den anoxygenen fototrophen Organismen in den Ökosystemen darstellen, die Licht als Energiequelle nutzen, nur in einigen limnischen und marinen Gezeitenzonen in hohen Dichten vor. Die für diese Organismen infrage kommenden Ökosysteme tragen auch nur mit etwa 4 % zur globalen Primärproduktion bei. In Seen mit fototrophen Schwefelbakterien liegt zudem der Anteil an der Primärproduktion durch die anoxygene Fotosynthese bei etwa 29 %. Daher wird entsprechend aktuellen Forschungsergebnissen angenommen, dass die anoxygene Fotosynthese weniger als 1 % zur globalen Primärproduktion beisteuert. Der zweite limitierende Faktor für den Beitrag der anoxygenen Fotosynthese zur globalen Primärproduktion liegt in der Abhängigkeit dieser Organismen von reduzierten Schwefelverbindungen. Diese Verbindungen entstehen beim anaeroben Abbau von organischen Verbindungen zu CO_2 mit Sulfat;

die sogenannte bakterielle Sulfatreduktion. Da dieser organische Kohlenstoff zuvor schon durch eine oxygene Fotosynthese fixiert wurde, erfolgt bei der Fotosynthese auf der Grundlage bakteriogener Schwefelverbindungen keine Nettozunahme an organischen Verbindungen für die höheren trophischen Stufen in der Nahrungskette. Aus diesem Grund wurde dafür von Norbert Pfennig 1978 der Begriff der „sekundären Primärproduktion" eingeführt. Anoxygen fototrophe Organismen können daher nur die Verluste an organischen Verbindungen, die bei der Mineralisation entstehen, kompensieren. Eine Ausnahme hiervon bilden die geothermalen Schwefelquellen, da hier die reduzierten Schwefelverbindungen aus abiotischen Quellen stammen.

Bei der oxygenen Fotosynthese spielt neben der CO_2-Fixierung auch die Bildung von Sauerstoff eine wichtige Rolle. Auf der Erde liegt der elementare, molekulare Sauerstoff (Dioxygen, O_2) gasförmig in der Erdatmosphäre und gelöst in den Gewässern vor. Der Sauerstoff entstammt zu etwa 99 % aus der Fotosynthese. Ohne die oxygene Fotosynthese könnten aerobe Organismen wie Menschen und Tiere nicht leben, da sie ihn für die Atmung benötigen.

- Auch alle fossilen Rohstoffe und Energiespeicher wie Braunkohle, Steinkohle und Erdöl sind Folgeprodukte der Fotosynthese.

- In der Stratosphäre wird aus Dioxygen (O_2) Ozon (O_3) gebildet, welches einen Großteil der für Lebewesen schädlichen UV-Strahlung absorbiert. Erst dadurch ist Leben an Land möglich geworden.

- Durch Beschattung und Verdunstung bewirkt die Vegetation ein ausgeglicheneres Klima.

Evolution

Aufgrund der Bedeutung der Fotosynthese für das Leben auf der Erde hat sich die Wissenschaft schon sehr früh mit der Entstehung und Entwicklung der Fotosynthese befasst. Zur Klärung dieser Frage wurden Daten aus unterschiedlichen Fachdisziplinen wie Geologie, Biogeochemie, vergleichende Biochemie und molekulare Evolution gesammelt. Dennoch bleibt die Beantwortung dieser Frage eine wissenschaftliche Herausforderung und sie ist bis heute nicht abschließend geklärt. Teilweise wird sogar die Auffassung vertreten, dass die zur Beantwortung notwendigen Spuren gar nicht mehr existieren, da die Fotosynthese schon sehr früh in der Entwicklung des Lebens und der Erde entstanden ist und ihre Spuren im Laufe der Zeit verloren gingen.

Sicher ist jedoch, dass die anoxygene Fotosynthese vor der oxygenen aufgetreten ist. Die anoxygene Fotosynthese könnte sich vor etwa 3,5 Milliarden Jahren (1 Milliarde Jahre = 1 Ga) etabliert haben. Nach einer anderen Schätzung wurde bereits vor 3,8 Ga eine Fotosynthese mit Wasserstoff (H_2) als Reduktionsmittel durchgeführt. Vor 3,4 Ga wurde Fotosynthese mit H_2S, vor 3,0 Ga auch mit Fe^{2+} als Reduktionsmittel betrieben (von Protocyanobakterien und Proteobakterien).

Von großem Interesse ist die Bestimmung der Epoche, in der oxygene Fotosynthese von Protocyanobakterien durchgeführt wurde. Dies wird in der Wissenschaft noch kontrovers diskutiert, es zeichnet sich aber mehrheitlich die Meinung ab, dass die oxygene Fotosynthese bereits gut etabliert gewesen sein muss, als sich die nahezu anoxische Atmosphäre mit Sauerstoff anreicherte (Great Oxidation Event). Dieser Zeitpunkt der atmosphärischen Sauerstoffanreicherung liegt vermutlich zwischen 2,3 und 2,4 Ga vor der Gegenwart. Aus diesem Ereignis kann man aber nicht schließen, wann die oxygene Fotosynthese begann. Denn der erste biochemisch erzeugte Sauerstoff ist aller Wahrscheinlichkeit nicht in die Atmosphäre gelangt, sondern für die Oxidation von gelösten Stoffen (unter anderem von Fe^{2+}) verbraucht worden.

Um die Zeit einzugrenzen, werden verschiedene Hinweise (Marker) aus drei Hauptrichtungen angeführt: Stromatolithen, Mikrofossilien und Markermoleküle.

Stromatolithen sind laminierte Kalksteine aus alternierenden Schichten aus Biofilm (Biomatten) und Sedimentablagerungen. Stromatolithen lassen sich durch Fossilienfunde ab - 2,8 Ga belegen. Es gibt aber auch Hinweise für bis zu 3,1–3,5 Ga alte Stromatolithen. In einigen dieser fossilen Stromatolithen lassen sich Strukturen erkennen, welche als Reste von fadenförmigen Bakterien gedeutet wurden, die den fototrophen Cyanobakterien ähneln, welche sich in den rezenten Stromatolithen nachweisen lassen. Aber weder der biogene Ursprung dieser Mikrofossilien noch deren Aktivität als oxygene Fototrophe noch die biogene Entstehung der meisten Stromatolithen ist gesichert.

Neben nicht ganz zuverlässigen phylogenetischen Befunden an fototrophen Mikroorganismen werden auch Markermoleküle analysiert. Diese sind spezielle Kohlenwasserstoffe, das Vorkommen redoxsensitiver Metalle (Mo, Re) und die Zusammensetzung spezifischer, isotopischer Systeme, d. h. Systeme von Atomen, deren Atomkerne gleich viele Protonen (gleiche Ordnungszahl), aber verschieden viele Neutronen enthalten. Aus der isotopen Zusammensetzung von Uran-Thorium-Blei kann eingeschätzt werden, ob anoxische oder oxische Bedingungen vorlagen: So bildet unter oxischen Bedingungen nur das Uran lösliche Oxide und ist damit „beweglicher".

Aus den gesammelten Daten lässt sich folgender Zeitplan abschätzen:

- vor 3,8 Ga: möglicherweise erste Spuren von lokalen Sauerstoffanreicherungen im Boden (U-Th-Pb-Messungen); diese müssen aber nicht unbedingt auf das Vorhandensein erster oxygener Fotosynthese deuten

- vor 3,2 Ga: erste Zeichen von oxygener Fotosynthese im heutigen Australien: dicke, nicht-pyritische, kerogen-reiche schwarze Schiefer

- vor 2,72 Ga: Stromatolithen in Seensedimentschichten weisen auf eine etablierte oxygene Fotosynthese hin

- vor 2,5 Ga: Mo-, Re-Marker weisen auf einen O_2-Schub hin

- vor 2,45 Ga: zahlreiche Sterane (= spezifische Stoffklasse, die beispielsweise auch im Cholesterin vorkommt) und Hopane (= membranverstärkende Moleküle) zeigen, dass oxygene Fotosynthese etabliert ist

- vor 2,3 Ga: oxygene Fotosynthese zweifelsfrei etabliert, O_2-Konzentration in der Atmosphäre stark angestiegen

Dennoch wird der oben genannte Zeitplan auch kritisiert und der Zeitpunkt für die Entstehung der oxygenen Fotosynthese zum Zeitpunkt der Makganyene-Eiszeit (vor etwa 2,2 Ga) eingeordnet. Dies liegt daran, dass sich beispielsweise Wasserstoffperoxid (H_2O_2) im Eis sammelt und später in größeren Mengen freigesetzt werden kann. H_2O_2 und auch O_2 werden durch abiotische, fotochemische

Prozesse mittels UV-Licht aus Wasser erzeugt. Ferner ist es möglich, dass Hopane auch durch anoxygene Fototrophe gebildet werden.

Fotosynthesesysteme

Ein Vergleich des Genoms von fünf Bakterienarten, die jeweils eine der fünf Grundtypen bakterieller Fotosynthese darstellen, ergab, dass sich die Bestandteile der Fotosyntheseapparate zunächst bei verschiedenen Bakterien unabhängig voneinander entwickelt haben und durch horizontalen Gentransfer (HGT) zusammengesetzt wurden. Ein Vergleich der Gene, die diese Bakterien gemeinsam haben, mit den Genomen anderer, zur Fotosynthese nicht fähigen Bakterien ergab, dass die meisten der Fotosynthese-Gene auch bei diesen vorkommen. Ob Chloroflexus dabei als erster Organismus durch HGT fotoautotroph wurde, steht zur Debatte. Als guter Kandidat für eine erste Fotoautotrophie zählen mittlerweile ausgestorbene Protocyanobakterien (bzw. Procyanobakterien oder Pro-Protocyanobakterien), anoxygene Vorläufer der heutigen Cyanobakterien. Diese könnten Gene infolge des HGT an Heliobacilli, Chloroflexi, Purpurbakterien und Chlorobi weitergegeben haben.

Die Fotosynthese kann in drei Schritte unterteilt werden:

1. Zuerst wird die elektromagnetische Energie in Form von Licht geeigneter Wellenlänge unter Verwendung von Farbstoffen (Chlorophylle, Phycobiline, Carotinoide) absorbiert.

2. Direkt hieran anschließend erfolgt im zweiten Schritt eine Umwandlung der elektromagnetischen Energie in chemische Energie durch Übertragung von Elektronen, die durch die Lichtenergie in einen energiereichen Zustand versetzt wurden (Redoxreaktion).

3. Im letzten Schritt wird diese chemische Energie zur Synthese energiereicher organischer Verbindungen verwendet, die den Lebewesen sowohl im Baustoffwechsel für das Wachstum als auch im Energiestoffwechsel für die Gewinnung von Energie dienen.

Die ersten beiden Schritte werden als Lichtreaktion bezeichnet und laufen bei Pflanzen im Fotosystem I und Fotosystem II ab. Der letzte Schritt ist eine weitgehend lichtunabhängige Reaktion.

Die Synthese der energiereichen organischen Stoffe geht überwiegend von der Kohlenstoffverbindung Kohlenstoffdioxid (CO_2) aus. Für die Verwertung von CO_2 muss dieses reduziert werden. Als Reduktionsmittel (Reduktans, Elektronendon(at)oren) dienen die Elektronen oxidierbarer Stoffe: Wasser (H_2O), elementarer, molekularer Wasserstoff (H_2), Schwefelwasserstoff (H_2S), zweiwertige Eisenionen (Fe^{2+}) oder einfache organische Stoffe (wie Säuren und Alkohole, z. B. Acetat bzw. Ethanol). Darüber hinaus können die Elektronen auch aus der Oxidation einfacher Kohlenhydrate gewonnen werden. Welches Reduktans verwendet wird, hängt vom Organismus ab, von seinen Enzymen, die ihm zur Nutzung der Reduktanzien zur Verfügung stehen.

Alle Algen und grünen Landpflanzen verwenden ausschließlich Wasser (H_2O) als Reduktans H_2A. Auch Cyanobakterien verwenden überwiegend Wasser als Reduktans. Der Buchstabe A steht in diesem Fall für den im Wasser gebundenen Sauerstoff (O). Er wird als Oxidationsprodukt des Wassers bei der sogenannten oxygenen Fotosynthese als elementarer, molekularer Sauerstoff (O_2) freigesetzt. Der gesamte in der Erdatmosphäre und Hydrosphäre vorkommende Sauerstoff wird durch oxygene Fotosynthese gebildet.

Die fotosynthetischen Bakterien (Chloroflexaceae, Chlorobiaceae, Chromatiaceae, Heliobacteria, Chloracidobacterium) können ein viel größeres Spektrum an Reduktanzien nutzen, vorwiegend nutzen sie jedoch Schwefelwasserstoff (H_2S). Auch viele Cyanobakterien können Schwefelwasserstoff als Reduktans verwenden. Da in diesem Fall A für den im Schwefelwasserstoff gebundenen Schwefel steht, wird bei dieser Art der bakteriellen Fotosynthese elementarer Schwefel (S) und kein Sauerstoff freigesetzt. Diese Form der Fotosynthese wird deshalb anoxygene Fotosynthese genannt.

Einige Cyanobakterien können auch zweiwertige Eisenionen als Reduktans nutzen.

Auch wenn bei oxygener und anoxygener Fotosynthese unterschiedliche Reduktanzien verwendet werden, so ist doch beiden Prozessen gemein, dass durch deren Oxidation Elektronen gewonnen werden. Unter Ausnutzung dieser mit Lichtenergie auf ein hohes Energieniveau (niedriges Redoxpotenzial) gebrachten Elektronen werden die energiereichen Verbindungen ATP und

NADPH gebildet, mittels derer aus CO_2 energiereiche organische Stoffe synthetisiert werden können.

Der bei der Synthese der energiereichen organischen Verbindungen benötigte Kohlenstoff kann aus Kohlenstoffdioxid (CO_2) oder aus einfachen organischen Verbindungen (z. B. Acetat) gewonnen werden. Im ersten Fall spricht man von Fotoautotrophie Der weitaus größte Teil der fototrophen Organismen ist fotoautotroph Zu den fotoautotrophen Organismen gehören z. B. alle grünen Landpflanzen und Algen. Bei ihnen ist eine phosphorylierte Triose (Einfachzucker) das primäre Syntheseprodukt und dient als Ausgangsmaterial für den nachfolgenden Aufbau von Bau- und Reservestoffen (d. h. verschiedenen Kohlenhydraten). Fotoautotrophe treiben mit ihrem Fotosynthese-Stoffwechsel (direkt und indirekt) nahezu alle bestehenden Ökosysteme an, da sie mit dem Aufbau organischer Verbindungen aus anorganischem CO_2 anderen Lebewesen energiereiche Baustoff- und Energiequellen liefern. Werden einfache, organische Verbindungen als Ausgangsstoffe genutzt, bezeichnet man diesen Prozess, der nur bei Bakterien vorkommt, als Fotoheterotrophie

Absorption der Lichtenergie

Die Energie des Lichtes wird bei fototrophen Organismen durch Farbstoffe eingefangen. In grünen Pflanzen sowie Cyanobakterien sind es Chlorophylle in anderen Bakterien Bakteriochlorophylle. Licht von unterschiedlichen Wellenlängenbereichen wird durch diese Farbstoffe absorbiert. Die sogenannte Grünlücke führt dabei zur charakteristischen grünen Farbe. Der spektrale Optimalbereich für die Fotosynthese wurde durch den Engelmannschen Bakterienversuch erstmals experimentell bestimmt. Die Licht-absorbierenden Farbstoffe werden auch Chromophore genannt. Bilden diese Komplexe mit umgebenden Proteinen, werden diese auch als Pigmente bezeichnet.

Trifft Licht auf ein Pigment, so geht das Chromophor in einen angeregten Zustand über. Je nachdem, wie die konjugierten Doppelbindungen des Chromophors aufgebaut sind, unterscheidet sich die Energie für solch eine Anregung und damit das Absorptionsspektrum. Bei den in Pflanzen vorkommenden

Chlorophyllen a und b werden hauptsächlich blaues und rotes Licht absorbiert, grünes Licht dagegen nicht.

Das durch Licht angeregte Chlorophyll kann sein angeregtes Elektron nun auf einen anderen Stoff, einen **Elektronenakzeptor** übertragen, es bleibt ein positiv geladenes Chlorophyllradikal ($Chl^{\bullet+}$) übrig.

Das übertragene Elektron kann über eine Elektronentransportkette schließlich über weitere Elektronenüberträger zum Chlorophyllradikal zurückgelangen. Auf diesem Wege verlagert sich das Elektron Protonen durch die Membran (Protonenpumpe), somit wird die Lichtenergie in ein elektrisches und osmotisches Potenzial umgesetzt (chemiosmotische Kopplung).

Lichtsammelkomplexe

Eine Fotosynthese durch einfache Pigmente wäre relativ ineffizient, da diese dem Licht nur eine geringe Fläche entgegenstellen würden und zudem nur in einem engen Wellenlängenbereich absorbieren würden.

Durch die Anordnung von chlorophyllhaltigen **Lichtsammelkomplexen** zu Antennen um ein gemeinsames **Reaktionszentrum** wird sowohl der Querschnitt vergrößert, als auch das Absorptionsspektrum verbreitert.

Die eng benachbarten Chromophore in den Antennen geben die Lichtenergie von einem Pigment zum anderen weiter. Diese definierte Menge Anregungsenergie (**Quant**) bezeichnet man auch als **Exziton**.

Die **Exzitone** gelangen schließlich in wenigen Picosekunden in das **Reaktionszentrum**. Der Exzitonentransfer erfolgt vermutlich innerhalb eines Lichtsammelkomplexes durch **delokalisierte Elektronen**. Zwischen verschiedenen Lichtsammelkomplexen scheint dagegen ein einstrahlungsloser Transfermechanismus zu existieren.

Mit der klassischen Biochemie bzw. Mikrobiologie lassen sich weder die Geschwindigkeit noch die Art und Weise des Exzitonentransfers erklären. Dazu bedarf es der in letzter Zeit gewonnenen Modellvorstellungen der Quantenbiologie. Mehr dazu im letzten Teil des Buchs.

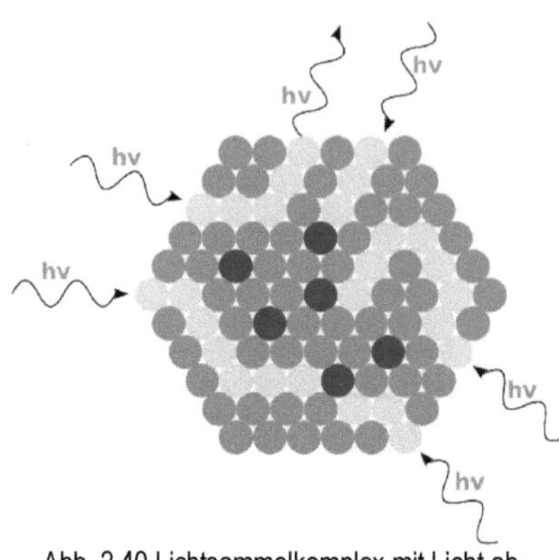

Abb. 2.40 Lichtsammelkomplex mit Licht absorbierenden und emittierenden Carotinoiden sowie zentralen Chlorophyllmolekülen. Bild: CC0

In Pflanzen bilden die Lichtsammelkomplexe eine Zentralantenne (core) und eine äußere Antenne und sind zusammen mit dem Reaktionszentrum in die Membran eingebettet. Als Chromophore dienen aber nicht nur Chlorophyll a und b, sondern auch Carotinoide und Xanthophylle. Diese schützen zum einen die Antenne, falls ein Chlorophyllmolekül einen schädlichen entarteten Eigenzustand ausbildet. Zum anderen verbreitern diese Chromophore den Wellenlängenbereich zum Einfangen von Licht.

Grüne Schwefelbakterien und Grüne Nichtschwefelbakterien verwenden für ihre anoxygene Fotosynthese sogenannten Chlorosomen. Diese sind längliche, lipidähnliche Partikel, die auf der cytoplasmatischen Seite der Membran liegen und in Verbindung mit dem fotosynthetischen Reaktionszentrum stehen. Sie sind besonders effektive Lichtsammler.

Oxygene Fotosynthese

Die grünen Pflanzen, Algen und Cyanobakterien nutzen die Energie des Lichts, um Energie in Form von Adenosintriphosphat (ATP) zu speichern und als Reduktionsmittel Elektronen aus Wasser zu gewinnen. Wasser (H_2O) wird oxidiert, indem ihm Elektronen entzogen werden, und dabei werden molekularer Sauerstoff (O_2) und Protonen (H^+) freigesetzt (Fotolyse des Wassers). Diese Form der Fotosynthese wird wegen der Freisetzung von Sauerstoff (Oxygenium) als oxygene Fotosynthese bezeichnet. Die gewonnenen Elektronen werden dabei über eine Reihe von Elektronenüberträgern in der Thylakoidmembran auf den finalen Akzeptor $NADP^+$ übertragen, welche im Stoffwechsel des Organismus vor allem für den Aufbau von Kohlenhydraten („Dunkelreaktion") notwendig sind.

Aus Kohlenstoffdioxid und Wasser entstehen – durch Energiezufuhr (Licht) – Traubenzucker (Glucose) und Sauerstoff.

Oxygene Fotosynthese wird von Cyanobakterien und allen eukaryotischen fototrophen Lebewesen betrieben. Beispiele hierfür sind neben allen grünen Pflanzen auch zahlreiche einzellige Algen (Protisten). Die Bedeutung dieses Vorgangs liegt in der Primärproduktion von organischen Stoffen, die chemoheterotrophen Lebewesen als Energie- und Baustoffquelle dienen, und in der Bildung von Sauerstoff, der für alle obligat aeroben Lebewesen lebensnotwendig ist und auf der Erde fast ausschließlich durch oxygene Fotosynthese gebildet wird.

Thermische Dissipation überschüssiger Energie

Das Coenzym NADPH dient in der Biosynthese der Zellen als Lieferant von Elektronen und Protonen. Adenosintriphosphat, kurz ATP, ist der universelle und unmittelbar verfügbare Energieträger in Zellen und wichtige Regulator Energie liefernder Prozesse. Unter bestimmten Umständen wird mehr NADPH und ATP erzeugt, als von der Dunkelreaktion verbraucht werden kann. Dies kann beispielsweise bei hoher Lichtintensität der Fall sein, oder auch bei hohen Temperaturen oder Trockenstress, wenn die Spaltöffnungen geschlossen werden, um den Wasserverlust zu drosseln. Damit ist auch die Aufnahme von CO_2 reduziert, sodass die Dunkelreaktion durch die CO_2-Konzentration limitiert und verlangsamt wird. Bei niedrigen Temperaturen ist vor allem die enzymatische Aktivität des Stoffwechsels verlangsamt, die Elektronentransfers in der Lichtreaktion jedoch kaum, sodass ATP und NADPH im Überschuss erzeugt werden. Da der Elektronentransportkette in diesen Fällen kein Akzeptor für die gewonnenen Elektronen zur Verfügung steht, erhöht sich die Wahrscheinlichkeit für die Bildung reaktiver Sauerstoffspezies, die den Fotosyntheseapparat und die Zelle beschädigen können.

Um die überschüssige Energie abzuleiten, tritt ein biochemischer Mechanismus in Aktion, bei dem etwa 50–70 % aller absorbierten Photonen auf diese Weise in Wärme überführt werden.

Zur Beseitigung überschüssiger Lichtenergie trägt daneben insbesondere bei Trockenstress auch die Reassimilation des durch

Fotorespiration freigesetzten CO_2 bei, der Anteil der einzelnen Prozesse am Verbrauch der Lichtenergie variiert allerdings in Abhängigkeit vom untersuchten Blattgewebe (Palisaden- oder Schwammparenchym), von der untersuchten Pflanzenart und vom Typ des Stoffwechsels (C_3- oder C_4-Pflanze).

C_3-Pflanzen sind solche, die mit dem Grundtypus der Fotosynthese arbeiten. Die meisten Pflanzen in den mittleren und hohen Breiten gehören zu den C_3-Pflanzen. Beispiele für C_3-Nutzpflanzen sind Weizen, Roggen, Hafer oder Reis. C_4-Pflanzen nutzen zunächst einen Stoffwechselweg, um Kohlenstoffdioxid für die Fotosynthese räumlich vorzufixieren. Erst danach erfolgt der Stoffwechsel nach dem Muster der C_3-Pflanzen. Typische C_4-Pflanzen sind insbesondere Gräser, darunter auch bekannte Nutzpflanzen wie Mais, Zuckerrohr und Hirse, aber auch andere Arten, wie Amarant.

Anoxygene Fotosynthese

Viele fototrophe Bakterien betreiben eine anoxygene Fotosynthese. Im Gegensatz zu Cyanobakterien und fototrophen Eukaryoten enthalten die Reaktionszentren Bakteriochlorophylle. Wie bei der oxygenen Fotosynthese diese Chlorophylle durch Lichtenergie angeregt. Dadurch gibt das angeregte Bakteriochlorophyll sein Elektron an einem primären Akzeptor ab. Von dort wird es über einen Q-Zyklus schließlich zurück zum Reaktionszentrum geleitet (zyklischer Elektronentransport).

Das Redoxpotenzial des Bakteriochlorophyll-Pigmentes reicht für eine Wasserspaltung nicht aus. Dementsprechend fehlt ein Wasser spaltender Komplex. Wasser kann bei der anoxygenen Fotosynthese nicht als Elektronenquelle verwendet werden und somit kann auch kein molekularer Sauerstoff entstehen.

Die meisten fotosynthetisch aktiven Organismen nutzen die einfallende Sonnenstrahlung als Lichtenergie, weshalb die Fotosynthese hauptsächlich an der Erdoberfläche stattfindet. An einem etwa 2.500 Meter tiefen schwarzen Raucher am ostpazifischen Rücken wurde ein Grünes Schwefelbakterium entdeckt, das eine anoxygene Fotosynthese mit Schwefelwasserstoff oder Schwefel als Reduktans betreibt. In dieser Tiefe gelangt kein Sonnenlicht zu den Bakterien. Seine äußerst lichtempfindlichen Chlorosomen vermögen aber die schwache Infrarotstrahlung der hydrothermalen Quelle aufzufangen und für die Fotosynthese nutzbar zu machen.

Kohlenstoffdioxid-Assimilation

Die in der Lichtreaktion gewonnenen Reduktionsäquivalente und ATP werden zum Aufbau von Kohlenhydraten genutzt. Die dabei ablaufenden Vorgänge werden daher auch als Sekundärreaktion der Fotosynthese bezeichnet. Da sie nicht direkt vom Licht abhängig sind, werden sie auch als Dunkelreaktion bezeichnet. Diese Bezeichnung ist aber irreführend. Sie entspricht zwar der Tatsache, dass die Prozesse getrennt von der „Lichtreaktion" der Fotosynthese ablaufen und per se auch kein Licht benötigen. Da sie jedoch ATP und NADPH aus der Lichtreaktion benötigen, findet die Dunkelreaktion nicht im Dunkeln statt und ist zumindest indirekt vom Licht abhängig. Zudem sind einige der involvierten Enzyme nur im Licht aktiv.

Für die Kohlenstoffdioxidassimilation gibt es verschiedene Möglichkeiten:

Calvinzyklus

Alle Organismen mit oxygener Fotosynthese sowie auch einige Mikroorganismen mit anoxygener Fotosynthese (Purpurbakterien) können Kohlenstoffdioxid im sogenannten Calvinzyklus fixieren. Als Wesensmerkmal kondensiert hierbei CO_2 an Ribulose-1,5-bisphosphat (RubP), was durch das Enzym Ribulose-1,5-bisphosphat-Carboxylase/-Oxygenase (RuBisCO) katalysiert wird. Durch folgende Reduktionen unter Verbrauch von NADPH und ATP wird Glycerinaldehyd-3-phosphat (G3P) aufgebaut. Die Reaktionen finden bei Pflanzen in den Stroma der Chloroplasten statt. Die an diesem Prozess beteiligten Enzyme sind sauerstoffunempfindlich. Jedoch neigt RuBisCO dazu, Sauerstoff anstatt Kohlenstoffdioxid zu verwenden (Fotorespiration), was die Effizienz der Kohlenstoffdioxidfixierung verringert. Aus G3P wird Stärke und Fructose aufgebaut.

Die meisten Pflanzen gehören dabei zum Stoffwechseltyp der C$_3$-Pflanzen, deren erstes nachweisbares Zwischenprodukt im Stoffwechsel drei Kohlenstoffatome (G3P) enthält. C$_4$-Pflanzen haben sich anatomisch und vom Stoffwechseltyp an starke Sonneneinstrahlung angepasst und sind in dem Bereich leistungsfähiger. Dabei findet eine räumlich getrennte CO_2-Vorfixierung statt. Pflanzen mit einem spezifischen Säurestoffwechsel, die CAM-Pflanzen, haben dagegen CO_2-Fixierung zeitlich vorgelagert und können nachts in Regionen großer Trockenheit ihre Stomata öffnen.

Reduktiver Citratzyklus

Im Zuge der anoxygenen Fotosynthese bei grünen Schwefelbakterien bzw. grünen Nichtschwefelbakterien wird CO_2 durch den reduktiven Citratzyklus bzw. den Hydroxypropionatzyklus assimiliert.

Heliobakterien

Heliobakterien sind nicht fotoautotroph, sie assimilieren nicht CO_2 fototroph Sie gewinnen Energie in Form von ATP durch anoxygene Fotosynthese und leben fotoorganotroph: Sie benötigen organische Verbindungen (z. B. Gärprodukte) und bauen daraus Zellmaterial auf.

Abhängigkeit von abiotischen Faktoren

Die Fotosynthese ist von einigen abiotischen Faktoren abhängig, die sich auch gegenseitig beeinflussen. Dabei gilt das Gesetz des Minimums: Die Fotosynthese wird durch die im Verhältnis knappste Ressource eingeschränkt. Um die Fotosynthese zu quantifizieren, kann man die sogenannte Fotosyntheserate definieren. Sie wird entweder als die Menge produzierten Sauerstoffs oder Glucose pro Zeit gemessen. Sie kann auch als CO_2-Aufnahme pro Zeit angegeben werden.

Wachstum und Ertrag bei Kulturpflanzen werden durch Berücksichtigung unten genannter Faktoren in Gewächshauskulturen gesteigert.

Kohlenstoffdioxid

Da in der Fotosynthese Kohlenstoffdioxid fixiert wird, ist diese von einer ausreichend hohen Konzentration abhängig. In der heutigen Erdatmosphäre beträgt die CO_2-

Konzentration 0,038 Volumen-% (Vol.-%). Ein 1 m³ Luft enthält bei Raumtemperatur damit 13 bis 18 mmol CO_2. Die CO_2-Konzentration in wässrigen Lösungen entspricht etwa 10 µmol/l. Dieser Wert kann auch für das Cytosol angenommen werden. Da C_3-Pflanzen diese Konzentration nicht aktiv erhöhen können, ist dort der CO_2-Level ein begrenzender Faktor für die Fotosynthese. C_4-Pflanzen reichern ATP-abhängig CO_2 in den Mesophyllzellen an (ca. 70 µmol/l). Damit sind diese von der CO_2-Menge in der Atemluft nicht so abhängig wie C_3-Pflanzen.

Die lokale CO_2-Konzentration in bodennahen Luftschichten kann durch Düngung mit Kompost erhöht werden. Hierbei verwerten Mikroorganismen das organische Material, sodass u. a. CO_2 freigesetzt wird. In Gewächshäusern wird die CO_2-Konzentration durch Begasung erhöht und führt über eine gesteigerte Fotosynthese zu vermehrter Biomasseausbeute. Jedoch darf die Lichtintensität nicht zum begrenzenden Faktor werden.

Licht

Als lichtbetriebener Prozess hängt die Fotosynthese naturgemäß in erster Linie von der Lichtstärke ab. Je höher diese ist, desto höher ist auch die Fotosyntheserate einer Pflanze. Daher folgen die Blätter einer Pflanze dem Sonnenstand und sind möglichst senkrecht zum Licht ausgerichtet. Auch die Stellung der Chloroplasten wird für eine optimale Fotosynthese ausgelegt. Bei Schwachlicht, zum Beispiel bei starker Bewölkung, ist die Breitseite der Chloroplasten dem Licht ausgesetzt, während dies unter Starklicht die Schmalseite ist. Diese Reorientierung wird durch das Cytoskelett vermittelt.

Bei zunehmender Bestrahlung zeigen C_3-Pflanzen eine Sättigung der Fotosyntheserate. Infolgedessen bringt eine weitere Erhöhung der Lichtstärke keine zusätzliche Steigerung der Fotosyntheserate. Dieser Punkt ist der Lichtsättigungspunkt. Der Grund dafür ist die begrenzende Konzentration an CO_2 in der Atmosphäre. Diese ist mit 0,03 Vol.-% bei C_3-Pflanzen suboptimal. C_4-Pflanzen sind jedoch im Vergleich zu C_3-Pflanzen nicht von der atmosphärischen CO_2-Konzentration abhängig. Daher erfährt ihre Fotosyntheserate bei Erhöhung der Lichtintensität – selbst im vollen Sonnenlicht – keine Sättigung und ist immer lichtlimitiert.

An niedrigere Lichtstärken sind die so genannten „Schattenpflanzen", an höhere die sog. „Sonnenpflanzen" angepasst. Auch innerhalb ein und derselben Pflanze kann es zu einer analogen Differenzierung der Blattform kommen. So gibt es in der Buche beispielsweise dicke, kleine Sonnenblätter, während die dünnen, großen Schattenblätter sich in Bodennähe bei geringeren Lichtintensitäten befinden. Auch das Palisadenparenchym ist bei den Sonnenblättern vielschichtiger, sodass die starke Sonnenstrahlung ausgenutzt werden kann.

Sonnenpflanzen (bzw. Sonnenblätter) wie Kresse haben erst bei hohen Lichtstärken eine hohe Fotosyntheserate, die Lichtsättigung erfolgt viel später als bei Schattenpflanzen (bzw. Schattenblättern). Letztere, beispielsweise Sauerklee, können bereits bei geringeren Lichtintensitäten Fotosynthese betreiben. Jedoch ist diese niedriger als bei Sonnenpflanzen, da die Lichtsättigung schnell erreicht wird.

Bei niedrigen Lichtstärken läuft die Fotosynthese mit sehr geringer Effizienz ab, sodass der Kohlenstoffgewinn (und die Erzeugung von Sauerstoff) geringer ist als der Kohlenstoffverlust (und Sauerstoffverbrauch) in der Atmung. Der Punkt, an dem sich Fotosynthese und Atmung in der Waage halten, ist der Lichtkompensationspunkt. Dieser ist bei C_4-Pflanzen am höchsten, gefolgt von Sonnenpflanzen. Schattenpflanzen haben aber den geringsten Lichtkompensationspunkt und können infolgedessen auch bei sehr niedrigen Lichtintensitäten noch Netto-Fotosynthese betreiben.

Eine zu hohe Lichtmenge kann zu Schäden (Fotodestruktion) und damit zu einer Verminderung der Fotosyntheserate führen. Dies ist beispielsweise der Fall bei Schattenpflanzen, die plötzlich der prallen Sonne ausgesetzt werden. Auch das Sonnenlicht bei niedrigen Temperaturen kann wegen der verminderten Enzymaktivität zu Schäden führen.

Wasserversorgung und Luftfeuchtigkeit

Wasser geht zwar in die Fotosynthesegleichung ein, ist für die biochemische Reaktion indes immer in ausreichenden Mengen vorhanden. Es wird geschätzt, dass 1875 km^3 Wasser pro Jahr in der Fotosynthese umgesetzt werden. Jedoch erfolgt der CO_2-Einstrom in die Blätter durch die Spaltöffnungen, die – je nach Luftfeuchtigkeit oder Wasserversorgung des Blattes – offen oder geschlossen vor-liegen. Dadurch wirkt sich die Luftfeuchtigkeit wie auch die Wasserversorgung der höheren Pflanzen über die Wurzeln (Wasserstress, Trockenstress) auf die Fotosyntheseleistung aus: Bei Trockenheit sind die Spaltöffnungen durch die Schließzellen ge-schlossen, um die Pflanze vor Austrocknung zu schützen. Dadurch gelangt aber auch kaum noch CO_2 in das Blatt, sodass es zum limitierenden Faktor wird. C_4-Pflanzen sind durch ihre CO_2-An-reicherung nicht so stark betroffen wie C_3-Pflanzen (vgl. oben). Eine spezielle Anpassung an Wassermangel ist der Crassulaceen-Säurestoffwechsel bei den sogenannten CAM-Pflanzen.

Durch künstliche Bewässerung kann die Luftfeuchtigkeit und damit die Fotosyntheserate erhöht werden.

Temperatur

Bei der Fotosynthese handelt es sich zum Teil um biochemische Reaktionen. Wie jede (bio)chemische Reaktion ist diese auch von der Temperatur abhängig – im Gegensatz zu den fotochemischen Prozessen. Erst ab einer Mindesttemperatur kann die Fotosynthese ablaufen, sie beträgt bei frostharten Pflanzen beispielsweise −1 °C. Mit steigender Temperatur nimmt die Fotosyntheserate zu. Nach der van 't Hoff'schen RGT-Regel verdoppelt sich hierbei allgemein die Reaktionsgeschwindigkeit bei einer Temperaturerhöhung um 10 °C. Die Fotosynthese erreicht schließlich ein Temperatur-optimum. Bei den Pflanzen in unseren Breiten liegen die Optima bei 20 bis 30 °C. Bei thermophilen Cyanobakterien liegt das Temperaturoptimum aber bei 70 °C.

Nach Erreichen dieses Optimums fällt die Fotosyntheseleistung wegen der beginnenden Denaturierung der Proteine der für die Fotosynthese zuständigen Enzyme wieder ab und kommt schließ-lich ganz zum Erliegen.

Chlorophyllgehalt

Durch den hohen Chlorophyllgehalt in den Zellen wird dieser nie zum begrenzenden Faktor in der Fotosynthese. Es sind nur gewisse Variationen von Sonnen- und Schattenpflanzen beobachtbar. Letztere haben einen höheren Chlorophyllgehalt als Sonnenpflanzen und besonders große Grana. Auch die größeren Antennen der Schattenpflanzen weisen ein höheres Chlorophyll a/b-Verhältnis als Sonnenpflanzen auf. Dies schließt die Grünlücke etwas besser.

Aufgabe der Quantenbiologie

Wegen der überragenden Bedeutung der Fotosynthese für das Leben auf der Erde ist die Darstellung des letzten Kapitels vielleicht etwas ausführlicher geworden als für die Zwecke eines Sachbuchs notwendig. Dennoch hat der Autor nur einen Bruchteil von dem dargestellt, der in einschlägigen Fachbüchern zu finden ist.

Trotz des Wenigen erkennt man schon, dass die Natur im Zusammenhang mit der Fotosynthese eine überaus komplexe Biochemie aufgebaut hat. Vieles von diesen biochemischen Prozessen kann im Rahmen der Biochemie klassisch erklärt werden, auch wenn auf Licht beruhende Prozesse grundsätzlich quantenmechanische Prozesse sind.

Doch noch nicht alles ist verstanden. Das erkennen wir daran, dass es uns bisher nicht möglich ist, durch technische Prozesse die extrem hohe Effizienz der Fotosynthese nachzuahmen. Unsere technischen Lösungen bei Fotozellen erreichen nur einen Bruchteil der Energieausbeute, den die Natur bei der Fotosynthese erreicht.

Der nächste noch nicht vollständig verstandene Punkt ist die außerordentlich gute Leistung der Natur beim Elektronentransfer vom Lichtsammelkomplex zum Reaktionszentrum. So gut wie keine Elektronen gehen dabei verloren. Elektronen, die nicht ihr Ziel im Reaktionszentrum erreichen, könnten sonst mit anderen biologischen Molekülen reagieren und deren Struktur verändern. Das wäre fatal.

Eine Erklärung jener noch wenig erhellten Aspekte der Fotosynthese ist mit den Instrumenten der klassischen Biochemie nicht möglich. Hier hat die modernen Quantenbiologie die Aufgabe die Vorgänge weiter zu erhellen. Und tatsächlich ist es so, dass schon erste Modellvorstellungen über die quantenbiologischen Abläufe vorliegen. Eine besondere quantenbiologische Modellvorstellung über den Ablauf des Elektronentransfers zum Reaktionszentrum wird der Autor im letzten Teil des Buchs gemeinverständlich erläutern.

Im nächsten Teil des Buchs steigen wir ein wenig tiefer in die das Leben regulierenden Abläufe ein.

3. Motoren des Lebendigen

3.1 Hämoglobin und die biochemische Funktion des Blutes

Zum Verständnis der auf Oxidationen beruhenden Stoffwechselvorgänge wollen wir jetzt, die biochemische Funktion des Blutes etwas genauer zu betrachten.

3.1.1 Das Blut

Das Blut der Säugetiere besitzt, wenn es durch die Lungen mit Sauerstoff versehen ist, eine hellrote Farbe; nach Abgabe des Sauerstoffs im Organismus und Anreicherung mit Kohlensäure, dem Endprodukt der tierischen Verbrennung, eine blaurote. Das sauerstoffhaltige Blut nennt man das arterielle, das kohlensäurehaltige, das zu den Lungen zurückkehrt, dort die Kohlensäure abgibt und aufs Neue Sauerstoff aus der Luft aufnimmt, das venöse. Die rote Farbe des Blutes wird durch die roten Blutkörperchen oder Erythrozyten bedingt, mikroskopisch kleine Gebilde, die in einer farblosen Flüssigkeit, dem Plasma, schwimmen. Außerdem enthält das Blut in geringerer Anzahl die weißen Blutkörperchen oder Leukozyten, auf deren Bedeutung wir hier nicht eingehen können. Außerhalb des tierischen Körpers gerinnt das Blut; es tritt eine Trennung der Flüssigkeit, des Serums, von dem Gerinnungs- oder Faserstoff, dem Fibrin, ein. Nach der Trennung der roten Blutkörperchen und des Serums vom Fibrin lassen sich die Ersteren von dem Letzteren durch Zentrifugieren scheiden.

Die Gerinnung beruht auf dem Unlöslichwerden vorher löslicher Eiweißstoffe speziell des Fibrinogens. Bei dem Gerinnungsprozess geht der lösliche Eiweißstoff Fibrinogen in das unlösliche Fibrin über, das sich durch Schlagen des Blutes in Fasern gewinnen lässt. Das fibrinfreie Blut bezeichnet man als definibriert.

Die Umwandlung des löslichen Fibrinogens in das unlösliche Fibrin geschieht durch die Einwirkung des Gerinnungsenzyms, des Fibrinfermentes oder Thrombins. Das ausgeschiedene Fibrin ist unlöslich, aber quellungsfähig.

Beiläufig bemerkt sei, dass das Fibrinogen außer im Blut noch im Chylus, Lymphe, Transsudaten und Exsudaten enthalten ist. Die Gerinnung lässt sich durch verschiedene Mittel verhindern, vornehmlich durch Zusatz von Blutegelextrakt (Hirudin) zu Blut, durch eine Reihe von Salzlösungen, insbesondere durch das Kalium- oder Ammoniumoxalat, das durch Ausfällung der Kalksalze des Blutes als unlösliches Kalziumoxalat die Gerinnungsfähigkeit zerstört.

Außer dem Fibrinogen sind an Eiweißstoffen im Blut enthalten: Nucleoproteide, Serumglobuline und Albumine. Den Serumglobulinen steht auch der Blutfarbstoff, das Hämoglobin, nahe. Die Nucleoproteide scheinen mit dem Fibrinenzym, dem Thrombin, chemisch verwandt zu sein. Die Serumglobuline und Albumine sind Eiweißgemische, die gerinnungsfähig und aussalzbar sind; jedoch ist ihre Aussalzbarkeit eine verschiedene. Die Globuline enthalten eine abspaltbare Kohlenhydratgruppe.

Trennt man durch Zentrifugieren definibrierten Blutes die Blutkörperchen von der Flüssigkeit, so erhält man in dieser, wie eben erwähnt, das Serum, das sich also vom Plasma nur durch das Fehlen des Fibrins unterscheidet. Das Serum enthält außer den Eiweißstoffen Fett, Lecithin und Cholesterin; daneben normalerweise Traubenzucker (ca. 0,1 Prozent) und Verbindungen der Glukuronsäure, ferner eine Reihe von Enzymen, wie Diastase, die Stärke und Glykogen in Maltose überführt, Lipase, Eiweiß spaltende Enzyme und ihre Antienzyme, sodann Oxidasen und Katalasen, deren Bedeutung noch besonders gewürdigt werden wird. Schließlich ist noch der Gehalt des Serums an Toxin, Antitoxin und Immunkörpern zu erwähnen; ihre Erforschung ist für die moderne Serumtherapie von großer Bedeutung geworden. Von weiteren organischen Stoffen befindet sich im Blut normalerweise Harnstoff, Harnsäure, Kreatin, Milchsäure und andere Substanzen. An anorganischen Stoffen ist das Chlornatrium vorwiegend, ferner konnten Kalksalze, Natriumkarbonat, Sulfate, Phosphate und Kaliumsalze nachgewiesen werden.

Mit einigen Worten sei auf die Chemie der roten Blutkörperchen eingegangen. Der Inhalt der roten Blutkörperchen besteht hauptsächlich aus einer Lösung des roten Blutfarbstoffs, des Hämoglobins, das in Berührung mit Sauerstoff in den Arterien als Oxyhämoglobin vorhanden ist, während in den Venen das Hämoglobin, seines Sauerstoffs beraubt, mit der durch die Verbrennung er-

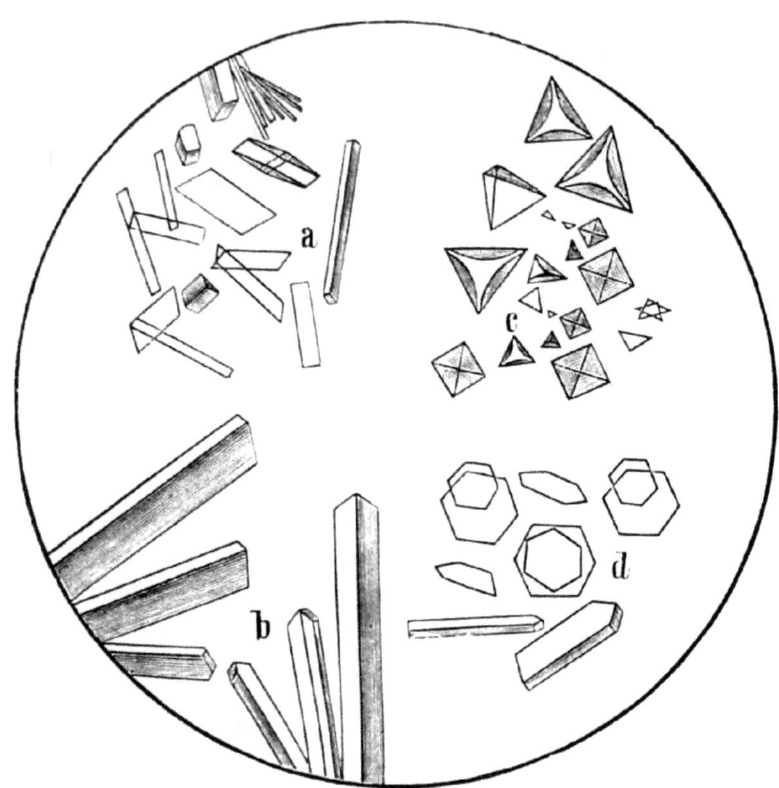

Abb. 3.1: Oxyhämoglobinkristalle. a: Mensch, b: Katze, c: Meerschweinchen, d: Eichhörnchen.

zeugten Kohlensäure in Bindung tritt. Das Hämoglobin kann ebenso wie das Oxyhämoglobin in roten Kristallen dargestellt werden (Fig. 3.1). Von besonderem Interesse ist die Tatsache, dass durch Einwirkung chemischer Agenzien aus dem Hämoglobin Stoffe gewonnen werden können, welche mit den Spaltungsprodukten des Pflanzenfarbstoffes, des Chlorophylls, in naher chemischer Beziehung stehen (s. w. u.). Auf die einzelnen Reaktionen des Hämoglobins gehen wir hier nicht ein. Nur mag seine Fähigkeit, sich mit Kohlenmonoxid sehr leicht und fest chemisch zu binden, hervorgehoben werden. Auf dieser Tatsache beruht die so gefährliche Leuchtgas- und Kohlenmonoxidvergiftung.

Gegenüber den weißen Blutkörperchen sind die roten ungemein vorwiegend. Im Menschenblut sind normalerweise im mm^3 4—5 Millionen rote und 8—10 Tausend weiße Blutkörperchen vorhanden. Die pathologische Abnahme der Zahl der roten Blutkörperchen führt zu dem Krankheitsbild der Chlorose, eine starke Vermehrung der weißen Blutkörperchen zu der gefürchteten Leukämie. Der Hämoglobingehalt des Blutes schwankt bei den Menschen in Abhängigkeit von dem Alter des Individuums und beträgt im mittleren Lebensalter etwa 15 Prozent. Bei krankhaften Zuständen, die wir hier nur vorübergehend berühren können, finden sich im Blut auch die Spaltungsprodukte der Eiweißkörper, die Aminosäuren.

3.1.2 Hämoglobin und Chlorophyll

Das Hämoglobin besteht aus einem Eiweißkomplex, der eine eisenhaltige Komponente als Träger der Farbe enthält. Wenn man den Eiweißkörper des Blutfarbstoffs, das Globin, abspaltet, so bleibt der eisenhaltige Farbstoff, das Hämin zurück, und zwar, da verhältnismäßig energische Reaktionen zur Erzielung dieses Effektes notwendig sind, in einer Form, die von der des Farbstoffs im frischen Blut abweicht. Durch Einwirkung starker, mit Kochsalz versetzter Essigsäure auf Oxyhämoglobin gelingt diese Spaltung, wobei das Globin in Lösung bleibt und das Hämin als salzsäurehaltiges Spaltungsprodukt in glänzenden Kristallen zur Abscheidung gelangt (Teichmannsche Kristalle), die zum Nachweis geringer Blutmengen dienen können. Durch Einwirkung von Alkalien auf Hämin entsteht das Hämatin, welches auch bei der Einwirkung von Magen- und Pankreassaft auf Oxyhämoglobin austritt. Es ist das Hämatin. Ein, bei Gegenwart von Sauerstoff, sich leicht bildendes Zersetzungsprodukt des Hämoglobins. Das Hämin kann als Salzsäureester des Hämatins bezeichnet werden.

Wenn die Abspaltung des Farbstoffs unter Ausschluss von Sauerstoff vollzogen wird, so erhält man statt des Hämatins ein Reduktionsprodukt desselben, das Hämochromogen, welches die eigentliche gefärbte Atomgruppe des Hämoglobins ist. Besonders wichtig ist die Tatsache, dass dasselbe oder ein nahe verwandtes Hämopyrrol, welches aus dem Hämoglobin durch energische Reduktion entsteht, auch durch dieselben chemischen Eingriffe aus dem Chlorophyll gewonnen werden kann, sodass den Farbstoffen dieser beiden Lebensgebiete die gleiche Muttersubstanz zugrunde liegt. Hämopyrrol ist Methylpropylpyrrol und entspricht der Formel:

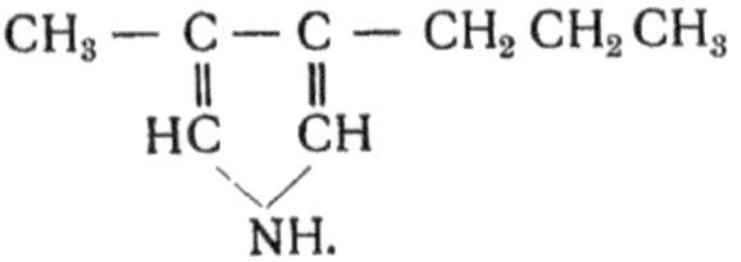

$$CH_3 - \underset{\underset{HC}{\|}}{C} - \underset{\underset{CH}{\|}}{C} - CH_2\,CH_2\,CH_3$$

$$NH.$$

Wie das Hämoglobin, der rote Blutfarbstoff, dem Blut der Säugetiere eine charakteristische Farbe gibt und als wesentlichster Bestandteil im Kreislauf der Säfte des tierischen Organismus eine bedeutsame Rolle erfüllt, so besitzt der grüne Blattfarbstoff, das
Chlorophyll, für die Pflanze eine ähnliche Bedeutung. Dem Hämoglobin fällt eine unentbehrliche Funktion zu, und zwar nach der
Richtung hin, die den Übergang der komplizierten organischen
Verbindungen in die anorganischen Endprodukte vermittelt. Eine
analoge, aber entgegengesetzt gerichtete Funktion spielt sich in der
Pflanze unter der Mitwirkung des Chlorophylls ab, nämlich die
bereits besprochene Assimilation der Kohlensäure, die den Aufbau
komplizierter organischer Substanzen aus den anorganischen Aus-
gangsprodukten, Kohlensäure und Wasser, herbeiführt. Es ist deshalb zweckmäßig, über die Chemie des Chlorophylls die
wichtigsten Merkmale anzugeben. Es ist so, dass die grünen
Pigmente nicht bei allen Pflanzen die gleiche Zusammensetzung
besitzen, jedoch ist ihnen allen der Gehalt eines anorganischen Bestandteils, und zwar des Magnesiums
gemeinsam.

Durch Alkohol gelingt es, das Chlorophyll den Pflanzen zu entziehen und durch weitere Maßnahmen von seinen Begleitstoffen,
den gelben Farbstoffen Karotin und Xanthophyll, zu trennen. Auch
kann man das Chlorophyll in kristallisierter Form gewinnen. Die
Fähigkeit der Kohlensäureassimilation hat das isolierte, von den
Zellen getrennte Chlorophyll, verloren. Durch Einwirkung von
Säuren und Alkalien kann man Derivate des Chlorophylls erhalten,
welche, wie eben hervorgehoben, eine Beziehung zu den Derivaten
des Blutfarbstoffs Hämoglobin erkennen lassen.

3.1.3 Oxidationen im Blut

Das Hämoglobin ist imstande, den Sauerstoff aus der Luft, wie er
ihm durch die Lungen zugeführt wird, zu addieren und die Verbindung Oxyhämoglobin zu bilden, welche dem arteriellen Blut
seine hellrote Farbe verleiht. Der Sauerstoff aber befindet sich in so

lockerer chemischer Bindung, dass er ungemein leicht wieder abgegeben wird. So genügt es, arterielles Blut in der Luftpumpe unter sehr geringen Druck zu setzen, um den größten Teil des aufgenommenen Sauerstoffs wieder zu entfernen. Auf dieser Eigenschaft des Hämoglobins, den Sauerstoff leicht aufzunehmen und wieder abzugeben, beruht eine seiner wichtigsten Funktionen im lebenden Organismus, nämlich die, denselben mit dem zur Verbrennung der organischen Substanzen und damit zur Energielieferung nötigen Sauerstoff zu versorgen.

An vielen Stellen des Organismus finden Verbrennungen statt, deren Bedeutung für den Kraftwechsel bereits erörtert wurde. Diese Verbrennungen führen die organischen Verbindungen in die Endprodukte der Oxidation, Kohlensäure, Wasser usw. über und geben die dabei auftretende Wärme entweder als solche, oder in einer andern Energieform ab. Um einen einfachen Fall zu erwähnen, werden die Kohlenhydrate — speziell der Zucker — hauptsächlich in den Muskeln, denen die mechanische Arbeitsleistung obliegt, oxidiert. Der zu dieser Oxidation nötige Sauerstoff wird durch die Tätigkeit des Herzens im Blut als Oxyhämoglobin zu den Muskeln transportiert, dort wird der Sauerstoff zur Verbrennung abgegeben. Das Oxyhämoglobin geht zunächst in das Hämoglobin über und die roten Blutkörperchen nehmen die durch die Verbrennung entstehende Kohlensäure auf. Das mit Kohlensäure bereicherte Blut wird in den Venen, in denen das Blut durch den Kohlensäuregehalt die blaurote Farbe besitzt, wieder zum Lungengewebe transportiert. Dort wird die Kohlensäure abgegeben und ausgeatmet, während der durch die Einatmung zugeführte Sauerstoff wieder Oxyhämoglobin erzeugt. In den Arterien gelangt das nun wieder oxidationsfähige Blut aufs Neue in den Organismus und zu den Muskeln.

Es interessiert uns nun zunächst die Frage, in welcher Weise die Oxidationswirkung des Oxyhämoglobins bewirkt wird. Ist dasselbe direkt ein Oxidationsmittel oder nur ein Sauerstoffüberträger, der gleichsam den Luftsauerstoff in einer gelösten Form zu den Stellen führt, wo die Oxidation stattfinden soll? Die letztere Frage muss bejaht werden. Das Oxyhämoglobin, das, wie eben erwähnt, seinen Sauerstoff ungemein leicht wieder abgibt, wirkt nicht anders wie der Luftsauerstoff, d. h.. es besitzt eine ungemein geringe oxidierende Kraft. Ebenso wenig, wie man mittels Durchleiten von Luft durch eine Zuckerlösung den gelösten Zucker zu Kohlensäure und Wasser verbrennen kann, ist es möglich, durch Oxyhämoglobin eine so weitgehende Oxidation herbeizuführen es ist zweifellos, dass hier, wie bei den meisten Reaktionen im lebenden Organismus die Mitwirkung von Enzymen erforderlich ist.

Die Untersuchung dieser wichtigen Frage hat Folgendes ergeben: In den roten Blutkörperchen befinden sich Enzyme, welche den Sauerstoff, der an und für sich nur geringe oxidative Eigenschaften besitzt, zu stärkeren Oxidationswirkungen befähigt. Man kann durch einen einfachen Versuch sich von den hier herrschenden Verhältnissen leicht überzeugen. Eine Substanz, welche wie das Oxyhämoglobin nur recht geringe oxidative Eigenschaften besitzt, ist das Wasserstoffperoxid, H_2O_2. Setzt man zu diesem Wasserstoffperoxid einen geeigneten oxidierbaren Körper, so findet keine Oxidation statt. Das Wasserstoffperoxid bleibt ebenso wie der zugesetzte Körper unverändert. Setzt man aber zu einer Wasserstoffperoxidlösung die roten Blutkörperchen selbst oder ihren gesamten Inhalt, so bietet sich ein merkwürdiges Bild. Das Wasserstoffperoxid wird nach der Gleichung $H_2O_2 = H_2O + O$ stürmisch zersetzt. Befindet sich gleichzeitig ein oxidierbarer Stoff in der Lösung, so tritt eine Oxidation ein. Man wählt zur Klarstellung dieser Verhältnisse als oxidablen Stoff einen solchen, der farblos ist und durch die Oxidation in einen Farbstoff übergeht, wie eine alkoholische Lösung von Guajakharz oder Benzidin.

Beide liefern durch die Oxidation blaue, natürlich verschiedene Farbstoffe. Es gibt nun eine Anzahl von Enzymen, welche der Mischung von Benzidin oder Guajakharz mit Wasserstoffperoxid zugesetzt, eine stürmische Entwicklung von Sauerstoff veranlassen, ohne aber eine Blaufärbung, d. h. eine Oxidation zu erzeugen. Man bezeichnet solche Enzyme, deren Gegenwart auch im Blut nachgewiesen ist, als Katalasen. Andere Enzyme aber — und das im Blut vorhandene für die Oxidation wichtige — bewirken außer der Sauerstoffentwicklung eine sofortige Oxidation und Blaufärbung der in der Lösung befindlichen Substanzen. Man nennt solche Enzyme wegen ihrer oxidativen Eigenschaften Oxidasen. In Gegenwart der Katalasen wird der Sauerstoff aus dem Wasserstoffperoxid mit derjenigen Eigenschaft abgeschieden, die er in der Luft besitzt, d. h. mit der geringen Oxidationsfähigkeit, der Sauerstoff bleibt inaktiv. Die Katalasen sind also die Antienzyme der Oxidasen. Die Letztgenannten entwickeln den Sauerstoff aktiviert, mit den Eigenschaften eines starken Oxidationsmittels, das imstande ist, die Oxidation von solchen Substanzen herbeizuführen, welche durch den Luftsauerstoff nicht verändert werden.

Man gewinnt über die Oxidationsvorgänge im Blut daher folgendes Bild: Das Oxyhämoglobin ist eine Verbindung, die den Sauerstoff nach allen Teilen des Organismus hintransportiert und ihn so lose gebunden enthält, dass er unter der Einwirkung von Enzymen abgespalten wird. Dort, wo im Organismus das Oxyhämoglobin mit Katalasen zusammentrifft, bleibt der Sauerstoff inaktiv, während an Stellen, wo sich Oxidasen befinden, der Sauerstoff aktiviert als Oxidationsmittel abgespalten wird, Da der Organismus seiner ganzen Zusammensetzung nach aus verbrennbaren Teilen besteht — denn das Material der Zellen selbst sind Eiweißstoffe, Fette u.s.w., die der Oxidation im Stoffwechsel unterliegen können —, so hat das Lebensbedürfnis des Organismus hier zwei Aufgaben zu erfüllen.

Einmal müssen die lebenswichtigen, aber sauerstoffempfindlichen Teile von der Wirkung der Oxidation geschützt werden, um eine Zerstörung des Organismus selbst zu verhindern. Zweitens müssen die in dem Stoffwechsel tätigen Produkte, die vielfach derselben chemischen Klasse angehören, zwecks des Energiegewinns verbrannt werden.

Es scheint nun, dass der Organismus dieser doppelten Aufgabe dadurch gerecht wird, dass er die zu schützenden Teile mit Katalasen versieht, die zu oxidierenden mit Oxidasen. Dadurch wird erreicht, dass an den Ersteren der Sauerstoff des Oxyhämoglobins nur in der wirkungslosen Form des Luftsauerstoffs abgespalten werden kann, an den Letzteren aber mit den Eigenschaften eines Oxidationsmittels.

Die Voraussetzung für die Richtigkeit dieser Anschauung ist die Annahme, dass das Oxyhämoglobin in seinem Verhalten dem Wasserstoffperoxid vergleichbar ist. In der Tat ist es nach dem Verhalten des Oxyhämoglobins sehr wahrscheinlich, dass wir in ihm eine Verbindung zu sehen haben, die in ihrem Aufbau dem Wasserstoffperoxid entspricht. Denn die Peroxide sind in ihrer Gesamtheit dadurch gekennzeichnet, dass sie durch die Aufnahme eines Moleküls Sauerstoff entstehen, nach der Gleichung $H_2 + O_2 = H_2O_2$. So auch scheint das Hämoglobin durch die Respirationstätigkeit ein Molekül Sauerstoff aufzunehmen, als Hämoglobinperoxid im Blut zu kreisen und bei seinem Zerfall in der bei dem Wasserstoffperoxid angegebenen Weise den Sauerstoff abzugeben.

3.1.4 Wie Hämoglobin das Überleben von Grünalgen sichert

Wenn Grünalgen „keine Luft" bekommen, werden sie überschüssige Energie durch die Produktion von Wasserstoff los. Biologen der Ruhr-Universität Bochum (RUB) haben herausgefunden, wie die Einzeller bemerken, dass kein Sauerstoff verfügbar ist. Dafür brauchen sie den Botenstoff Stickstoffmonoxid und das Protein Hämoglobin, das bei Menschen in roten Blutkörperchen vorkommt.

Im menschlichen Körper transportiert Hämoglobin wie im letzten Kapitel besprochen, Sauerstoff von der Lunge zu den Organen und sammelt dort entstehendes Kohlendioxid ein, um es zurück zur Lunge zu befördern. „Man weiß aber schon seit Jahren, dass es nicht das eine Hämoglobin gibt", sagt Prof. Dr. Thomas Happe aus der AG Fotobiotechnologie Die Natur hat eine große Anzahl verwandter Proteine hervorgebracht, die unterschiedliche Funktionen erfüllen. Die Grünalge Chlamydomonas reinhardii besitzt ein sogenanntes „verkürztes" Hämoglobin, dessen Funktion bislang unbekannt war. Happes Team entschlüsselte seine Rolle für das Überleben in sauerstofffreier Umgebung.

Wenn Chlamydomonas keinen Sauerstoff zur Verfügung hat, überträgt die Alge überschüssige Elektronen auf Protonen; es entsteht Wasserstoff (H2). „Damit das funktioniert, wirft die Grünalge ein bestimmtes Genprogramm an und bildet viele neue Proteine", erklärt Happe. „Aber wie genau die Zellen überhaupt merken, dass der Sauerstoff fehlt, wussten wir noch nicht." Das Forscherteam suchte nach Genen, die besonders aktiv sind, wenn Grünalgen ohne Sauerstoff zurechtkommen müssen – und fand ein Gen, das den Bauplan für ein Hämoglobin enthält. In sauerstoffreicher Umgebung war dieses Gen hingegen komplett stillgelegt.

Das Hämoglobin-Protein und seine genetische Blaupause untersuchten die Wissenschaftler mit molekularbiologischen und biochemischen Analysen genauer. „Eins wurde sehr schnell klar", sagt Dr. Anja Hemschemeier aus der AG Fotobiotechnologie „Wenn wir

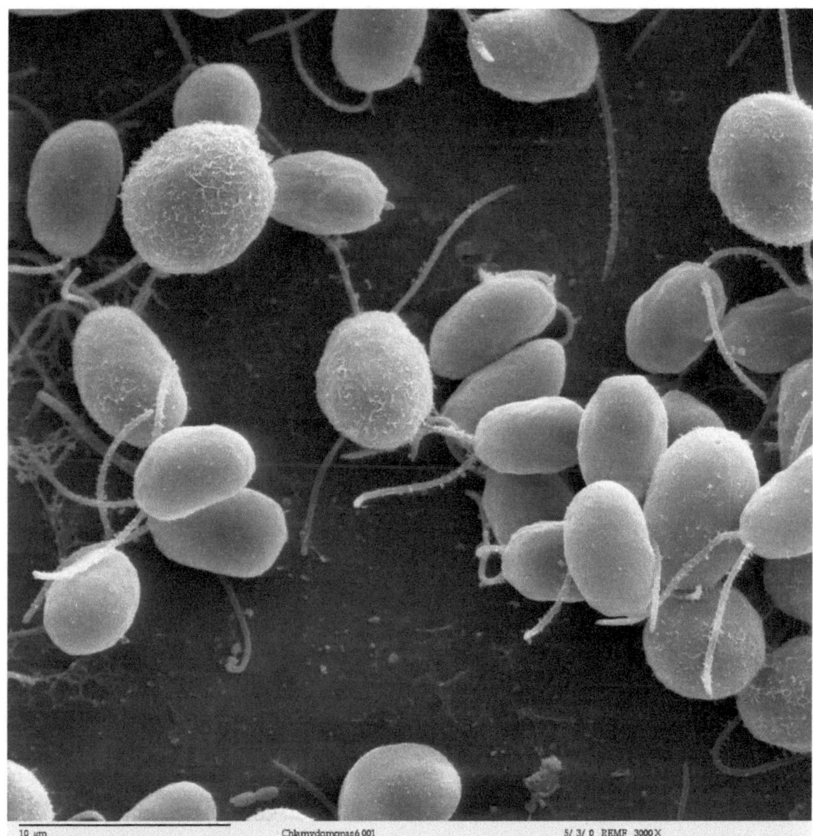

Abb. 3.2: Chlamydomonas reinhardtii. Durchmesser: 3 bis 10 Mikrometer. Die Alge kann die Richtung und die Intensität von einfallendem Licht ermitteln. Bei niedriger Beleuchtungsstärke schwimmt sie auf die Lichtquelle zu, bei hoher Intensität von dieser weg. CC0

das Gen abschalten, können die Algen ohne Sauerstoff nur noch sehr schlecht wachsen." Aus früheren Studien ist bekannt, dass Hämoglobin in vielen Lebewesen Stickstoffmonoxid abfängt; denn eine Überdosis dieses Gases vergiftet die Zellen. Die Biologen testeten daher, ob Grünalgen, die nach genetischer Manipulation kein Hämoglobin mehr bilden können, an einer Stickstoffmonoxid-Vergiftung sterben. Ihre Erwartung: Den Grünalgen sollte es besser gehen, wenn sie das Gas auf anderem Wege abfangen. „Überraschenderweise konnten die Algen dann gar nicht mehr wachsen", sagt Hemschemeier. Die Forscher folgerten, dass Hämoglobin und Stickstoffmonoxid unter sauerstofffreien Bedingungen gemeinsame Sache machen.

Stickstoffmonoxid fungiert in vielen Lebewesen als Botenstoff – so scheinbar auch in Grünalgen. Bei Versuchen im Reagenzglas zeigte sich, dass das Grünalgen-Hämoglobin mit Stickstoffmonoxid interagiert. Führten die Forscher den Einzellern das Gas künstlich zu, wurden bestimmte Gene aktiv, die sonst nur in Abwesenheit von Sauerstoff „anspringen". „Aus all dem können wir schließen, dass Chlamydomonas Stickstoffmonoxid nutzt, um innerhalb der Zelle das Signal ‚Kein Sauerstoff!' weiterzuleiten, und dass unser Hämoglobin an diesem Prozess beteiligt ist", resümiert Happe. Die Biologen entdeckten noch elf weitere Hämoglobin-Gene in dem Organismus. dass ein Einzeller zwölf Hämoglobin-Proteine benötigt, spricht für fein abgestimmte Funktionen in der Zelle.[12]

Wenn die Sonne scheint, kurbeln Mikroalgen wie Chlamydomonas reinhardii ihren Stoffwechsel – wie alle höheren Pflanzen – durch Fotosynthese an. Dabei wandeln sie Sonnenlicht in Sauerstoff (O_2), chemische Energie und Zellbestandteile um. Ist es dunkel, stellen die Einzeller ihren Stoffwechsel auf Zellatmung um, die bei uns Menschen die einzige Möglichkeit ist, effizient lebenswichtige Energie herzustellen. Diese Zellatmung aber benötigt Sauerstoff, der im Erdboden, wo die Alge mitunter lebt, Mangelware ist. Chlamydomonas geht die Luft aus.

In der AG Fotobiotechnologie arbeiten Dr. Anja Hemschemeier und Prof. Dr. Thomas Happe schon lange gemeinsam an der Frage, wie sich Grünalgen an den Sauerstoffmangel anpassen und den Zellstoffwechsel umstellen: „Sauerstoffmangel ist für Algen und Pflanzen ein größeres Problem, als viele denken", erklärt Hemschemeier. „Die meisten unserer Kulturpflanzen, wie etwa Kartoffeln, bekommen Probleme, wenn der Erdboden überflutet wird. Dann bekommen die unterirdischen Organe nicht genug Sauerstoff."

Mittels Nukleinsäuresequenzierung gelang es den Wissenschaftlern, Schnappschüsse der Grünalgen-Gene unter unterschiedlichen Bedingungen zu machen – einmal mit, einmal ohne Sauerstoff. Aus den Unterschieden konnten sie ableiten, wie die Zellen genetisch reagieren. So veränderte sich die Aktivität von fast 1.500

12 A. Hemschemeier, M. Düner, D. Casero, S.S. Merchant, M. Winkler, T. Happe (2013): Hypoxic survival requires a 2-on-2 hemoglobin in a process involving nitric oxide, Proceedings of the National Academy of Sciences, doi: 10.1073/pnas.1302592110

Genen, wenn die Chlamydomonas-Kulturen von sauerstoffreicher Atmosphäre im Licht in sauerstoffarme Bedingungen im Dunkeln gebracht wurden. Die RUB-Forscher schauten sich jedes einzelne der veränderten Gene mithilfe wissenschaftlicher Datenbanken an, um deren Funktion ableiten zu können. Anschließend erstellten sie Gruppen von Genen, die gemeinsam bestimmten Stoffwechselwegen zugeordnet werden konnten. Daraus leiteten sie einen bestimmten Trend ab: „Anhand der funktionellen Gengruppen kann man ganz deutlich ablesen, dass die Algen auf die Energiekrise strikt ökonomisch reagieren", fasst Hemschemeier zusammen. „Sie fahren energieaufwendige Prozesse wie die Zellteilung herunter und versuchen gleichzeitig, jede interne Energiequelle anzuzapfen. Sie ähneln in gewisser Weise dem Menschen, der bei Hungerphasen auch auf den Abbau von Kohlenhydraten, Fetten und Eiweißen zurückgreift."

Während diese Anpassungen der Grünalge zu erwarten waren, gab es auch Überraschungen: Trotz des Mangels an Energie bauten die Zellen Fettreserven auf. Dies ist eine bekannte Stressreaktion von Mikroalgen. Allerdings unterscheiden sich die Fette der sauerstofflimitierten Grünalge deutlich von bisher untersuchten und enthalten viele wertvolle ungesättigte Fettsäuren. Die Wissenschaftler nehmen an, dass Chlamydomonas diese Fettsäuren sicher verstaut, um sie bei einem Wechsel zu besseren Bedingungen rasch hervorzaubern und so schneller wieder zum normalen Zellstoffwechsel übergehen zu können. [13]

Die verschiedenen Arten des Energie-Stoffwechsels und insbesondere die Verwertung der Kohlenhydrate, ihre Assimilation und Dissimilation im tierischen Organismus gehören zu den wichtigsten Funktionen des Letzteren. Die chemischen Vorgänge, die sich bei diesen Prozessen abspielen, werden in ihren wesentlichen Punkten in den Kapiteln weiter unten besprochen. Zunächst wollen wir aber auf das Wesen der Enzyme näher eingehen.

---

13 A. Hemschemeier, D. Casero, B. Liu, C. Benning, M. Pellegrini, T. Happe, S.S. Merchant (2013): COPPER RESPONSE REGULATOR1-dependent and -independent responses of the Chlamydomonas reinhardtii transcriptome to dark anoxia, Plant Cell, doi 10.1105/tpc.113.115741

3.2 Die Allgegenwart der Enzyme

Enzyme sind wertvolle Werkzeuge der Biotechnologie. Ihre Einsatzmöglichkeiten reichen von der Käseherstellung (Labferment) über die Enzymatik bis hin zur Gentechnik. Für bestimmte Anwendungen entwickeln Wissenschaftler heute gezielt leistungsfähigere Enzyme durch Protein-Engineering. Zudem konstruierte man eine neuartige Form katalytisch aktiver Proteine, die katalytischen Antikörper, die aufgrund ihrer Ähnlichkeit zu den Enzymen Abzyme genannt wurden. Auch die für die Umsetzung von genetischer Information in Proteine wichtigen Ribonukleinsäuren (RNA) können katalytisch aktiv sein; diese werden dann als Ribozyme bezeichnet.

Enzyme werden unter anderem in der Industrie benötigt. Waschmitteln fügt man Lipasen (fettspaltende Enzyme), Proteasen (Eiweiß spaltende Enzyme) und Amylasen (Stärke spaltende Enzyme) zur Erhöhung der Reinigungsleistung hinzu, weil diese Enzyme die entsprechenden Flecken zersetzen. Enzyme werden auch zur Herstellung einiger Medikamente und Insektenschutzmittel verwendet. Bei der Käseherstellung wirkt das Labferment mit, ein Enzym, das aus Kälbermägen gewonnen wurde. Viele Enzyme können heute mit Hilfe von gentechnisch veränderten Mikroorganismen hergestellt werden.

Die in rohem Ananas, in Kiwifrüchten und Papayas enthaltenen Enzyme verhindern das Erstarren von Tortengelatine, ein unerwünschter Effekt, wenn beispielsweise ein Obstkuchen, der rohe Stücke dieser Früchte enthält, mit einem festen Tortengelatinebelag überzogen werden soll. Das Weichbleiben des Übergusses tritt nicht bei der Verwendung von Früchten aus Konservendosen auf, diese werden pasteurisiert, wobei die Eiweiß abbauenden Enzyme deaktiviert werden.

Beim Schälen von Obst und Gemüse werden pflanzliche Zellen verletzt und in der Folge Enzyme freigesetzt. Dadurch kann das geschälte Gut (bei Äpfeln und Avocados gut ersichtlich) durch enzymatisch unterstützte Reaktion von Flavonoiden oder anderen empfindlichen Inhaltsstoffen mit Luftsauerstoff braun werden. Ein Zusatz von Zitronensaft wirkt dabei als Gegenmittel. Die im Zitronensaft enthaltene Ascorbinsäure verhindert die Oxidation oder reduziert bereits oxidierte Verbindungen (Zusatz von Ascorbinsäure als Lebensmittelzusatzstoff).

In der Medizin spielen Enzyme eine wichtige Rolle. Viele Arzneimittel hemmen Enzyme oder verstärken ihre Wirkung, um eine Krankheit zu heilen. Prominentester Vertreter solcher Arzneistoffe ist wohl die Acetylsalicylsäure, die das Enzym Cyclooxygenase hemmt und somit unter anderem schmerzlindernd wirkt.

Die Diagnostik verwendet Enzyme, um Krankheiten zu entdecken. In den Teststreifen für Diabetiker befindet sich zum Beispiel ein Enzymsystem, das unter Einwirkung von Blutzucker einen Stoff produziert, dessen Gehalt gemessen werden kann. So wird indirekt der Blutzuckerspiegel gemessen. Man nennt diese Vorgehensweise eine „enzymatische Messung". Sie wird auch in medizinischen Laboratorien angewandt, zur Bestimmung von Glucose (Blutzucker) oder Alkohol. Enzymatische Messungen sind relativ einfach und preisgünstig anzuwenden. Man macht sich dabei die Substratspezifität von Enzymen zunutze. Es wird also der zu analysierenden Körperflüssigkeit ein Enzym zugesetzt, das das zu messende Substrat spezifisch umsetzen kann. An der entstandenen Menge von Reaktionsprodukten kann man dann ablesen, wie viel des Substrats in der Körperflüssigkeit vorhanden war.

Im menschlichen Blut sind auch eine Reihe von Enzymen anhand ihrer Aktivität direkt messbar. Die im Blut zirkulierenden Enzyme entstammen teilweise spezifischen Organen. Es können daher anhand der Erniedrigung oder Erhöhung von Enzymaktivitäten im Blut Rückschlüsse auf Schädigungen bestimmter Organe gezogen werden. So kann eine Bauchspeicheldrüsenentzündung durch die stark erhöhte Aktivität der Lipase und der Pankreas-Amylase im Blut erkannt werden.

Was sind Enzyme?

Enzyme sind Biokatalysatoren. Sie beschleunigen biochemische Reaktionen, indem sie die Aktivierungsenergie herabsetzen, die überwunden werden muss, damit es zu einer Stoffumsetzung kommt. Theoretisch ist eine enzymatische Umsetzung reversibel, d. h., die Produkte können wieder in die Ausgangsstoffe umgewandelt werden. Die Ausgangsstoffe einer

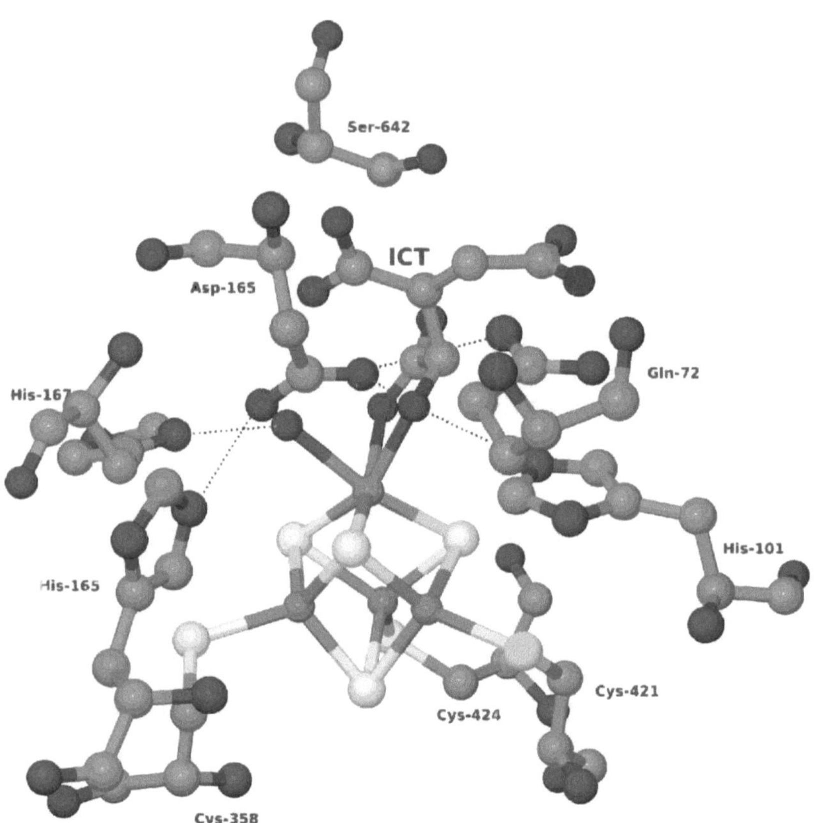

Abb. 3.3: Enzyme bieten exakte Bindungsstellen für Substrate und Cofaktoren. (Strukturausschnitt aus der mitochondriellen Aconitase: katalytisches Zentrum mit Fe4S4-Cluster (Mitte unten) und gebundenem Isocitrat (ICT). Rings herum die nächsten Aminosäuren des Enzyms.) CC0

Enzymreaktion, die Substrate, werden im so genannten aktiven Zentrum des Enzyms gebunden, es bildet sich ein Enzym-Substrat-Komplex. Das Enzym ermöglicht nun die Umwandlung der Substrate in die Reaktionsprodukte, die anschließend aus dem Komplex freigesetzt werden. Wie alle Katalysatoren liegt das Enzym nach der Reaktion wieder in der Ausgangsform vor. Enzyme zeichnen sich durch hohe Substrat- und Reaktionsspezifität aus, unter zahlreichen Stoffen wählen sie nur die passenden Substrate aus und katalysieren genau eine von vielen denkbaren Reaktionen.

Fast alle Enzyme sind Proteine, also biologische Riesenmoleküle. Eine Ausnahme bildet die katalytisch aktive RNA, wie z.

B. snRNA. Ihre Bildung in der Zelle erfolgt daher, wie auch bei anderen Proteinen, über Proteinbiosynthese an den Ribosomen.

Enzyme haben wichtige Funktionen im Stoffwechsel von Organismen: Sie steuern den überwiegenden Teil biochemischer Reaktionen – von der Verdauung bis hin zur Transkription (RNA-Polymerase) und Replikation (DNA-Polymerase) der Erbinformationen.

Die Internationale Union für reine und angewandte Chemie IUPAC und die Internationale Vereinigung für Biochemie und Molekularbiologie IUBMB haben zusammen eine sogenannte Nomenklatur der Enzyme erarbeitet, die diese homogene und zahlreiche Vertreter enthaltende Gruppe der Moleküle klassifiziert. Hierzu erarbeitete die IUPAC Prinzipien der Nomenklatur:

- Enzymnamen haben die Endung (oder das Suffix) „-ase", wenn das betreffende Enzym chemische oder organische Verbindungen auftrennt oder spaltet (wie beispielsweise die „Hydrolasen" oder „Proteasen") oder neuverbindet (wie beispielsweise die „Oxidasen" oder „Telomerase").

- Der Enzymname soll erklärend sein, also die Reaktion, die das Enzym katalysiert, beschreiben. (Beispiel: Cholinesterase: Ein Enzym, das die Estergruppe im Cholin-Molekül hydrolysiert.)

- Der Enzymname soll seine Klassifikation (siehe unten) enthalten. (Beispiel: Cholinesterase)

Außerdem wurde ein Codesystem, das EC-Nummern-System, entwickelt, in dem die Enzyme unter einem Zahlencode aus vier Zahlen eingeteilt werden. Die erste Zahl bezeichnet eine der sechs Enzymklassen. Listen aller erfassten Enzyme gewährleisten ein schnelleres Auffinden des angegebenen Enzymcodes, z. B. bei BRENDA, dem online verfügbaren Enzyminformationssystem. Zwar orientieren sich die Codes an Eigenschaften der Reaktion, die das Enzym katalysiert, in der Praxis erweisen sich Zahlencodes jedoch als unhandlich. Häufiger gebraucht werden systematische, nach den oben genannten Regeln konzipierte Namen. Probleme der Nomenklatur ergeben sich etwa bei Enzymen, die mehrere Reaktionen katalysieren. Für sie existieren deshalb manchmal mehrere Namen. Einige Enzyme tragen Trivialnamen, die nicht erkennen lassen, dass es sich bei der genannten Substanz um Enzyme handelt.

Da die Namen traditionell eine breite Verwendung fanden, wurden sie teilweise beibehalten (Beispiele: die Verdauungsenzyme Trypsin und Pepsin des Menschen).

Klassifikation

Enzyme werden entsprechend der von ihnen katalysierten Reaktion in sechs Enzymklassen eingeteilt:

- EC 1: Oxidoreduktasen, die Redoxreaktionen katalysieren.
- EC 2: Transferasen, die funktionelle Gruppen von einem Substrat auf ein anderes übertragen.
- EC 3: Hydrolasen, die Bindungen unter Einsatz von Wasser spalten.
- EC 4: Lyasen, die die Spaltung oder Synthese komplexerer Produkte aus einfachen Substraten katalysieren, allerdings ohne Verbrauch von ATP.
- EC 5: Isomerasen, die die Umwandlung von chemischen Isomeren beschleunigen.
- EC 6: Ligasen oder Synthetasen, die Additionsreaktionen mithilfe von ATP katalysieren. Eine Umkehrreaktion (Spaltung) ist meist energetisch ungünstig und findet nicht statt.

Manche Enzyme sind in der Lage, mehrere, zum Teil sehr unterschiedliche Reaktionen zu katalysieren. Ist dies der Fall, werden sie mehreren Enzymklassen zugerechnet.

Aufbau

Enzyme lassen sich anhand ihres Aufbaus unterscheiden. Während viele Enzyme aus nur einer Polypeptidkette (Kette aus mindestens zehn Aminosäuren) bestehen, sogenannte Monomere, bestehen andere Enzyme, die Oligomere, aus mehreren Untereinheiten/Proteinketten. Einige Enzyme lagern sich mit weiteren Enzymen zu sogenannten Multienzymkomplexen zusammen und kooperieren oder regulieren sich gegenseitig. Umgekehrt gibt es auch einzelne Proteinketten, welche mehrere, verschiedene Enzymaktivitäten ausüben können (multifunktionelle Enzyme).

Wie Enzyme wirken

Die meisten biochemischen Reaktionen würden ohne Enzyme in den Lebewesen nur mit vernachlässigbarer Geschwindigkeit ablaufen.

Wie bei jeder spontan ablaufenden Reaktion muss die frei nutzbare Energie negativ sein. Das Enzym beschleunigt die Einstellung des chemischen Gleichgewichts – ohne es zu verändern. Die katalytische Wirksamkeit eines Enzyms beruht einzig auf seiner Fähigkeit, in einer chemischen Reaktion die Aktivierungsenergie zu senken: Das ist der Energiebetrag, der zunächst investiert werden muss, um die Reaktion in Gang zu setzen. Während dieser wird das Substrat zunehmend verändert, es nimmt einen energetisch ungünstigen *Übergangszustand* ein. Die Aktivierungsenergie ist nun der Energiebetrag, der benötigt wird, um das Substrat in den Übergangszustand zu zwingen. Hier setzt die katalytische Wirkung des Enzyms an: Durch Wechselwirkungen mit dem Übergangszustand stabilisiert es diesen, sodass weniger Energie benötigt wird, um das Substrat in den Übergangszustand zu bringen. Das Substrat kann wesentlich schneller in das Reaktionsprodukt umgewandelt werden, da ihm gewissermaßen ein Weg „geebnet" wird.

Das aktive Zentrum – strukturelle Grundlage für Katalyse und Spezifität

Für die katalytische Wirksamkeit eines Enzyms ist das aktive Zentrum (katalytisches Zentrum) verantwortlich. An dieser Stelle bindet es das Substrat und wird danach „aktiv" umgewandelt.

Die Raumstruktur des aktiven Zentrums bewirkt, dass nur ein strukturell passendes Substrat gebunden werden kann. Veranschaulichend passt ein bestimmtes Substrat zum entsprechenden Enzym wie ein Schlüssel in das passende Schloss (Schlüssel-Schloss-Prinzip). Dies ist der Grund für die hohe Substratspezifität von Enzymen. Neben dem Schlüssel-Schloss-Modell existiert das nicht starre Induced fit model: Da Enzyme flexible Strukturen sind, kann das aktive Zentrum durch Interaktion mit dem Substrat neu geformt werden.

Bereits kleine strukturelle Unterschiede in Raumstruktur oder Ladungsverteilung des Enzyms können dazu führen, dass ein dem Substrat ähnlicher Stoff nicht mehr als Substrat erkannt wird.

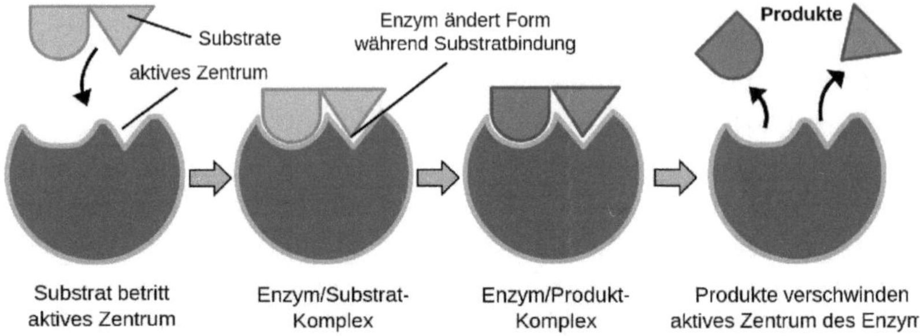

Abb. 3.4 Graphische Darstellung des Modells "Induzierte Passform" CC0

Glucokinase beispielsweise akzeptiert Glucose als Substrat, deren Stereoisomer Galactose jedoch nicht. Enzyme können verschieden breite Substratspezifität haben, so bauen Alkohol-Dehydrogenasen neben Ethanol auch andere Alkohole ab und Hexokinase IV akzeptiert neben der Glucose auch andere Hexosen als Substrat.

Enzymhemmung

Als Enzymhemmung (Inhibition) bezeichnet man die Herabsetzung der katalytischen Aktivität eines Enzyms durch einen spezifischen Hemmstoff (Inhibitor). Grundlegend unterscheidet man die irreversible Hemmung, bei der ein Inhibitor eine unter physiologischen Bedingungen nicht umkehrbare Verbindung mit dem Enzym eingeht (so wie Penicillin mit der D-Alanin-Transpeptidase), von der reversiblen Hemmung, bei der der gebildete Enzym-Inhibitor-Komplex wieder in seine Bestandteile zerfallen kann. Bei der reversiblen Hemmung unterscheidet man wiederum zwischen

- kompetitiver Hemmung – das Substrat konkurriert mit dem Inhibitor um die Bindung an das aktive Zentrum des Enzyms. Der Inhibitor ist aber nicht enzymatisch umsetzbar und stoppt dadurch die Enzymarbeit, indem er das aktive Zentrum blockiert (siehe Abb. 3.5);

- allosterische Hemmung (auch nicht-kompetitive Hemmung) – der Inhibitor bindet am allosterischen Zentrum und verändert dadurch die Konformation des aktiven Zentrums, sodass das Substrat dort nicht mehr binden kann. Ein allosterisches Zentrum ist eine

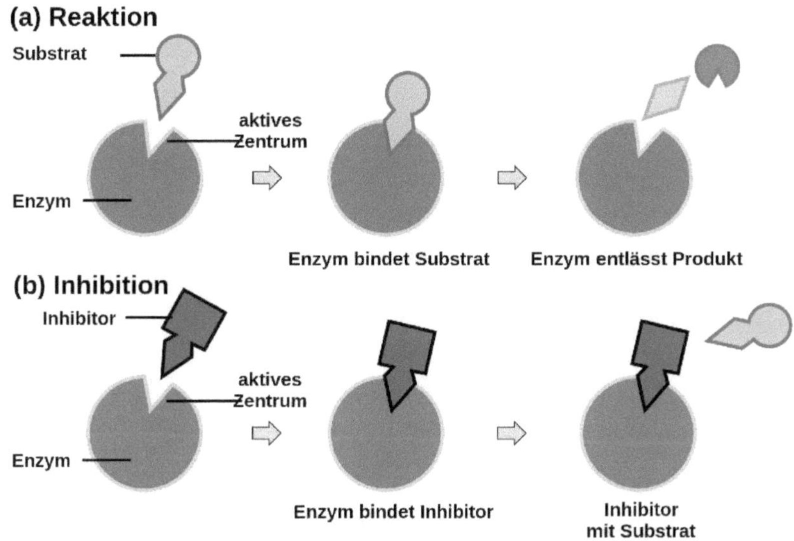

Abb. 3.5 Schema der kompetitiven Enzymhemmung: Das aktive Zentrum ist blockiert. Die Reaktion kann nicht stattfinden. CC0

Region eines Enzyms, die einen Regulator binden kann, der als Inhibitor die Enzymaktivität beeinflusst. Die Bindung des allosterischen Regulators führt dabei zu einer Konformationsänderung des Enzyms, die sich auf das aktive Zentrum auswirkt und so zur Aktivierung oder Inhibition des Enzyms führt. Im Gegensatz zu einer kompetitiven Hemmung ist das allosterische Zentrum vom aktiven Zentrum räumlich getrennt;

• unkompetitiver Hemmung – der Inhibitor bindet an den Enzym-Substrat Komplex und verhindert dadurch die katalytische Umsetzung des Substrates zum Produkt.

• Endprodukthemmung - das Endprodukt einer Reihe von enzymatischen Umsetzungen blockiert das Enzym 1 und beendet so die Umwandlung des Ausgangssubstrates in das Produkt (siehe Abb. 3.6). Diese negative Rückkopplung sorgt bei einigen Stoffwechselprozessen für mengenmäßige Begrenzung der Produktion.

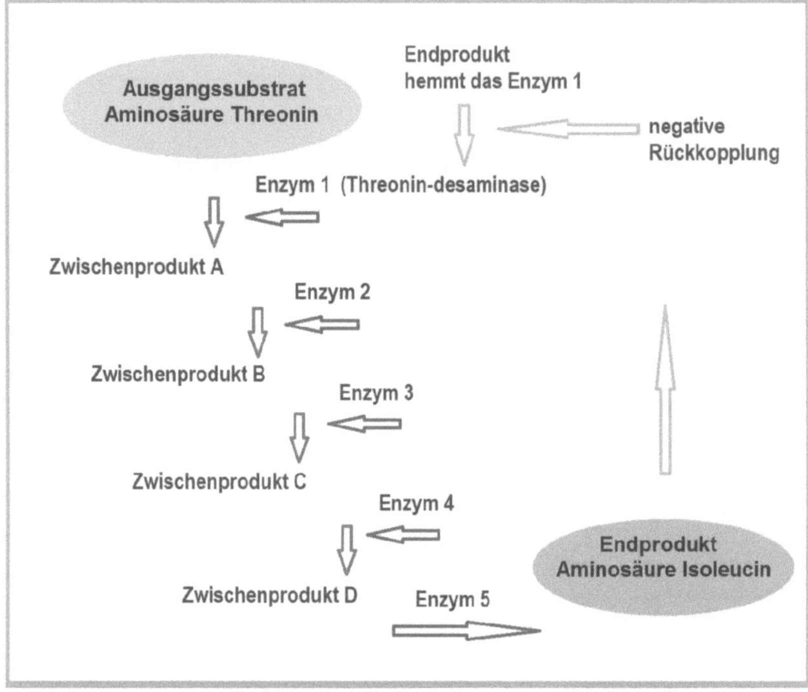

Abb. 3.6: Begrenzung der Produktion durch Endprodukthemmung am Beispiel der Biosynthese der Aminosäure Isoleucin. Das Enzym 1 wird allosterisch durch das Produkt Isoleucin gehemmt. CC BY 3.0
Autoren: Template:Eigene schematische Darstellung *Ursprünglicher Schöpfer:* Geo-Science-International

Regulation und Kontrolle der Enzymaktivität im Organismus

Enzyme wirken im lebenden Organismus in einem komplexen Geflecht von Stoffwechselwegen zusammen. Um sich schwankenden inneren und äußeren Bedingungen optimal anpassen zu können, ist eine feine Regulation und Kontrolle des Stoffwechsels und der zugrunde liegenden Enzyme nötig.

> *Unter Regulation versteht man Vorgänge, die der Aufrechterhaltung stabiler innerer Bedingungen bei wechselnden Umweltbedingungen (Homöostase) dienen (siehe auch Abb. 4.6, Seite 234).*

Als Kontrolle bezeichnet man Veränderungen, die aufgrund von externen Signalen (beispielsweise durch Hormone) stattfinden. Es gibt schnelle/kurzfristige, mittelfristige sowie langsame/langfristige Regulations- und Kontrollvorgänge im Stoffwechsel:

Schnelle Veränderungen der Enzymaktivität erfolgen als direkte Antwort der Enzyme auf veränderte Konzentrationen von Stoffwechselprodukten, wie Substrate, Produkte oder Effektoren (Aktivatoren und Inhibitoren). Enzymreaktionen, die nahe am Gleichgewicht liegen, reagieren empfindlich auf Veränderungen der Substrat- und Produktkonzentrationen. Anhäufung von Substrat beschleunigt die Hinreaktion, Anhäufung von Produkt hemmt die Hinreaktion und fördert die Rückreaktion (kompetitive Produkthemmung). Allgemein wird aber den irreversiblen Enzymreaktionen eine größere Rolle bei der Stoffwechselregulation und Kontrolle zugeschrieben.

Von großer Bedeutung ist die allosterische Modulation. Substrat- oder Effektormoleküle, die im Stoffwechsel anfallen, binden an allosterische Zentren des Enzyms und verändern seine katalytische Aktivität. Allosterische Enzyme bestehen aus mehreren Untereinheiten (entweder aus gleichen oder auch aus verschiedenen Proteinmolekülen). Die Bindung von Substrat- oder Hemmstoff-Molekülen an eine Untereinheit führt zu Konformationsänderungen im gesamten Enzym, welche die Affinität der übrigen Bindungsstellen für das Substrat verändern. Eine Endprodukt-Hemmung (Feedback-Hemmung) entsteht, wenn das Produkt einer Reaktionskette auf das Enzym am Anfang dieser Kette allosterisch hemmend wirkt. Dadurch entsteht automatisch ein Regelkreis (Abb. 4.6, Seite 234).

Eine häufige Form der Stoffwechselkontrolle ist die kovalente Modifikation von Enzymen. Wie durch einen molekularen Schalter kann das Enzym beispielsweise nach einem hormonellen Signal durch phosphatübertragende Enzyme (Kinasen) ein- oder ausgeschaltet werden.

Als langfristige Reaktion auf geänderte Anforderungen an den Stoffwechsel werden Enzyme gezielt abgebaut oder neu gebildet Die Neubildung von Enzymen wird über die Expression ihrer Gene gesteuert. Die genetische Information eines Abschnitts der DNA wird dabei über einen Biosyntheseprozess in Proteine umgewandelt.

3.3 Tunneleffekt bei Enzymen

Ein Ball, der gegen eine Wand geworfen wird, prallt zurück. Würde er sich quantenmechanisch bewegen, wie es Teilchen auf atomarer und molekularer Skala tun, hätte er eine gewisse Wahrscheinlichkeit, die Wand zu durchtunneln. Dies passiert umso häufiger, je dünner oder niedriger das Hindernis und je leichter das Teilchen ist. Den Tunneleffekt bei Atomen zu simulieren, war bisher aufwendig und kompliziert. Jun.-Prof. Johannes Kästner und sein Team vom Institut für Theoretische Chemie an der Universität Stuttgart haben eine Methode entwickelt, mit der erstmals Wahrscheinlichkeiten für Tunnelvorgänge in Molekülen der Größe von Enzymen, also mit mehreren Zehntausend Atomen, berechnet werden konnte. Gerade für chemische oder biochemische Prozesse spielt der Tunneleffekt eine große Rolle, weil er die Reaktionen beschleunigt.[14]

In der traditionellen Quantenchemie werden nur die Elektronen quantenmechanisch beschrieben, Atome jedoch klassisch. Mit dem neuen „Harmonic Quantum Transition State Theory" (HQTST)-Verfahren können die Stuttgarter sowohl Elektronen als auch Atome quantenmechanisch effizient beschreiben. Übersetzt heißt die Methode „Harmonische Quantenübertragungszustands-Theorie". Für die Simulation zogen die Wissenschaftler eine bereits 30 Jahre alte Theorie heran und entwickelten einen verbesserten Algorithmus. Dadurch werden Simulationen von Modellen realistischer Größe möglich, die zudem viel schneller Ergebnisse liefern. Die theoretischen Berechnungen haben im Gegensatz zum Experiment den Vorteil, dass die Chemiker den Tunneleffekt beliebig ein- und ausschalten können, um seine Wirkung zu erforschen.´

In dem Projekt „Berechnung der Tunnelrate bei chemischen Reaktionen in großen Systemen" hat Kästners Team den Tunneleffekt von Atomen in biochemischen Prozessen untersucht. Zusammen mit den Projektpartnern im Exzellenzcluster SimTech der Universität Stuttgart und an anderen Universitäten im In- und Ausland wenden die Stuttgarter Wissenschaftler beispielsweise die HQTST-Methode an, um zu untersuchen, wie das Enzym Glutamat-Mutase arbeitet. Das Enzym überträgt Wasserstoffatome auf Substrate. Die

---

14 Quelle: https://idw-online.de/de/news429348

Chemiker nehmen an, dass dies erst durch den Tunneleffekt effizient geschieht.

Ergebnisse des Projekts zeigen, dass der Tunneleffekt tatsächlich die Enzymreaktion beschleunigt und ohne den Effekt die Geschwindigkeit der Enzymreaktion nicht erklärt werden kann.

Mit der gleichen Methode haben die Stuttgarter Wissenschaftler bereits gezeigt, wie sich Wasserstoffatome im Weltraum zu Wasserstoffmolekülen verbinden können. Diese Reaktion läuft nur dank des Tunneleffekts effizient genug ab, um die experimentell gemessene Konzentration von Wasserstoffmolekülen zu erklären. Bei Temperaturen unter -200 Grad Celsius, die in interstellaren Wolken vorherrschen, würde die Reaktion ohne den Tunneleffekt länger dauern, als das Weltall existiert – ein Ding der Unmöglichkeit. Astronomische Messungen können zwar feststellen, welche Moleküle im Weltraum vorhanden sind, aber nicht wie diese gebildet werden.

Die Simulation bringen Licht in die bei Enzymen ablaufenden quantenbiologischen Prozesse.

3.4   Aminosäuren – Bausteine des Lebens

3.4.1 Die Bedeutung der Aminosäuren

Als erste Standardaminosäure wurde 1805 Asparagin im Pariser Labor von Louis-Nicolas Vauquelin und dessen Schüler Pierre Jean Robiquet aus Spargelsaft (Spargel = Asparagus) isoliert. Als letzte Aminosäure wurde 1935 das Threonin durch William Rose entdeckt, nachdem dieser zuvor festgestellt hatte, dass die bis dato entdeckten 19 Aminosäuren nicht als Fütterungsmittel ausreichten. In der Zeit zwischen 1805 und 1935 waren viele der damals bekannten Chemiker und Pharmazeuten an der erstmaligen Isolierung und Strukturaufklärung der Aminosäuren beteiligt, u. a. die späteren Nobelpreisträger Emil Fischer (Aufklärung der Struktur von Valin, Serin und Lysin), Albrecht Kossel (1896 Histidin), Richard Willstätter (1900 Prolin) und Frederick Hopkins (1901 Tryptophan). Besondere Erwähnung finden muss zudem der deutsche Chemiker Ernst Schulze, der während seiner 40-jährigen Tätigkeit am Polytechnikum in Zürich allein drei Aminosäuren erstmals isolieren konnte (1877 Glutamin, 1881 Phenylalanin und 1886 Arginin) und zudem an der Strukturaufklärung weiterer Aminosäuren beteiligt war (Leucin, 1819 erstmals isoliert von Joseph Louis Proust sowie Valin, erstmals isoliert 1856 von Eugen von Gorup-Besánez). Während Justus von Liebig 1846 das Tyrosin erstmals aus Casein isolieren konnte, entdeckte der Wegbereiter der organischen Chemie im 19. Jhdt., Friedrich Wöhler, selbst keine Aminosäure. Dafür hatten drei der an der Entdeckung beteiligten Chemiker bei Wöhler studiert, so Georg Städeler sowie die bereits erwähnten Gorup-Besánez und Schulze. 18 der 20 kanonischen Aminosäuren wurden erstmals durch Isolierung aus pflanzlichem oder tierischem Material erhalten. Nur die beiden Aminosäuren Alanin (1850 Adolph Strecker) und Prolin (1900 Richard Willstätter) wurden erstmals durch organische Synthese erhalten. Während die Analyse der Zusammensetzung der Aminosäuren mit den damaligen Methoden gut zu bewerkstelligen war, konnte die finale Strukturformel oftmals erst durch die organische Synthese endgültig aufgeklärt werden, die oftmals erst Jahre nach der erstmaligen Isolierung einer Aminosäure gelang. So erfolgte die Strukturaufklärung des Asparagins durch Hermann Kolbe im Jahr 1862 und damit 57 Jahre nach dessen erstmaliger Beschreibung. Die Namen der Aminosäuren lassen sich zurückführen entweder auf ihr Aussehen (z. B. Arginin, Leucin), ihren Geschmack (z. B. Glycin), auf das Material, aus dem ihre erstmalige Isolierung gelang (z. B. Asparagin, Cystein, Serin, Tyrosin), dessen chemische Struktur (z. B. Prolin, Valin) oder auf Basis ihrer Edukte (z. B. Alanin).

Der Begriff Aminosäuren wird häufig vereinfachend als Synonym für die proteinogenen Aminosäuren benutzt. Als proteinogene Aminosäuren werden alle Aminosäuren bezeichnet, die die Bausteine der Proteine (Eiweiße) von Lebewesen sind. Dabei handelt es sich bei den proteinogenen Aminosäuren stets um α-Aminosäuren (Aminosäuren mit der α-Grundstruktur, siehe Abb. 3.7). Bisher sind 23 proteinogene Aminosäuren bekannt, das Spektrum der Klasse der Aminosäuren geht aber weit über diese hinaus. So sind bisher 400 nichtproteinogene natürlich vorkommende Aminosäuren bekannt, die biologische Funktionen haben.

Von den meisten Aminosäuren existieren in der Natur verschiedene räumliche Strukturen. Diese Eigenschaften verdanken sie einem sogenannten chiralen Zentrum (am C_α-Atom) , das vier unterschiedliche Substituenten hat. Der Begriff chirales Zentrum leitet sich von „Chiralität" ab. Das ist ein griechisches Kunstwort und bedeutet „Händigkeit". Gängige Beispiele aus dem Alltagsleben sind rechte und linke Hand, rechts bzw. links gewundene Schneckenhäuser sowie „normale" Korkenzieher für Rechtshänder und Korkenzieher für Linkshänder. Allgemein ist ein Objekt genau dann chiral, wenn es keine Drehspiegelachse besitzt. Das bedeutet, die rechte Form ist nicht deckungsgleich mit der linken. Beide können nicht durch irgendwelche Drehungen ineinander überführt werden.

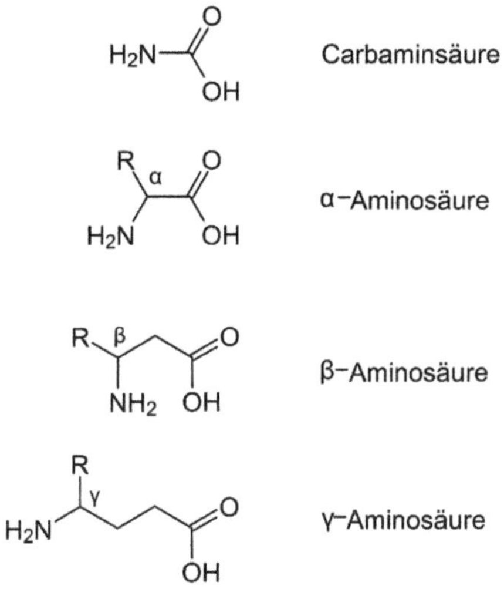

Abb. 3.7: Grundstrukturen einiger Aminosäuren(R bezeichnet die Seitenkette). CC0

Bei den Aminosäuren unterscheidet man eine D-Form (von dextro, rechts), in der die Amino-Gruppe des C_α-Atoms nach rechts, und eine L-Form (von levo, links), in der sie nach links steht. Dabei ist nur die L-Aminosäure proteinogen.

D-Aminosäuren kommen in Lebewesen vereinzelt vor. Sie werden dann aber unabhängig vom proteinogenen Stoffwechsel synthetisiert und bleiben daher nichtproteinogen. Sie werden zum Beispiel in der bakteriellen Zellwand eingebaut. Ein Beispiel dafür ist D-Alanin.

20 der proteinogenen Aminosäuren werden durch bestimmte Muster (Codons) des genetischen Materials codiert. Sie werden daher als kanonische Aminosäuren oder auch als Standardaminosäuren bezeichnet.

L-Aminosäuren sind in der Biochemie von großer Bedeutung, da sie die Bausteine von Peptiden und Proteinen (Eiweißen) sind. Die Bezeichnung Peptid wurde erstmals 1902 von Emil Fischer verwendet für die Ausgangsstoffe der Proteinabbauprodukte durch Pepsin.

Im Allgemeinen werden in der Literatur zwanzig sogenannte proteinogene Aminosäuren genannt, das heißt solche, die im Genom für Proteine codiert sind, allerdings sind in letzter Zeit zwei weitere (Selenocystein und Pyrolysin) hinzugekommen. Bei diesen handelt es sich stets um α-Aminosäuren, da die Aminogruppe am unmittelbar benachbarten Kohlenstoffatom, das die funktionelle Carboxygruppe trägt (C_α), gebunden ist. Diese 20 L-Aminosäuren werden durch je drei Nukleinbasen in der DNA codiert. Darüber hinaus gibt es noch weitere Aminosäuren, die Bestandteile von Proteinen sind, jedoch nicht codiert werden.

Aminosäureketten werden in Abhängigkeit von ihrer Länge als Peptide oder Proteine bezeichnet. Aminosäureketten mit einer Länge von unter circa 100 Aminosäuren werden meist noch als Peptide bezeichnet, erst ab einer größeren Kettenlänge spricht man von Proteinen. Die einzelnen Aminosäuren sind dabei innerhalb der Kette über die sogenannte Peptidbindung verknüpft.

In Form von Nahrung aufgenommene Proteine werden bei der Verdauung in L-Aminosäuren zerlegt. In der Leber werden sie weiter verwertet. Entweder werden sie zur Proteinbiosynthese verwendet oder abgebaut.

Abbauprodukte von Aminosäuren wie die biogenen Amine werden im Organismus vielfältig weiter umgesetzt und können selber physiologische Wirkungen, beispielsweise als Neurotransmitter, die Botenstoffe der Nerven, entfalten.

Aminosäuren, die ein tierischer Organismus benötigt, jedoch nicht selbst herstellen kann, heißen essenzielle Aminosäuren und müssen mit der Nahrung aufgenommen werden. Alle essenziellen Aminosäuren sind L-α-Aminosäuren. Für Menschen sind Valin, Methionin, Leucin, Isoleucin, Phenylalanin, Tryptophan, Threonin und Lysin essenzielle Aminosäuren.

Semi-essenzielle Aminosäuren müssen nur in bestimmten Situationen mit der Nahrung aufgenommen werden, zum Beispiel während des Wachstums oder bei schweren Verletzungen. Die übrigen Aminosäuren werden entweder direkt synthetisiert oder aus anderen Aminosäuren durch Modifikation gewonnen. Cystein kann aus der essenziellen Aminosäure Methionin synthetisiert werden. Für Kinder ist zusätzlich zu den generell essenziellen Aminosäuren Tyrosin essenziell, da in diesem Lebensalter die

Körperfunktion zu dessen Herstellung aus Phenylalanin noch nicht ausgereift ist. Es gibt auch Erkrankungen, die den Aminosäurestoffwechsel beeinträchtigen, dann müssen unter Umständen eigentlich nichtessenzielle Aminosäuren dennoch mit der Nahrung aufgenommen werden.

> *Hühnereier zum Beispiel enthalten alle essenziellen bzw. semi-essenziellen Aminosäuren, die der menschliche Körper benötigt.*

Aminosäuren konnten bisher nicht nur auf der Erde, sondern bereits auch auf Kometen, Meteoriten und sogar in Gaswolken im interstellaren Raum nachgewiesen werden.

3.4.2 Segensreiche Wirkungen am Beispiel der L-Arginin - Aminosäure

L-Arginin ist eine proteinogene α-Aminosäure. Für den Menschen ist sie semiessenziell L-Arginin wurde 1886 erstmals durch den deutschen Chemiker Ernst Schulze und seinen Doktoranden Ernst Steiger aus Lupinenkeimlingen isoliert. 1894 gelang dann dem schwedischen Chemiker Sven Gustaf Hedin die Isolierung von Arginin aus tierischem Material durch die hydrolytische Spaltung von Hornsubstanz. Durch einen Vergleich seines „tierischen" Arginins mit ihm zur Verfügung gestellten Proben aus dem Labor Schulzes gelang Hedin der Nachweis der Übereinstimmung der beiden Substanzen.

L-Arginin ist eine Quelle energiereicher Stickstoff-Phosphat-Verbindungen in Organismen und ist an zahlreichen biologischen Funktionen beteiligt. Es dient in Keimlingen und Speicherzellen als Stickstoff-Reservoir. L-Arginin ist die alleinige Vorstufe von Stickstoffmonoxid (NO), einem der kleinsten Botenstoffe im menschlichen Körper. Durch Stickstoffmonoxid (NO)-Synthase entsteht aus L-Arginin der Endothelium-derived relaxing Factor (EDRF), der als NO identifiziert wurde. EDRF führt physiologisch zu einer Gefäßerweiterung, indem das NO in die Muskelschicht der Gefäße diffundiert. Es aktiviert dort die lösliche Guanylatcyclase und führt so zur Erschlaffung der glatten Muskulatur und zum Nachlassen des Gefäßtonus. Studien zeigen, dass Arginin über diese Gefäßerweiterung einen erhöhten Blutdruck signifikant senken kann.

Aufgrund der gefäßerweiternden Funktion findet Arginin im Bodybuilding als sogenanntes „Pump-Supplement" Anwendung, ohne dass diese biologische Wirkung bewiesen ist. Weiterhin führt das NO zur Hemmung der Thrombozytenaggregation und -adhäsion. Dadurch wird die Bereitschaft für thrombotische Veränderungen an Gefäßplaque-Rupturen herabgesetzt, dem häufigsten Grund für zerebrale Insulte. Es wird angenommen, dass Arginin die unterdrückte Immunantwort bei schweren Verletzungen, Mangelernährung, Sepsis und nach Operationen positiv beeinflussen kann. Bei zusätzlicher Gabe werden eine verbesserte zelluläre Immunantwort, eine Abnahme verletzungsbedingter Funktionsstörungen der T-Zellen und eine verstärkte Phagozytose beobachtet. Zusätzlich wird die Ausbildung der endothelialen Dysfunktion (gestörten Gefäßfunktion) verhindert.

1998 erhielten die Wissenschaftler Robert F. Furchgott, Louis J. Ignarro und Ferid Murad für die Erforschung des Zusammenhangs von Arginin und NO den Nobelpreis für Medizin.

Neue Studien zeigen zudem, dass eine Supplementation mit Arginin die Freisetzung von Insulin aus den beta-Zellen der Pankreas fördern kann und gleichzeitig die Insulinresistenz signifikant verringert. Neben der positiven Wirkung von L-Arginin auf die Glucosetoleranz sowie auf Insulinsensitivität und -produktion führt eine L-Arginin-Supplementation zusätzlich zu einem verbesserten antioxidativen Status.

Bedarf

Der Mensch kann innerhalb des Harnstoffzyklus Arginin selbst synthetisieren, allerdings sind die entstehenden Mengen nicht ausreichend, um den Bedarf vor allem bei heranwachsenden Menschen vollständig zu decken. Daher ist L-Arginin für Kinder essenziell Aber auch bei Erwachsenen wird der Bedarf an L-Arginin durch die körpereigene Produktion oft nicht ausreichend abgedeckt. Besonders in der Wachstumsphase, durch Stress, bei diversen Krankheiten (z. B. Arteriosklerose, Bluthochdruck, erektile Dysfunktion, Gefäßerkrankungen) oder nach Unfällen übersteigt der Bedarf an Arginin die vom menschlichen Organismus produzierte Menge. Auch im Alter steigt der Bedarf an L-Arginin stark an, da der endogene Gegenspieler, das asymmetrische Dimethylarginin (ADMA) um den Faktor 4 ansteigt und damit 40-fach erhöhte

Argininkonzentrationen zur Neutralisierung der gefährlichen Effekte dieses Sterblichkeitsfaktors benötigt werden. Diese Mengen können nur durch eine diätetische Zufuhr gedeckt werden. Entscheidend für den Bedarf an L-Arginin sind daher auch Faktoren wie oxidativer und nitrosativer Stress sowie die ADMA-Spiegel und damit das L-Arginin-ADMA-Verhältnis.

Medizinische Verwendung

L-Arginin wird zur Behandlung einer schweren metabolischen Alkalose verwendet. In der Kinderheilkunde ist L-Arginin auch zur Behandlung eines durch eine schwere angeborene Stoffwechselstörung bedingten erhöhten Ammoniakgehaltes im Blut (Hyperammonämie) angezeigt. Diagnostisch wird L-Arginin zur Abklärung eines Wachstumshormonmangels bei Minderwuchs eingesetzt.

Als (semi)essenzielle Aminosäure ist L-Arginin obligatorischer Bestandteil einer parenteralen Ernährung. In Elektrolyt-Konzentraten zum Zusatz zu Infusionslösungen und in peroralen Diätetika wird L-Arginin ebenfalls eingesetzt.

Arginin wird auch als Zusatz in Zahnpasta verwendet. Verglichen mit einer herkömmlichen Zahnpasta mit Fluoridzusatz wurde eine verbesserte Remineralisierung mit einer Kombination aus Arginin, Kalziumkarbonat und Fluorid nachgewiesen.

Supplemente

Arginin wird zur Supplementierung bei unzureichender Zufuhr oder erhöhtem Bedarf als diätetisches Lebensmittel, insbesondere als Lebensmittel für besondere medizinische Zwecke, gemäß Diätverordnung für verschiedene Krankheitszustände wie erektile Dysfunktion, Arteriosklerose im Frühstadium, endotheliale Dysfunktion und Bluthochdruck vermarktet. Diese Indikationen sind für die diätetische Behandlung von Erkrankten etabliert. Die Verwendung gesundheitsbezogener Angaben (health claims), die hingegen den Beitrag von L-Arginin auf gesunde Menschen zur Unterstützung des Kreislaufsystems (Aufrechterhaltung einer normalen Durchblutung, eines gesunden Blutdrucks und der Hämatopoese), zur Unterstützung und Verbesserung der Erektion sowie zur Kräftigung der Muskeln und zur Bereitstellung von Stickoxid im Stoffwechsel betreffen, beurteilte die europäische Behörde für Lebensmittelsicherheit (EFSA) bislang als wissenschaftlich nicht gerechtfertigt. Diese Einschätzung basierte auf inzwischen veralteten Daten an gesunden Probanden.

Neuere Originalarbeiten und Meta-Analysen sowie systematische Übersichtsarbeiten belegen inzwischen die gesundheitsfördernden Wirkungen von L-Arginin bei Gesunden ebenso wie bei Arteriosklerose, endothelialer Dysfunktion und Bluthochdruck und empfehlen die Aminosäure zur Therapie der Herz-Kreislauf-Erkrankungen zugrunde liegenden Stoffwechselstörungen.

3.5 Aspekte des Energiestoffwechsels

Mit Energiestoffwechsel bezeichnet man den Teil des Stoffwechsels von Lebewesen, der der Gewinnung von Energie dient.

Der Energiestoffwechsel besteht aus chemischen Stoffumsetzungen, die in der Summe exergon, also Energie freisetzend sind. Es werden also Stoffsysteme genutzt, die sich in einem thermodynamischen Ungleichgewicht befinden und bei ihrer Umsetzung in einen energieärmeren, stabileren Gleichgewichtszustand überführt werden, wobei Energie freigesetzt wird. Diese Art der Energiegewinnung wird als Chemotrophie bezeichnet, die sie betreibenden Lebewesen als chemotroph.[15]

Eine andere Art der Energiegewinnung, die wir schon besprochen haben, ist die Fototrophie, bei der Licht als Energiequelle genutzt wird. Lebewesen, die Licht als Energiequelle nutzen, werden als fototroph bezeichnet. Die meisten fototrophen Lebewesen können auch chemotroph Energie gewinnen, also durch einen Energiestoffwechsel, zum Beispiel bei Lichtmangel.

---

15 Seite „Energiestoffwechsel". In: Wikipedia, Die freie Enzyklopädie. Bearbeitungsstand: 24. April 2016, 07:07 UTC. URL: https://de.wikipedia.org/w/index.php?title=Energiestoffwechsel&oldid=153753433 (Abgerufen: 25. April 2016, 13:37 UTC)

3.5.1 Atmungskette: Energieversorgung in Zellen

Mitochondrien sind die Kraftwerke der Zellen. Sie produzieren ATP, die Energie-Währung des Körpers. Der Antrieb für diesen Prozess ist ein elektrochemisches Membranpotenzial, das von einer Reihe von Protonenpumpen erzeugt wird. Diese komplexen makromolekularen Maschinen werden zusammen als Atmungskette bezeichnet.

Die Atmungskette ist ein Teil des Energiestoffwechsels der meisten Lebewesen. Bei Eukaryoten sind an der Reaktionskette nacheinander die Enzym-Komplexe I bis IV und die Wasserstoff- bzw. Elektronenüberträger Ubichinon (Coenzym Q) und Cytochrom c, die in die innere Mitochondrienmembran eingelagert sind, beteiligt.

Die Energie aus der Nahrung wird in den Mitochondrien dazu benutzt, wie bei einer Batterie ein elektrochemisches Potenzial über die Membran zu erzeugen. Dieses Spannungspotenzial treibt einen Proteinkomplex an, der das ATP für die Zelle herstellt. Dafür sind Multiproteinkomplexe in der inneren Membran der Mitochondrien zuständig. Sie transportieren Elektronen, die aus der Nahrung stammen, und übertragen diese schließlich auf Sauerstoff. Bei diesem Prozess werden 95 Prozent des Sauerstoffs, den wir täglich einatmen, verbraucht. Daher werden die insgesamt vier Proteinkomplexe, die bei der ATP-Gewinnung beteiligt sind, als „Atmungskette" bezeichnet. Der letzte und vierte Komplex der Atmungskette ist derjenige, der aus Sauerstoff Wasser bildet.

Schon ein kleiner Störfall in den Energie-Kraftwerken unserer Zellen, den Mitochondrien, macht krank.

Jeder Defekt, der die Ausbildung eines reibungslosen Betriebsablaufs stört, führt zu schweren, häufig tödlichen Herz- und Nervenerkrankungen beim Menschen. Doch bisher fehlt in vielen Fällen das Wissen darüber, was genau die Ursache dafür ist.

Grundlagenforscher der Universitätsmedizin Göttingen konnten einen entscheidenden Schritt im komplizierten Betriebsablauf der zellulären Kraftwerke klären. Das Team um den Biochemiker Prof. Dr. Peter Rehling, Direktor der Abteilung Biochemie II an der Universitätsmedizin Göttingen, hat einen unbekannten Proteinkomplex in der Membran der Mitochondrien identifiziert. Damit ist es möglich geworden, Vorgänge zu verstehen, die für den Aufbau funktioneller Atmungskettenkomplexe in den Kraftwerken der Zellen bedeutsam sind.[16]

Schon länger bekannt ist: Die Mitochondrien stammen in ihrer evolutionären Herkunft von Bakterien ab. Den Großteil ihrer genetischen Informationen haben sie im Laufe von Millionen Jahren an den Zellkern verloren. Die meisten Proteine, die in unseren Kraftwerken ihren Dienst tun, müssen daher in die Mitochondrien hinein transportiert werden. Aber Mitochondrien besitzen auch noch eigenes Erbmaterial. Sie sind in der Lage, einen sehr kleinen Satz von 13 essenziellen Proteinen selbst zu synthetisieren. Diese Proteine sind die Kernproteine der Atmungskettenkomplexe.

Wie nun genau passiert der notwendige Zusammenbau von eigenen und externen Proteinen in den Mitochondrien? Dies konnten Prof. Rehling und sein Forscherteam für den Komplex IV, einen von insgesamt vier Funktionsmodulen der Atmungskette klären: Der neu entdeckte Proteinkomplex „MITRAC" erfüllt die zentrale Funktion beim Zusammenbau des Komplexes IV der Atmungskette. Die Forscher konnten zeigen, dass an dieser Stelle importierte Proteine und Proteine, die in den Mitochondrien selbst gebildet werden, zusammengeführt werden. Gleichzeitig regulieren Proteinbestandteile des MITRAC-Komplexes die Neusynthese von Proteinen in den Mitochondrien. Diese Kopplung schützt die Mitochondrien davor, mehr Proteine zu bilden, als sie brauchen. Als Bestandteile des MITRAC-Komplexes konnten sie zudem mehrere Proteine identifizieren, die ursächlich für schwere Erkrankungen des Menschen verantwortlich gemacht werden. Die Untersuchung der Arbeitsgruppe weist diesen Proteinen nun erstmalig eine klare Funktion in der Biogenese der Atmungskette zu – und zwar genau im Komplex IV. Die Ergebnisse der Forscher beantworten zentrale Fragen der Grundlagenforschung, die seit vielen Jahren unverstanden waren, und liefern damit wichtige Erkenntnisse für das Verständnis von schweren Erkrankungen des Herz- und Nervensystems.

Die Struktur eines anderen Komplexes, nämlich des größten Proteins der Atmungskette, des mitochondrialen Komplexes I, haben Wissenschaftler des Frankfurter Exzellenzclusters „Makromolekulare Komplexe" in Zusammenarbeit mit der Universität

---

16 Quelle: https://idw-online.de/de/news513462

Freiburg mithilfe der Röntgenstrukturanalyse aufgeklärt. Sie berichteten darüber in der angesehenen Fachzeitschrift Science.[17]

„Der mitochondriale Komplex I spielt bei der Gewinnung von zellulärer Energie eine Schlüsselrolle und wird darüber hinaus mit der Entstehung von Krankheiten wie Parkinson in Verbindung gebracht", erklärt Volker Zickermann, Privat-Dozent im Institut für Biochemie II der Goethe-Universität. Für das Funktionieren der Atmungskette müssen in allen Zellen unseres Körpers permanent ausreichende Mengen an Sauerstoff zur Verfügung stehen. Die bei der biologischen Oxidation freigesetzte Energie wird dazu verwendet, Protonen von einer Seite der inneren Mitochondrien-Membran auf die andere Seite zu transportieren. Der entstehende Protonengradient ist die eigentliche „Batterie" für die ATP-Synthese.

Was die Forscher überraschte: Vorangegangene Studien legten nahe, dass Redoxreaktion und Protonentransport im Komplex I räumlich voneinander getrennt ablaufen. Die Frankfurter Wissenschaftler konnten nun aus der detaillierten Analyse der Struktur ableiten, wie die beiden Prozesse miteinander in Verbindung stehen.

Schon länger ist bekannt, dass Komplex I reversibel zwischen einer aktiven und einer inaktiven Form hin und her wechseln kann. Dies wird als ein Schutzmechanismus gegen die Bildung von schädlichen Sauerstoffradikalen interpretiert. Die Struktur gibt nun deutliche Hinweise darauf, wie sich diese beiden Formen voneinander unterscheiden und ineinander überführt werden können. „Die Forschungsergebnisse geben damit auch wichtige Hinweise zu den molekularen Grundlagen einer pathophysiologisch bedeutsamen Eigenschaft von Komplex I, die etwa für das Ausmaß einer Gewebeschädigung nach einem Herzinfarkt von Bedeutung ist", erläutert Zickermann.[18]

3.5.2 Glykolyse – ein weiterer Energieerzeugungs-
mechanismus

Die Glykolyse ist der wichtigste Abbauweg der Kohlenhydrate im Stoffwechsel. Größtenteils werden alle Hexosen und

---

17 Quelle: https://idw-online.de/de/news621226

18 Zickermann V, Wirth C, Nasiri H, Siegmund K, Schwalbe H, Hunte C, Brandt U
    (2015) Mechanistic insight from the crystal structure of mitochondrial complex I.
    Science 347:44-49. DOI 10.1126/science.1259859.

Triosen durch diesen einen Stoffwechselweg metabolisiert und für den weiteren Abbau vorbereitet. Damit nimmt die Glykolyse einen zentralen Platz im katabolen Stoffwechsel ein. Die an den Reaktionen beteiligten Enzyme kommen in fast allen Lebewesen vor, sodass die Glykolyse auch universell ist. Die Glykolyse hat daneben auch noch weitere wichtige Funktionen:

In der Glykolyse wird Energie gewonnen und in Form von zwei Molekülen ATP je Molekül abgebauter D-Glucose bereitgestellt, unabhängig davon, ob Sauerstoff für die Atmungskette vorliegt oder nicht. Die Glykolyse erzeugt ungefähr ein Fünfzehntel so viel ATP auf ein Molekül D-Glucose wie der vollständige oxidative Abbau zu Kohlenstoffdioxid und Wasser im Citratzyklus und in der Atmungskette. Daher wird unter aeroben Bedingungen auch weniger Glucose verstoffwechselt, was bereits 1861 von Louis Pasteur bei Hefen beobachtet wurde (Pasteureffekt).

Da die Glykolyse auch unter anoxischen Bedingungen abläuft, eröffnet dies einige vorteilhafte Möglichkeiten im Stoffwechsel. Beispielsweise können Mikroorganismen in einem anoxischen Milieu auf diese Weise Energie gewinnen. Bei Wirbeltieren wird im Falle starker Muskelbeanspruchung manchmal mehr Sauerstoff verbraucht als in die Zellen transportiert wird. Daher muss die Zelle ihre Energie kurzfristig ausschließlich aus der Glykolyse beziehen. Dies ist häufig bei größeren Tieren wie Alligatoren, Krokodilen, Elefanten, Nashörnern, Walen und Robben der Fall, bei denen Sauerstoff für den oxidativen Abbau von Glucose nicht schnell genug bereitgestellt werden kann. Auch beim Menschen wird Glucose in schnell kontrahierenden Muskelzellen im Zuge der Glykolyse und der Milchsäuregärung zu Lactat umgesetzt. Ein großer Vorteil der Glykolyse ist die Tatsache, dass ATP dabei 100 mal so schnell bereitgestellt werden kann wie über die oxidative Phosphorylierung in der Atmungskette.

Pflanzen gewinnen ihre Energie entweder aus der Fotosynthese oder aus der Atmungskette. Es gibt jedoch auch Situationen, in denen temporär Licht und Sauerstoff nicht zur Verfügung steht, beispielsweise während der Samenkeimung oder bei einer zeitweiligen Überflutung der Wurzeln mit Wasser. Unter diesen Bedingungen wird der lokale Stoffwechsel durch die Glykolyse aufrechterhalten.

Zellen im Gehirn müssen den größten Teil ihrer Energie aus der Glykolyse gewinnen, manche spezialisierte Zellen beziehen ihre Energie sogar ausschließlich aus der Glykolyse. Darunter fallen beispielsweise Zellen des Nierenmarks, ferner Erythrozyten, denen die Mitochondrien und damit die Atmungskette fehlen, und Spermien. Schließlich gehören schnell wachsende und sich teilende Tumorzellen ebenfalls dazu. Otto Warburg entdeckte 1930, dass Tumorzellen eine sehr viel höhere Glykolyserate besitzen als gesunde Zellen.

In der Positronen-Emissions-Tomographie wird dies genutzt, um Tumorgewebe bildlich darzustellen.

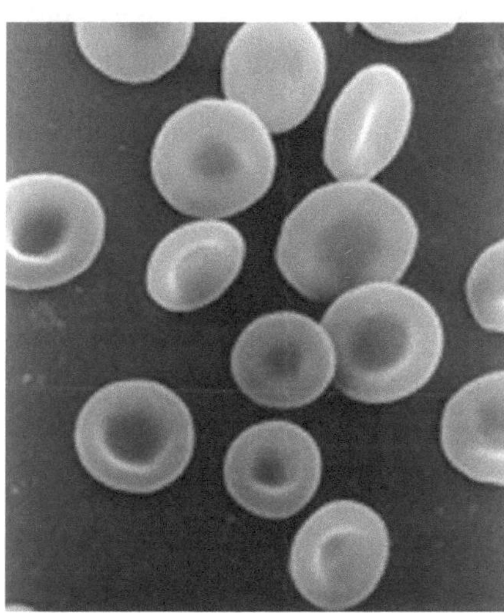

Abb. 3.8: Rote Blutkörperchen (Erythrozyten) decken ihren Energiebedarf ausschließlich aus der Glykolyse. REM-Aufnahme.CC0

Die Glykolyse bereitet Glucose nicht nur für den oxidativen Abbau vor, sondern liefert auch Vorläufer für die Biosynthese anderer Verbindungen. So ist beispielsweise das energiereiche Endprodukt Pyruvat der Glykolyse Ausgangsstoff für die Fettsäuresynthese und für manche Aminosäuren (L-Alanin, L-Valin und L-Leucin). Zudem ist es ein wichtiges Zwischenprodukt im sonstigen Stoffwechsel.

In der Glykolyse wird neben ATP auch das Reduktionsmittel NADH erzeugt. Dies wird entweder in der Atmungskette für einen weiteren ATP-Gewinn reoxidiert, oder als Reduktionsmittel für die Synthese anderer Moleküle verwendet – zumindest zum Zwecke der NAD+-Regeneration in Gärungen.

Entdeckungsgeschichte

Untersuchungen über den Abbau von Zucker gehen weit ins 19. Jahrhundert zurück und begannen ursprünglich mit der Erforschung der alkoholischen Gärung beziehungsweise später der Milchsäuregärung. Bei diesen Gärungen sind die Reaktionsschritte bis zur Bildung von Pyruvat identisch. 1837 wurde durch die Forscher Charles Cagniard-Latour, Theodor Schwann und Friedrich Traugott Kützing unabhängig voneinander nachgewiesen, dass der heutzutage als alkoholische Gärung bekannte Abbau von Glucose zu Ethanol durch Lebewesen, nämlich Hefen, verursacht wird. dass für den anaeroben Abbau von Zuckern die Stoffwechselprozesse lebender Hefezellen verantwortlich sind, war zum damaligen Zeitpunkt noch sehr umstritten. Vor allem die prominenten Chemiker Jöns Jakob Berzelius, Friedrich Wöhler und Justus von Liebig zählten zu den heftigsten Gegnern dieser Ansicht. Liebig postulierte beispielsweise, dass verwesendes Material „Schwingungen" auf den zu vergärenden Zucker übertrage, welcher dadurch zu Ethanol und Kohlenstoffdioxid zerfalle.

Dem Abbau von Zuckern in lebenden Hefezellen widmete sich ab 1857 auch der französische Forscher Louis Pasteur. 1860 veröffentlichte er eine Bestätigung der Ergebnisse von Cagniard-Latour, Kützing und Schwann und stellte sich damit gegen Liebigs Hypothese. Außerdem beobachtete er, dass der Verbrauch an Glucose unter anaeroben Bedingungen höher ist, als wenn den Hefen Sauerstoff zur Verfügung steht. Diese Beobachtung wird heutzutage als der „Pasteureffekt" bezeichnet.

Zu jener Zeit herrschte die Lehrmeinung vor, dass nur eine den Lebewesen innewohnende „Lebenskraft" (vis vitalis) die Umwandlung von Glucose zu Ethanol bewerkstelligen könne. 1858 schlug dagegen Moritz Traube vor, dass für den Abbau von Zuckern in Hefezellen allein chemische Prozesse, weniger die „Lebendigkeit" als solche verantwortlich seien. 1897 schließlich entdeckte Eduard Buchner, dass alkoholische Vergärung auch in einem zellfreien Hefeextrakt möglich ist. Damit zeigte er, dass der Stoffwechselweg auch dann stattfinden kann, wenn die Zellen nicht mehr intakt sind. Man bezeichnet dies als in vitro. Das katalytisch wirksame Präparat bezeichnete er als „Zymase", ohne zu wissen, dass mehrere Enzyme in den anaeroben Glucoseabbau involviert sind. Auch Marie von Mannasein zog im selben Jahr in einer Veröffentlichung ähnliche Schlüsse wie Buchner. Jedoch konnte ihre Arbeit andere nicht überzeugen, da ihre Beweisführung unzureichend war.

Die Aufklärung der einzelnen Schritte der Glykolyse gelang ab Anfang des 20. Jahrhunderts. So konnten Arthur Harden und

William John Young (1878–1942) Entscheidendes zur Aufklärung des glykolytischen Stoffwechselweges beitragen und veröffentlichten ihre Ergebnisse in einer Serie von Publikationen ab 1905. Unter anderem fanden sie heraus, dass isolierte Hefeextrakte Glucose nur langsam zu Ethanol und Kohlenstoffdioxid abbauten, wenn in den Extrakten kein anorganisches Phosphat vorhanden war. Bei Zugabe von Phosphat jedoch konnte diese in vitro, also ohne lebende Zellen stattfindende Gärreaktion wieder schneller ablaufen. Außerdem gelang es ihnen, Fructose-1,6-bisphosphat zu isolieren und nachzuweisen, dass es ein Zwischenprodukt der Glykolyse ist. Zudem trennten sie zellfreien Hefeextrakt mittels Dialyse in zwei

Abb. 3.9: Arthur Harden leistete in Zusammenarbeit mit William John Young einen besonderen Beitrag in der Aufklärung der Glykolyse. Harden wurde zusammen mit von Euler-Chelpin 1929 der Nobelpreis für Chemie verliehen. CC0

Fraktionen auf. Die Forscher bezeichneten die nicht dialysierbare Fraktion, das sind normalerweise größere Moleküle und Proteine, nach Buchner als „Zymase". Sie war wärmeempfindlich. Die dialysierbare Fraktion besteht dagegen aus Ionen und kleinen Molekülen, die die Dialysemembran passieren können. Diese war wärmestabil und wurde „Cozymase" genannt. Nur beide zusammen konnten eine Gärreaktion in vitro hervorrufen. Es stellte sich heraus, dass die Zymase ein Enzymgemisch war, während die Cozymase die für diese Enzyme nötigen Coenzyme enthielt.

1918 konnte Otto Meyerhof nachweisen, dass in der Milchsäuregärung in Muskeln die gleichen Coenzyme benötigt werden wie bei der alkoholischen Gärung. Wegen der Kurzlebigkeit vieler Zwischenprodukte gestaltete sich die weitere Aufklärung des Stoffwechselweges als schwierig. Gustav Embden schlug 1932 eine erste biochemische Reaktionsfolge für die Glykolyse vor. Zwei Jahre später konnte Karl Lohmann im Labor Meyerhofs den Nachweis erbringen, dass der universelle Energieträger Adenosintriphosphat (ATP) bei der Glykolyse erzeugt wird. Meyerhofs Forschergruppe hatte Anteil an der Entdeckung etwa eines Drittels der an der Glykolyse beteiligten Enzyme.

Schließlich waren Ende der 1930er-Jahre durch die Arbeiten von Otto Warburg und Hans von Euler-Chelpin die Reaktionsschritte in Hefe aufgeklärt; Embden, Meyerhof und Jakub Karol Parnas arbeiteten dagegen mit Muskelzellen. Außerdem hatten auch Carl und Gerty Cori, Carl Neuberg, Robert Robinson sowie der unter Warburg tätige Erwin Negelein wesentlichen Anteil an der Aufklärung der Glykolyse.

Alle Schritte und Enzyme der Glykolyse sind seit den 1940er-Jahren bekannt. Genauere Untersuchungen der beteiligten Enzyme und ihrer Regulation folgten anschließend.

Reaktion

Die Glykolyse findet im Zytoplasma einer Zelle statt. In multizellulären Organismen – wie beispielsweise dem Menschen – wird die Glykolyse in allen (differenzierten) Zelltypen durchgeführt. Pflanzen betreiben die Glykolyse auch zusätzlich in den Plastiden.

Der Abbau von Glucose bis zu Pyruvat läuft sowohl unter Sauerstoffmangelbedingungen (anaerob) als auch bei ausreichendem Sauerstoffangebot (aerob) gleichartig ab. Im Gegensatz zur Atmungskette wird kein Sauerstoff (O_2) verbraucht.

Die Glykolyse lässt sich in zwei Phasen unterteilen. Die erste Phase ist eine Vorbereitungsphase, bei der zunächst Energie in Form von ATP investiert wird. Sie besteht aus der Spaltung der Hexose D-Glucose in zwei Triosephosphate: Dihydroxyacetonphosphat (DHAP) und Glycerinaldehyd-3-phosphat (GAP) Hierbei wird DHAP in GAP für die zweite Phase isomerisiert. Dadurch wird der Zucker für den eigentlichen Abbau vorbereitet (siehe Abb. 3.10).

In der zweiten Phase werden zwei Moleküle GAP über mehrere Zwischenschritte in zwei Moleküle Pyruvat (Pyr) umgesetzt. Dabei werden zwei Moleküle NADH sowie vier Moleküle ATP gebildet. Diese Phase liefert somit Energie in Form von 4 ATP und 2 Reduktionsäquivalente NADH.

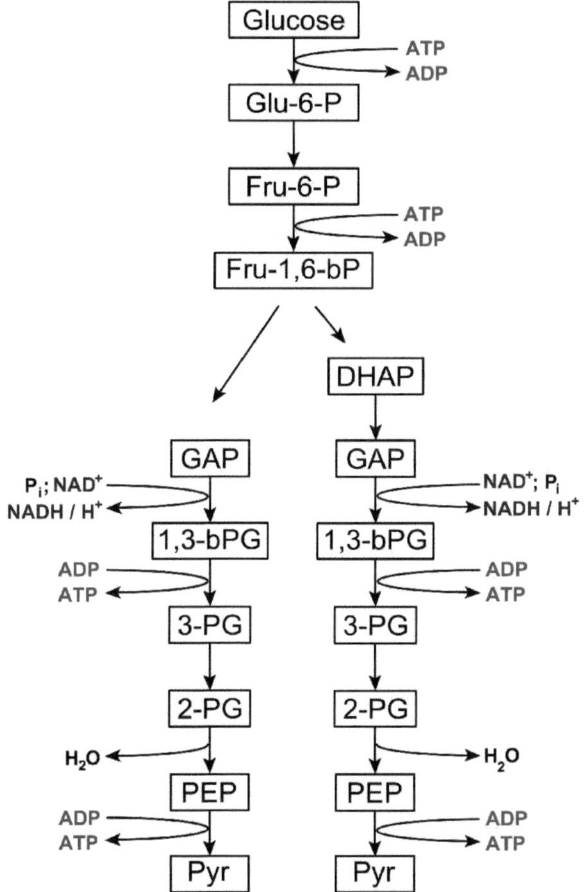

Abb. 3.10 Ablauf der Glykolyse: Ein Molekül Glucose wird zu zwei Molekülen Pyruvat umgesetzt, dabei werden zunächst zwei Moleküle ATP investiert. Im späteren Verlauf der Glykolyse werden vier Moleküle ATP und zwei Moleküle NADH erzeugt.
Abkürzungen: Glu-6-P = Glucose-6-phosphat;Fru-6-P = Fructose-6-phosphat;Fru-1,6-bP = Fructose-1,6-bisphosphat;DHAP = Dihydroxyacetonphosphat;GAP = Glycerinaldehyd-3-phosphat;1,3-bPG = 1,3-Bisphosphoglycerat;3-PG = 3-Phosphoglycerat;2-PG = 2-Phosphoglycerat;PEP = Phosphoenolpyruvat;Pyr = Pyruvat
CC0

3.5.3 Citratzyklus

Der Citratzyklus ist ein Kreislauf biochemischer Reaktionen, der eine wichtige Rolle im Stoffwechsel (Metabolismus) aerober Zellen von Lebewesen spielt und hauptsächlich dem oxidativen Abbau organischer Stoffe zum Zweck der Energiegewinnung und der Bereitstellung von Zwischenprodukten für Biosynthesen dient. Das beim Abbau von Fetten, Zuckern und Aminosäuren als Zwischenprodukt entstehende Acetyl-CoA wird darin zu Kohlenstoffdioxid (CO_2) und Wasser (H_2O) weiter abgebaut. Dabei werden sowohl für den Aufbau organischer Körperbestandteile des Lebewesens (Anabolismus) nutzbare Zwischenprodukte gebildet wie auch direkt und indirekt Energie in biochemisch verfügbarer Form (als Adenosintriphosphat ATP) zur Verfügung gestellt.

Der Citratzyklus läuft bei Eukaryoten in der Matrix der Mitochondrien, bei Prokaryoten im Zytoplasma ab. Eine umgekehrte Reaktionsfolge findet im sogenannten reduktiven Citratzyklus statt, der zur Kohlenstoffdioxidassimilation mancher Bakterien dient.

Namensgeber ist das dabei entstehende Zwischenprodukt Citrat, das Anion der Citronensäure.

1937 postulierte der Biochemiker Hans Adolf Krebs (in Zusammenarbeit mit William Arthur Johnson) als erster den Citratzyklus als Weg der Pyruvatoxidation. Krebs untersuchte den Einfluss verschiedener organischer Säuren auf den Sauerstoffverbrauch bei der Pyruvatoxidation mit Suspensionen von zerkleinertem Taubenbrustmuskel.

Aus seinen grundlegenden Beobachtungen und weiteren Hinweisen schloss Krebs, dass die an den Reaktionen beteiligten aktiven Tri- und Dicarbonsäuren in einer chemisch logischen Reihenfolge angeordnet sein könnten. Da die Inkubation von Pyruvat und Oxalacetat mit zerkleinertem Muskelgewebe eine Anreicherung von Citrat im Medium hervorrief, folgerte Krebs, dass diese Sequenz nicht linear, sondern zyklisch arbeitet – ihr Ende ist mit ihrem Anfang verknüpft. Krebs schlug vor, dass der von ihm als „Zitronensäurezyklus" bezeichnete Weg den Hauptweg der Kohlenhydratoxidation im Muskel darstelle.

Rolle im Stoffwechsel

In den Citratzyklus münden Abbauprodukte verschiedener Nährstoffe, die im Stoffwechsel abgebaut werden.

Acetyl-CoA, an das Coenzym A gebundene Essigsäure, kann dabei als das zentrale Abbauprodukt verschiedener Nährstoff-

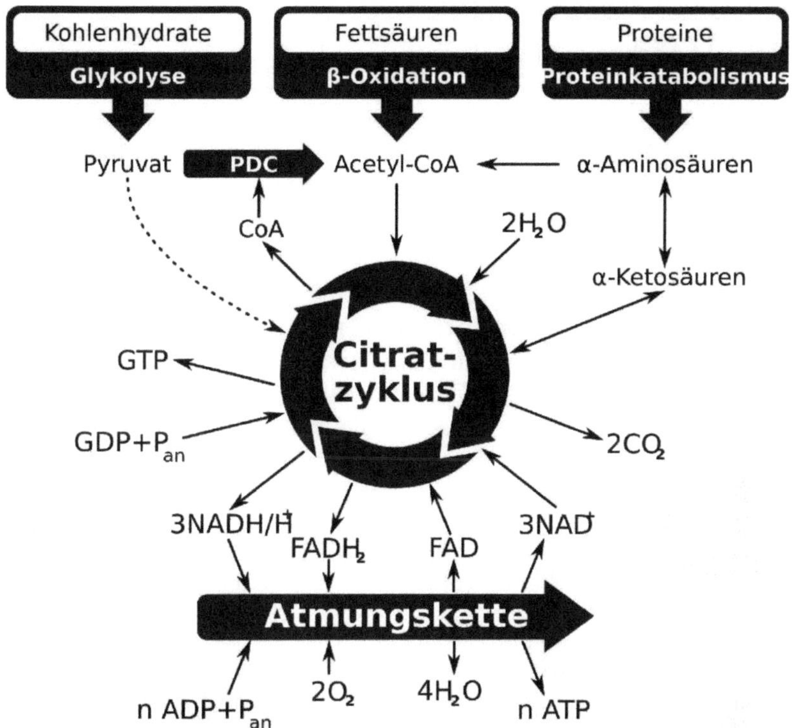

Abb. 3.11 Schematische Darstellung der mit dem Citratzyklus assoziierten metabolischen Wege. CC0

klassen bezeichnet werden. Aus Fettsäuren beispielsweise werden direkt Acetyl-CoA-Moleküle gebildet. In der Glykolyse werden Kohlenhydrate zu Pyruvat (Brenztraubensäure) abgebaut, dieses wird dann zu Acetat decarboxyliert und der Acetylrest wird an Coenzym A gebunden. Schließlich werden auch Proteine zu Aminosäuren hydrolysiert.

Beim Abbau von Acetyl-CoA über den Citratzyklus wird Energie in Form von GTP gewonnen, darüber hinaus auch die Reduktionsmittel (NADH, FADH2). Die im Citratzyklus gewonnenen, an Coenzyme (NAD+ und FAD) gebundenen Elektronen werden der Atmungskette zugeführt und auf den terminalen Elektronenakzeptor Sauerstoff (O_2) übertragen. Die dabei frei werdende Energie wird genutzt, um ATP zu bilden.

Der Citratzyklus dient außerdem als Lieferant verschiedener Vorläufermoleküle für den Aufbau von Stoffen (Anabolismus).

Citratzyklus beim Menschen

Beim Menschen werden Zucker über die Glykolyse, die oxidative Decarboxylierung von Pyruvat und den Citratzyklus unter Bildung der verschiedenen Energieträgermoleküle zu CO_2 und H_2O abgebaut. Die Energie der gebildeten Energieträgermoleküle (außer ATP) wird über die Atmungskette an Adenosindiphosphat (ADP) übertragen, das dann mithilfe eines Phosphatrestes zu weiterem ATP aufgebaut werden kann.

Bei erhöhter Leistungsabforderung wird aufgrund fehlenden Sauerstoffes, ohne den die Atmungskette nicht ablaufen kann, ein wachsender Prozentsatz des in der Glykolyse gewonnenen Pyruvats nicht mehr aerob zu Acetyl-CoA umgesetzt, sondern anaerob unter Verbrauch eines Energieträgermoleküls $NADH^+H^+$ je Pyruvat-Molekül zu L-Lactat, dem Anion der Milchsäure.

Die Milchsäure muss ab einer bestimmten Konzentration abgebaut werden, weil sie durch pH-Wert-Absenkung leistungshemmend wirkt. Dabei gibt die Muskulatur Lactat an das Blut ab, welches zur Leber transportiert wird. Anschließend wird Lactat in der Leber zu Glucose durch den Prozess der Gluconeogenese umgesetzt. Hierbei wird mehr Energie benötigt, als im Muskel aufgenommen wurde. Der Prozess des Umbaus von Pyruvat zu Lactat ist also nur regional auf den Muskel betrachtet energetisch kurzfristig günstig. Für den Organismus insgesamt bedeutet er allerdings langfristig Energieverluste. Dies zeigt, dass der Körper in Extremsituationen – hier hohe Leistungsanforderung – dazu bereit sein kann, langfristig Energie einzubüßen, um kurzfristig die benötigte Leistung aufzubringen.

3.6 Molekulare Maschinen und bewusste Prozesse

3.6.1 Proteine

Proteine, umgangssprachlich Eiweiße, sind biologische Makromoleküle, die aus Aminosäuren durch sogenannte Peptidbindungen aufgebaut werden. Proteine finden sich in allen Zellen und machen zumeist mehr als 50 % ihres Trockengewichts aus. Sie verleihen nicht nur Struktur, sondern tragen als „molekulare

Maschinen" wesentliche Funktionen, indem sie Zellbewegungen ermöglichen, Metabolite transportieren, Ionen pumpen, chemische Reaktionen katalysieren und Signalstoffe erkennen können. Überwiegend aus Proteinen (Eiweiß) bestehen so auch Muskeln, Herz, Hirn, Haut und Haare.

Die Gesamtheit aller Proteine in einem Lebewesen, einem Gewebe, einer Zelle oder einem Zellkompartiment, unter exakt definierten Bedingungen und zu einem bestimmten Zeitpunkt, wird als Proteom bezeichnet.

Das Wort Protein wurde erstmals 1839 in einer Veröffentlichung von Gerardus Johannes Mulder benutzt. Diese Bezeichnung wurde ihm 1838 von Jöns Jakob Berzelius vorgeschlagen, der sie von dem griech. Wort πρωτεῖοςproteios für ‚grundlegend' und ‚vorrangig', basierend auf πρῶτος protos für ‚Erster' oder Vorrangiger', abgeleitet hatte. Dahinter stand die irrtümliche Idee, dass alle Proteine auf einer gemeinsamen Grundsubstanz basieren. Daraus entstand ein heftiger Streit mit Justus von Liebig.

Protein ist unter anderem zum Aufbau und zum Erhalt der Körperzellen notwendig und hilft bei der Heilung von Wunden und Krankheiten. Den Empfehlungen der Deutschen Gesellschaft für Ernährung zufolge sollten Erwachsene täglich etwa 0,8 Gramm Protein pro Kilogramm Körpergewicht mit der Nahrung zu sich nehmen. Bei Kindern und Jugendlichen ist der Bedarf mit 0,9 Gramm pro Kilogramm Körpergewicht um 12,5 % erhöht, bei schwangeren und stillenden Frauen ist der Bedarf um circa 20 bis 30 % erhöht. Bei körperlicher Aktivität steigt der Bedarf an Protein hingegen nicht.

Die essenziellen Aminosäuren Isoleucin, Leucin, Lysin, Methionin, Phenylalanin, Threonin, Tryptophan und Valin

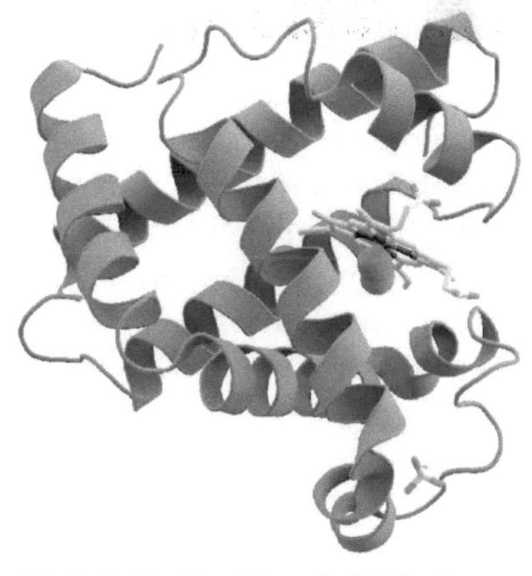

Abb. 3.12: Eine Darstellung der 3D-Struktur von Myoglobin mit α-Helices. Dies war das erste Protein, dessen Struktur mit Hilfe der Kristallstrukturanalyse aufgeklärt wurde. CC0

Abb. 3.13: Gerardus Johannes Mulder. CC0

müssen über die Nahrung zugeführt werden. Ein Merksatz hierzu lautet:

> *Phenomenale Isolde trybt metunter Leutnant Valentins lysterne Thräume.*

Ein Mangel kann unter anderem Haarausfall (Haare bestehen zu 97 bis 100 % aus Proteinen – Keratin) hervorrufen.

Im schlimmsten Fall kommt es zur Eiweißmangelkrankheit Kwashiorkor. Menschen (meist Kinder), die an Kwashiorkor leiden, erkennt man an ihrem sogenannten Hungerbauch, der durch eine übermäßige Einlagerung von Wasser (Ödeme) hervorgerufen wird. Weitere Symptome sind: Muskelschwäche, Wachstumsstörungen, Fettleber. Andauernder Eiweißmangel führt zudem zum Marasmus, Kwashiorkor oder zu beidem und letzten Endes zum Tod.

Zu Eiweißmangel kommt es in den Industrieländern allerdings höchst selten und auch nur bei extrem proteinarmen Ernährungsformen. Die durchschnittliche deutsche Mischkost dagegen enthält mit 100 Gramm Eiweiß pro Tag mehr als genug Proteine. Obwohl häufig in der Werbung Eiweißpulver als essenziell notwendig für Breitensportler angepriesen werden, deckt *„Unsere übliche Ernährung […] auch den Eiweißbedarf von Sportlern ab“*, heißt es dazu in einem Bericht des Ministeriums für Ernährung und Ländlichen Raum Baden-Württembergs.

Funktionen

Proteine können im Organismus folgende sehr spezielle Funktionen haben.

Schutz, Verteidigung gegen Mikroorganismen:

- Toxine führen zur Lähmung von Beutetieren bei Schlangen, Skorpionen und Conotoxine in Kegelschnecken.

- Antikörper (extern und intern) dienen zur Abwehr von Infektionen.

Körperstruktur, Bewegung:

- Kollagene, die bis zu 1/3 des gesamten Körperproteins ausmachen können, sind Strukturproteine der Haut, des Bindegewebes und der Knochen. Als Strukturproteine bestimmen sie den Aufbau der Zelle und damit letztlich die Beschaffenheit der Gewebe und des gesamten Körperbaus.

- In den Muskeln verändern Myosine und Aktine ihre Form und sorgen dadurch für Muskelkontraktion und damit für Bewegung.

- Keratinstrukturen wie Haare/Wolle, Hörner, Nägel/Klauen, Schnäbel, Schuppen und Federn

- Seidenfäden bei Spinnen und Insekten

Stoffumsatz (Metabolismus), Transport, Signalfunktion:

- Enzyme übernehmen Biokatalysefunktionen, d. h.. sie ermöglichen und kontrollieren sehr spezifische (bio)chemische Reaktionen in Lebewesen.

- Als Ionenkanäle regulieren Proteine die Ionenkonzentration in der Zelle, und damit deren osmotische Homöostase sowie die Erregbarkeit von Nerven und Muskeln.

- Als Transportproteine übernehmen sie den Transport körperwichtiger Substanzen wie z. B. Hämoglobin, das im Blut für den Sauerstofftransport zuständig ist, oder Transferrin, das Eisen im Blut transportiert.

- In Zellmembranen befinden sich Membranrezeptoren; meist Komplexe aus mehreren Proteinen (auch Multiproteinkomplexe genannt), die Substanzen außerhalb der Zelle erkennen und binden. Dadurch ergibt sich eine Konformationsänderung, die dann als Transmembransignal im Innern der Zelle erkannt wird.

- Manche (meist kleinere Proteine) steuern als Hormone Vorgänge im Körper.

- Als Blutgerinnungsfaktoren verhindern die Proteine einerseits einen zu starken Blutverlust bei einer Verletzung eines Blutgefäßes und andererseits eine zu starke Gerinnungsreaktion mit Blockierung des Gefäßes.

- Autofluoreszierende Proteine in Quallen.

Reservestoff:

- Als Reservestoff kann der Körper Proteine im Hungerzustand als Energielieferanten verwenden. Dabei können die in Leber, Milz und Muskeln gespeicherten Proteine nach Proteolyse und Abbau der entstehenden Aminosäuren zu Pyruvat entweder zur Gluconeogenese oder direkt zur Energiegewinnung genutzt werden.

Mutationen in einem bestimmten Gen können potentiell Veränderungen im Aufbau des entsprechenden Proteins verursachen, woraus sich folgende mögliche Auswirkungen auf die Funktion ergeben:

- Die Mutation bewirkt einen Verlust in der Proteinfunktion; solche Fehler mit teils vollständigem Wegfall der Proteinaktivität liegen vielen erblichen Krankheiten zugrunde.

- Die Mutation bewirkt bei einem Enzym die Erhöhung der Enzymaktivität. Dies kann vorteilhafte Wirkung haben oder ebenfalls zu einer Erbkrankheit führen.

- Trotz der Mutation bleibt die Funktion des Proteins erhalten. Dies wird als stille Mutation bezeichnet.

- Die Mutation bewirkt eine funktionelle Veränderung, die vorteilhaft für die Zelle, das Organ oder den Organismus ist. Ein Beispiel wäre ein Transmembranprotein, das vor der Mutation nur in der Lage ist, den stoffwechselbaren Metaboliten A aufzunehmen, während nach der Mutation auch der Metabolit B regulierbar aufgenommen werden kann und sich dadurch z. B. die Nahrungsmittelvielfalt erhöht.

Proteinbiosynthese

Bausteine der Proteine sind bestimmte als proteinogen, also Protein aufbauend, bezeichnete Aminosäuren, die durch Peptidbindungen zu Ketten verbunden sind. Beim Menschen handelt es sich um 21 verschiedene Aminosäuren – die 20 seit langem bekannten sowie Selenocystein. Auf acht Aminosäuren ist der menschliche Organismus besonders angewiesen, denn sie sind essenziell, was bedeutet, dass der Körper sie nicht selbst herstellen kann, sondern mit der Nahrung aufnehmen muss.

Die Aminosäureketten können eine Länge von bis zu mehreren Tausend Aminosäuren haben, wobei man Aminosäureketten mit einer Länge von unter ca. 100 Aminosäuren als Peptide bezeichnet und erst ab einer größeren Kettenlänge von Proteinen spricht. Die molekulare Größe eines Proteins wird in der Regel in Kilo-Dalton (kDa) angegeben. Titin, das mit ca. 3600 kDa größte bekannte menschliche Protein, besteht aus über 30.000 Aminosäuren und beinhaltet 320 Proteindomänen.

Die Aminosäurensequenz eines Proteins – und damit sein Aufbau – ist im Erbgut der Desoxyribonukleinsäure (DNA) codiert. Der dazu verwendete genetische Code hat sich während der Evolution der Lebewesen kaum verändert. In den Ribosomen, der „Proteinproduktionsmaschinerie" der Zelle, wird diese Information verwendet, um aus einzelnen Aminosäuren eine Polypeptidkette zusammenzusetzen, wobei die je von einem genetischen Muster (Codon) bestimmten Aminosäuren in der von DNA vorgegebenen Reihenfolge verknüpft werden. Erst mit der Faltung dieser Kette im wässrigen Zellmilieu entsteht dann die dreidimensionale Form eines bestimmten Proteinmoleküls.

Das einfache humane Genom enthält rund 20.350 Proteincodierende Gene – viel weniger, als vor der Sequenzierung des Genoms angenommen. Tatsächlich codieren nur etwa 1,5 % der gesamten genomischen DNA für Proteine, während der Rest aus Genen für non-coding RNA besteht. Da viele der Proteincodierenden Gene mehr als ein Protein produzieren, kommen im menschlichen Körper weit mehr als nur 20.350 verschiedene

Proteine vor. Darüber hinaus kennt man heute Proteine, deren Bildung auf Gensegmenten in räumlich weit entfernten Chromosomenregionen, mitunter sogar unterschiedlichen Chromosomen, zurückgeht. Mithin ist die traditionelle Ein-Gen-ein-Enzym-Hypothese (auch: Ein-Gen-eine mRNA-ein-Protein-Hypothese) für höhere Organismen heute nicht mehr haltbar.

Räumlicher Aufbau

Die räumliche Struktur bedingt die Wirkungsweise der Proteine. Die Proteinstruktur lässt sich auf vier Betrachtungsebenen beschreiben:

Als Primärstruktur eines Proteins wird die Abfolge (Sequenz) der einzelnen Aminosäuren einer Polypeptidkette bezeichnet. Vereinfacht gesagt könnte man sich eine Kette vorstellen, in der jedes Kettenglied eine Aminosäure darstellt (Schreibweise vom Amino/N- zum Carboxy/C-Terminus: AS1–AS2–AS3–AS4- …). Die Primärstruktur beschreibt lediglich die Aminosäurensequenz, jedoch nicht den räumlichen Aufbau des Proteins.

Als Sekundärstruktur wird die Zusammensetzung des Proteins aus besonders häufig auftretenden Motiven für die räumliche Anordnung der Aminosäuren bezeichnet. Man unterscheidet dabei zwischen folgenden Strukturtypen: α-Helix, β-Faltblatt, β-Schleife, β-Helix und ungeordnete, sogenannte Random-Coil-Strukturen.

Die Tertiärstruktur ist die der Sekundärstruktur übergeordnete räumliche Anordnung der Polypeptidkette. Sie wird von den Kräften und Bindungen zwischen den Seitenketten der Aminosäuren bestimmt.

Viele Proteine müssen sich, um funktionsfähig sein zu können, zu einem Proteinkomplex zusammenlagern, der sogenannten Quartärstruktur. Dies kann entweder eine Zusammenlagerung von unterschiedlichen Proteinen sein oder ein Verband aus zwei oder mehr Polypeptidketten, die aus ein und derselben Polypeptidkette, dem Vorläuferprotein (engl. Precursor) hervorgegangen sind. Die einzelnen Untereinheiten eines solchen Komplexes werden als Protomere bezeichnet. Einige Protomere können ihre Funktion auch als eigenständige Proteine besitzen, aber viele erreichen ihre Funktionalität nur im Komplex. Als Beispiel für aus mehreren Proteinen zusammengelagerte Komplexe können die Immunglobuline (Antikörper) dienen, bei denen jeweils zwei identische schwere und zwei identische leichte Proteine zu einem funktionsfähigen Antikörper verbunden sind.

Einige Proteine ordnen sich noch in einer über die Quartärstruktur hinausgehenden, molekular aber bereits ebenso prädeterminierten „Überstruktur" oder „Suprastruktur" an, wie Kollagen in der Kollagenfibrille oder Aktin, Myosin und Titin im Sarkomer.

Die Einteilung in Primär- bis Quartärstruktur erleichtert das Verständnis und die Beschreibung der sequentiellen Faltung von Proteinen. Unter physiologischen Bedingungen muss eine definierte Primärstruktur zu einer definierten Tertiärstruktur (oder Quartärstruktur) führen. Anders gesagt: Der Informationsgehalt, der sich in einer bestimmten dreidimensionalen Proteinstruktur äußert, ist bereits in der linearen Primärstruktur (d. h. in der „eindimensionalen" Aminosäuresequenz) enthalten.

Viele komplexe Proteine können sich nicht spontan falten, also ihre physiologische Struktur einnehmen, sondern brauchen dazu Faltungshelfer, sogenannte Chaperone. Die Chaperone binden an neu gebildete (oder auch beschädigte, denaturierte) Aminosäureketten, und verhelfen ihnen unter Verbrauch chemischer Energie zu ihrer Struktur.

Denaturierung

Sowohl durch chemische Einflüsse wie zum Beispiel Säuren, Salze oder organische Lösungsmittel als auch durch physikalische Einwirkungen, wie hohe oder tiefe Temperaturen oder auch Druck, können sich die Sekundär- und Tertiärstruktur und damit auch die Quartärstruktur von Proteinen ändern, ohne dass sich die Reihenfolge der Aminosäuren (Primärstruktur) ändert. Dieser Vorgang heißt Denaturierung und ist in der Regel nicht umkehrbar, das heißt, der ursprüngliche dreidimensionale räumliche Aufbau kann ohne Hilfe nicht wiederhergestellt werden. Bekanntestes Beispiel dafür ist das Eiklar im Hühnerei, das beim Kochen fest wird, weil sich der räumliche Aufbau der Proteinmoleküle geändert hat. Der ursprüngliche flüssige Zustand kann nicht mehr hergestellt werden.

Das Wiederherstellen des ursprünglichen Zustandes des denaturierten Proteins heißt Renaturieren.

Menschen denaturieren durch Kochen ihre Speisen, um sie leichter verdaulich zu machen. Durch die Denaturierung ändern sich die physikalischen und physiologischen Eigenschaften der Proteine, wie zum Beispiel beim Spiegelei, das durch die Hitze in der Pfanne denaturiert wird.

Auch hohes Fieber kann aufgrund der zu hohen Körpertemperatur körpereigene Proteine denaturieren. Diese Proteine können dann ihre Aufgaben im Organismus nicht mehr erfüllen, was für den Menschen lebensgefährlich werden kann. Einige Proteine der roten Blutkörperchen denaturieren beispielsweise bereits bei 42 °C. Das Fieber hat eigentlich aber eine schützende Funktion, nicht eine zerstörende. Denn die hohe Temperatur beim Fieber soll Eindringlinge und Fremdkörper, sogenannte Antigene, zerstören und unschädlich machen. Diese Antigene denaturieren meist schon bei geringeren Temperaturen als die körpereigenen Proteine.

Die bei chemischer Spaltung der Proteinketten (Proteolyse) entstehenden Teilstücke nennt man Peptone.

Durch reaktive Sauerstoffspezies können Proteine oxidiert werden. Dieser Vorgang nennt sich Proteinoxidation und spielt bei Alterungsprozessen und einer Reihe von pathologischen Zuständen eine wichtige Rolle. Die Oxidation kann zu einem weitgehenden Funktionsverlust und zur Ansammlung von degenerierten Proteinen in der Zelle führen.

Herstellung und Optimierung rekombinanter Proteine

Die Herstellung rekombinanter Proteine mit genau festgelegter Aminosäuresequenz und möglicherweise weiteren Veränderungen (z. B. eine Glykosylierung) geschieht sowohl im Labor als auch großtechnisch entweder durch Peptidsynthese oder biotechnologisch durch Überexpression in verschiedenen Organismen und folgender Proteinreinigung.

Im Zuge des Protein-Engineerings können Eigenschaften des gewünschten Proteins gezielt (über das Proteindesign) oder zufällig (über eine gerichtete Evolution) verändert werden. Prinzipiell können industriell dieselben Verfahren angewandt werden wie im

Labor, jedoch ist die Verwendung von Nutzpflanzen durch Pharming am besten für die großtechnische Nutzung geeignet, bei der mit Bioreaktoren in Reinräumen gearbeitet wird. Um die geeigneten Organismen zu erhalten, werden gentechnische Methoden eingesetzt.

Die technische Produktion nativer Proteine findet weltweit hauptsächlich in der Pharmazie (Biopharmazeutika) und zur industriellen Verwendung von Enzymen als Waschmittelzusätze (Proteasen, Lipasen, Amylasen und Cellulasen) oder in der Milchverarbeitung (Lactasen) statt. Proteine für die Nahrungsmittelindustrie müssen nicht notwendigerweise in nativer Form hergestellt werden, da eine biologische Aktivität nicht immer erforderlich ist, z. B. bei Käse oder Tofu.

3.6.2 Steuern bewusste Prozesse die Proteinqualitätskontrolle?

Die Abfolge der einzelnen Aminosäuren bildet wie schon erwähnt die Primärstruktur des Proteins. Während, beziehungsweise nach der Biosynthese wird das Protein durch Faltung in die biologisch wirksame Form überführt. Für die korrekte Funktion des Proteins ist seine Tertiärstruktur von entscheidender Bedeutung.

Die Proteinfaltung ist ein komplexer und störanfälliger Prozess. Das Ergebnis des Prozesses wird von der Proteinqualitätskontrolle überwacht. Die Proteinqualitätskontrolle ist in eukaryotischen Zellen ein zellulärer Schutzmechanismus, der zum Überleben der Zelle von grundlegender Wichtigkeit ist. Alle in einer Zelle synthetisierten sekretorischen Proteine werden über ein Transportsystem in das Endoplasmatische Retikulum (ER) transportiert.

Die Qualitätssicherung der Proteine erfolgt durch ein mehrstufiges System, das in drei Phasen abläuft:

- In der ersten Phase, dem sogenannten Proofreading, wird das Protein überprüft.

- In der zweiten Phase wird versucht, noch ungefaltete Proteine mit Hilfe von Chaperonen[19] zu falten. Diese be-

---

19 **Chaperone** sind Proteine, die neu synthetisierten Proteinen „helfen", sich korrekt zu falten. Sie spielen in allen drei Phasen der Proteinqualitätskontrolle eine zentrale Rolle.

schleunigen die korrekte Faltung, ohne selbst Teil der Proteinstruktur zu werden.

- In der anschließenden dritten Phase der Qualitätssicherung helfen Chaperone bei der Erkennung von fehlerhaften Proteinen.

Wird das gefaltete Protein als korrekt erkannt, wird es per Vesikel aus dem ER ausgeschleust und danach zu seinem Bestimmungsort transportiert. Chaperone dienen auch als Plattform für die Proteinzuordnung zu bestimmten Zellkompartimenten und zur Zusammenführung einzelner Proteinkomponenten zu Strukturen höherer Ordnung.[20]

Fehlgefaltete Proteine werden über ein Transportprotein in das Zytoplasma geschleust und dort in einem Proteasom in Fragmente zerlegt. Das Proteasom ist ein im Zytoplasma und bei Eukaryonten auch im Zellkern vorhandener Proteinkomplex.

Amorphe Aggregate werden über Autophagozytose in zelleigene Bestandteile abgebaut und wieder verwertet.

Die Ansammlung von Proteinen mit fehlerhafter Faltung im Endoplasmatischen Retikulum[21] führt zur Stressantwort der Zellen, die mit einer Unterdrückung der Translation und einer verstärkten Synthese von Chaperonen verbunden ist.

Statistisch gesehen sind 30 % der gefalteten Proteine - und in komplexen Fällen noch mehr - fehlerhaft. Dieser Ausschuss wird normalerweise innerhalb von etwa zehn Minuten zu Fragmenten abgebaut.[22]

Schlägt der Abbau fehl oder trifft die Proteinqualitätskontrolle eine falsche Entscheidung, kommt es zu Proteinansammlungen, die je nach Protein verschiedene Erkrankungen auslösen können. Ent-

---

20 W. Hilt: *Das Ubiquitin-Proteasom-System in Proteinqualitätskontrolle und* Regulation. In: *BIOspektrum*. Band 11, Nummer 4, 2005, S. 446–449.
(http://www.biospektrum.de/blatt/d_bs_pdf&_id=934667)

21 Das endoplasmatische Retikulum ist ein reich verzweigtes Kanalsystem flächiger Hohlräume in eukaryotischen Zellen, das von Membranen umschlossen ist.

22 U. Schubert, L. C. Antón u.a.: *Rapid degradation of a large fraction of newly synthesized proteins by proteasomes.* In: Nature. Band 404, Nummer 6779, April 2000, S. 770–774, ISSN 0028-0836 doi:10.1038/35008096 PMID 10783891
S. B. Qian, J. R. Bennink, J. W. Yewdell: *Quantitating defective ribosome products. In: Methods in molecular biology* (Clifton, N.J.). Band 301, 2005, S. 271–281, ISSN 1064-3745 doi:10.1385/1-59259-895-1:271 PMID 15917638

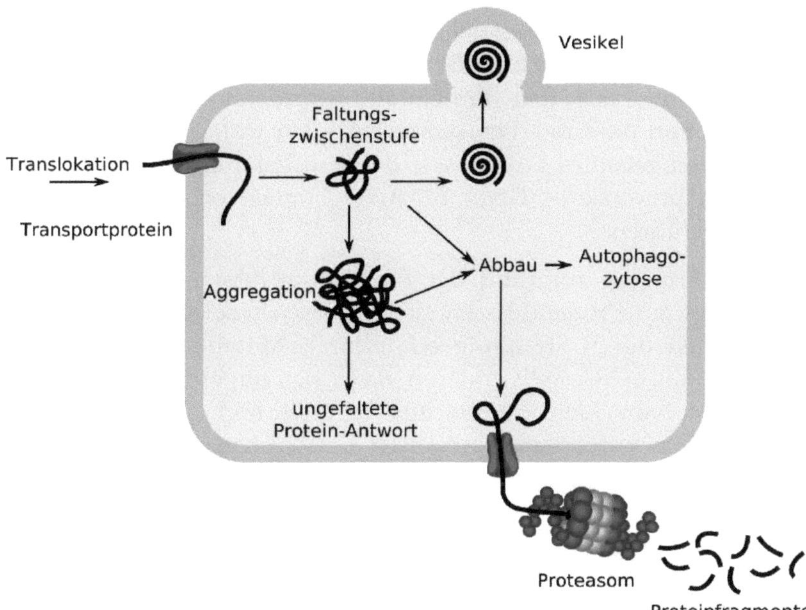

Abb. 3.14: Schema der Proteinqualitätskontrolle im Endoplasmatischen Retikulum (ER): Über ein Transportprotein wird das synthetisierte Protein ins ER eingeschleust. Eventuell noch ungefaltete Proteine werden hier mit Hilfe von Chaperon-Proteinen (nicht eingezeichnet) gefaltet. Wird das gefaltete Protein von der Proteinqualitätskontrolle als korrekt erkannt, wird es per Vesikel aus dem ER wieder ausgeschleust. Fehlgefaltete Proteine werden dagegen über ein Transportprotein in das Cytoplasma gebracht und dort in einem Proteasom in Fragmente zerlegt. Amorphe Aggregate werden auch über Autophagozytose in zelleigene Bestandteile abgebaut und wieder verwertet. CC0 Armin Kübelbeck

weder bilden sich toxische Ablagerungen oder im schlimmsten Fall unlösliche Aggregate oder es tritt ein Funktionsverlust ein, bedingt durch den Mangel an funktionsfähigen Proteinen in der Zelle beziehungsweise am Bestimmungsort im Organismus. Eine unlösliche Ablagerung in Form kleiner Fasern (β-Fibrillen) ist das Amyloid.

Für schwere Krankheitsbilder von Proteinfehlfaltungserkrankungen müssen allerdings große Mengen falsch gefalteter Proteine entstehen oder sich die Anzahl korrekt gefalteter Moleküle in starkem Maße verringern.

Die Gründe für eine falsche Proteinfaltung sind vielschichtig. Es sind hauptsächlich Genmutationen, die zu Veränderungen in der Aminosäuresequenz führen können. Darüber hinaus können fehlerhafte Veränderungen der DNA im Laufe ihres Lebens durch toxische Einwirkungen oder durch Strahlung auftreten. Die durch

Biosynthese von Proteinen gebildeten Aminosäuresequenzen haben unmittelbaren Einfluss auf die Sekundär- und Tertiärstruktur beziehungsweise auf den Proteinfaltungsprozess. Fehler bei der Transkription oder der Translation oder ein während der Proteinsynthese eingebautes Toxin - wie das von Palmfarnen und Cyanobakterien produzierte Toxin BMAA - können ebenfalls zu Fehlfaltungen führen.[23]

Veränderungen aufgrund der Einwirkung von Toxinen auf die DNA oder auf Proteine lassen sich klassisch beschreiben. Die Veränderungen durch Strahlung oder durch Mutationen lassen sich hingegen kaum klassisch erklären, da es sich um ein Geschehen auf der Ebene von Elementarteilchen handelt und ein solches Geschehen besser quantenphysikalisch beschrieben wird. Wenn zudem davon ausgegangen werden darf, dass Genmutationen durch Strahlung oder Protonen-Tunneln ausgelöst werden können, dann handelt es sich um ein Feld der Quantenbiologie. Als Teilgebiet der Biophysik befasst sich die Quantenbiologie mit der Einwirkung von Quanten auf lebende Zellen eines Organismus. Sie untersucht die energetischen Prozesse und Veränderungen, die dabei möglicherweise auf atomarer oder molekularer Ebene auftreten.

Wenn man das Proofreading der Qualitätssicherung betrachtet, in der das Protein überprüft wird, dann erkennt man sofort, dass es sich um einen informationsverarbeitenden Prozess handeln muss. Nach dem Proofreading ist eine Entscheidung fällig, nämlich ob das Protein vollständig gefaltet ist oder nicht. Im menschlichen Körper gibt es mehr als 20.000 verschiedene Primärproteine. Infolge von mRNA-Splicing und nachträgliche Modifikationen des Primärproteins durch Enzyme können bis zu mehrere Hundert Modifikationsformen (Proteinspezies) synthetisiert werden. Beim Menschen rechnet man deshalb mit 500.000 bis 1.000.000 verschiedenen Proteinspezies.

Woher weiß nun die biochemische Proteinqualitätskontrolle, wie jedes dieser Proteinspezies richtig gefaltet ist? Um eine einzige Millisekunde eines Proteinfaltungsvorgangs zu berechnen, braucht der Supercomputer Anton 100 Tage Rechenzeit.[24] Wenn die Natur

23 Rachael Anne Dunlop, Paul Alan Cox u. a.: *The Non-Protein Amino Acid BMAA Is Misincorporated into Human Proteins in Place of l-Serine Causing Protein Misfolding and Aggregation.* In: PLoS ONE. 8, 2013, S. e75376, doi:10.1371/journal.pone.0075376
24 http://www.nature.com/news/2010/101014/full/news.2010.541.html
    Shaw DE, Maragakis P, Lindorff-Larsen K, Piana S, Dror RO, Eastwood MP, et al.

bereits in Millisekunden weiß, ob ein Protein vollständig oder richtig gefaltet ist, dann muss irgendwo im Hintergrund eine riesige Datenbank vorliegen oder es existiert eine Art biologischer Quantenrechner, der die Aufgaben schneller erledigen kann. Gleich wie wir es erklären wollen, es handelt sich um einen informationsverarbeitenden Prozess.

Die Proteinqualitätskontrolle ist auf der untersten Ebene der Informationsverarbeitung im menschlichen Körper angesiedelt, nämlich auf der Zellebene. Und es deutet alles darauf hin, dass der Prozess die Kriterien eines Elementarbewusstseins erfüllt (vgl. Kapitel 2.5 Seite 86 ff).

Das Kriterium „informationsverarbeitender Prozess" darf als erfüllt angesehen werden. Das nächste Kriterium „neue Anforderungen" ist sicher ebenfalls erfüllt, denn keine Proteinqualitätskontrolle kann im voraus wissen, welche nachträglichen Modifikationsformen eines Primärproteins vorkommen können. Das Kriterium „Entscheidungen zwischen Handlungsalternativen" ist ebenso erfüllt, denn es gibt zahlreiche Möglichkeiten, was nach der dritten Phase der Qualitätskontrolle veranlasst werden kann. Wenn man die vielen möglichen Bestimmungsorte dazurechnet, zu denen das korrekt gefaltete Protein transportiert werden muss, dann gibt es Entscheidungsmöglichkeiten in Masse. Ob die Entscheidungen nicht determiniert fallen, wird weiter unten besprochen.

Das Kriterium „zielgerichtetes Verhalten zur Befriedigung von Bedürfnissen" ist dann erfüllt, wenn von folgenden Bedürfnissen ausgegangen werden kann: 1. Die Proteinqualitätskontrolle möchte verhindern, dass sich Proteine mit fehlerhafter Faltung im endoplasmatischen Retikulum ansammeln. Das erkennt man daran, dass im Falle solcher Ansammlungen die Zelle mit einer Unterdrückung der Translation und der verstärkten Synthese von Chaperonen antwortet. 2. Die Proteinqualitätskontrolle neigt dazu, soweit möglich, die Abbauprodukte fehlgefalteter Proteine wieder zu verwenden. So eine Neigung ist per Definition ein Bedürfnis. Sicher lassen sich noch weitere Bedürfnisse erkennen, denken wir an das oberste Bedürfnis, die Lebenserhaltung, doch sollen die zwei Angaben erst einmal genügen.

Atomic-Level Characterization of the Structural Dynamics of Proteins. Science. 2010 10;330(6002):341-346. doi: 10.1126/science.1187409

Ob eine Entscheidung determiniert fällt oder nicht determiniert ist, kann man daran erkennen, ob für alle vorkommenden Entscheidungsfälle eine vorgefertigte Antwort oder zumindest eine feste Entscheidungsregel existiert. Vorgefertigte Antworten müssen irgendwo gespeichert sein, feste Entscheidungsregeln ebenfalls. Doch wo soll die Information von etwa 1 Mio. Proteinspezies gespeichert sein?

Hinzu kommt, dass wir uns auf Quantenebene bewegen. Auf dieser Ebene ist nichts eindeutig. Es existieren nur Wahrscheinlichkeiten unter 100% für das Eintreten von Ereignissen. Entscheidungen für oder gegen ein Protein, für oder gegen eine Handlungsalternative, für oder gegen einen Bestimmungsort sind alles solche Ereignisse, und zwar auf Quantenebene. Das bedeutet, keine der Entscheidungen ist zu hundert Prozent sicher. Und was nicht hundertprozentig sicher ist, ist nicht determiniert.

Mit dem letzten Punkt sind für die Proteinqualitätskontrolle alle Kriterien eines Elementarbewusstseins[25] erfüllt. Unbekannt ist allerdings, wer oder was genau der Träger für dieses Elementarbewusstsein ist.

3.6.3 RuBisCO – das häufigste Protein der Erde

Ribulose-Biphosphat-Karboxylase (RuBisCO) ist das häufigste Protein auf der Erde, weil es in allen Pflanzen vorkommt und als Enzym bei der Fotosynthese verwendet wird.

Genau dieses Enzym konnte nun erstmals in Bakterien, die sich in Wassertiefen von 200 bis 3.000 m – jenseits von jeglichem Sonnenlicht – befinden, nachgewiesen werden. "Diese autotrophen Mikroben beziehen ihre Energie offenbar aus Schwefelverbindungen. Wir konnten entsprechende Gene in den Mikroben finden", so Meeresbiologe Gerhard J. Herndl, Professor für Meeresbiologie/aquatische Biologie an der Universität Wien.[26]

Die Tiefsee – ein riesiger Wärmepuffer und Kohlenstoffspeicher – spielt eine entscheidende Rolle beim Klimawandel. Hendl ist den Rätseln des dort vorherrschenden Kohlenstoffkreislaufes auf der Spur. Etwa zwei Drittel aller Mikroorganismen des Meeres finden sich in der dunklen Region des Ozeans unterhalb von 200 m Tiefe,

---

25 siehe auch: Wrobel, Sedlacek (2014), *Quantenbewusstsein*, S. 66
26 Quelle: https://idw-online.de/de/news439560

wo es kein Sonnenlicht gibt. Der überwiegende Teil dieser Mikroben der Tiefsee ernährt sich von abgestorbenen organischen Partikeln, die als pflanzliches Plankton im sonnendurchfluteten Wasser der obersten 150 m der Ozeane produziert werden und als organischer Partikel-Regen ins Tiefenwasser absinkt. "Wie alle Pflanzen wandelt auch das pflanzliche Plankton, das sogenannte Phytoplankton, Kohlendioxid mit Hilfe von Sonnenlicht in organische Verbindungen um. Bei diesem Prozess – bekannt als Fotosynthese – spielt das Enzym Ribulose-Biphosphat-Karboxylase (RuBisCO) eine wesentliche Rolle", erklärt Herndl.

Sogenannte heterotrophe Mikroorganismen nehmen organisches Material auf, um neue Zellen zu bilden. Der überwiegende Teil des aufgenommenen organischen Materials wird aber in anorganisches Material umgewandelt und als Nährstoffe und Kohlendioxid in das Wasser abgegeben. Nur wenige Mikroorganismen im finsteren Tiefwasser der Ozeane können so wie das Phytoplankton aus Kohlendioxid organische Kohlenstoffverbindungen herstellen. Die am besten untersuchten Kohlendioxid fixierenden Mikroben der Tiefsee sind die sogenannten Nitrifizierer, die Ammonium in Nitrat umwandeln und durch diesen Prozess ihre Energie gewinnen.

Messungen der Kohlendioxid-Fixierung im Atlantik haben allerdings ergeben, dass die Kohlendioxid-Fixierung um ein Viel-faches höher ist, als durch die Umwandlung von Ammonium zu Nitrit und nachfolgend zu Nitrat erklärt werden kann. Herndl schlussfolgert daraus: "Es muss also weitere bisher unbekannte Mikroorganismen im ozeanischen Tiefenwasser geben, die Kohlen-dioxid in organische Verbindungen umwandeln. Dazu benötigen sie eine zum Sonnenlicht alternative Energiequelle, die nur von chemischen Verbindungen stammen kann."

Schwefelverbindungen als Energiequelle, so z.B. im Boden von seichten Gewässern und Meeren sowie in speziellen sauerstofflosen Regionen des Freiwassers wie in den Tiefen der Ostsee oder des Schwarzen Meeres. In den weiten Bereichen des offenen Ozeans, wie dem Pazifik oder dem Atlantik, gibt es jedoch genügend Sauer-stoff zum Veratmen.

Trotzdem fand das internationale Wissenschafterteam eine Viel-zahl von Bakterien in den sauerstoffhaltigen Regionen des Pazifiks und Atlantiks, die als Energiequelle Schwefelverbindungen oxidieren und Kohlendioxid in Biomasse umwandeln. Herndl und sein Team konnten aufzeigen, dass eine Gruppe von Bakterien, die sowohl das Gen für RuBisCO als auch jenes zur Oxidation von Schwefelverbindungen besitzt, vorwiegend auf Partikel in der Tiefsee vorkommen. Der Meeresbiologe vermutet folgendes: „Diese Millimeter bis Zentimeter großen Partikel, die mit einer Geschwindigkeit von etwa 100 m pro Tag in die Tiefsee rieseln, könnten in ihrem Inneren sauerstofflos sein. Somit könnten in einer sauerstoffhaltigen Umgebung sauerstofflose Mikrozonen im Inneren von Partikeln existieren."

Diese überraschenden Ergebnisse wurden durch eine Kombination von verschiedenen mikrobiologischen und molekularen Methoden erbracht. Die Befunde zeigen, wie wenig bisher über die vielfältigste Lebensform der Erde, die Mikroorganismen, bekannt ist. [27]

---

27 Potential for Chemolithoautotrophy Among Ubiquitous Bacteria Lineages in the Dark Ocean. Brandon K. Swan, Manuel Martinez-Garcia, Christina M. Preston, Alexander Sczyrba, Tanja Woyke, Dominique Lamy, Thomas Reinthaler, Nicole J. Poulton, E. Dashiell P. Masland, Monika Lluesma Gomez, Michael E. Sieracki, Edward F. DeLong, Gerhard J. Herndl, Ramunas Stepanauskaus. In: Science, September 1, 2011.

4. Die neue Realität der Lebenskraft

4.1   Vibrationen und Quanteneffekte, die Lichtenergie transferieren

Die Natur ist nicht dumm. Mit beeindruckender Effizienz können Pflanzen oder Bakterien das Licht der Sonne für die Fotosynthese nutzbar machen. Man beobachtet, dass Moleküle bei der Fotosynthese erstaunlich lange in einem Zustand verweilen können, den man nur quantenphysikalisch verstehen kann. Anhand eines Modellsystems wurde dieser Effekt an der TU Wien untersucht. Dabei zeigte sich: Die heiß diskutierten langlebigen Quantenzustände sind ein Nebenprodukt eines anderen Phänomens. Die Kopplung zwischen Vibrationen und Elektronen der Moleküle stellt sich als entscheidend heraus, dieser Effekt erklärt die Messungen vollständig.[28]

Ein biologisches System wie eine lebende Zelle ist eigentlich kein gutes Quantenlabor. „Zellen sind warm, nass und unordentlich. Genau so eine Umgebung will man normalerweise vermeiden, wenn man Quantenexperimente durchführt", erklärt Jürgen Hauer vom Institut für Photonik der TU Wien. Man stellte fest, dass das Verhalten bestimmter Molekülverbände, wie sie auch bei der Fotosynthese eine entscheidende Rolle spielen, nur quantenphysikalisch erklärbar ist.

„Das Licht regt die Molekülverbände an und bringt sie auf ein höheres Energieniveau", sagt Jürgen Hauer. „Quantenphysikalisch ist es möglich, dass sie zwei verschiedene Energien gleichzeitig annehmen." Solche Überlagerungen werden normalerweise sehr rasch zerstört, die klassische Physik erlaubt nur eindeutige Werte für die Energie, keine Überlagerung zweier Werte. Bei der Fotosynthese (bei Raumtemperatur) überleben diese Quanten-Zustände aber für die Dauer von Hunderten Femtosekunden bei Raumtemperatur. Das ist für alltägliche Maßstäbe zwar bloß ein winziger Augenblick, auf quantenphysikalischen Zeitskalen ist das aber erstaunlich lange.

Dadurch drängte sich die Frage auf, ob diese erstaunlich lang anhaltende Quantenkohärenz für die Effizienz der Fotosynthese not-

---

28 Quelle: https://idw-online.de/de/news634688

wendig ist", sagt Jürgen Hauer. Er selbst war davon nicht über-
zeugt: „Unser Tageslicht ist kein Quanten-Licht, die Sonne ist kein
Laser", erklärt Hauer. „Es ist daher nicht wirklich nachvollziehbar,
warum quantenphysikalische Kohärenz nötig sein soll, um das Licht
optimal zu nutzen."

Das Vibrieren der biologischen Moleküle

Chlorophylle oder andere Moleküle, die das Sonnenlicht umwandeln können, sind nicht zufällig verteilt, sondern finden sich zu
Gruppen zusammen. Dadurch ist es möglich, dass diese Moleküle
gegeneinander vibrieren. In den Photonik-Labors der TU Wien
wurde das mit einem Modellsystem untersucht. Um dem
Mechanismus genau auf die Spur zu kommen, analysierte man
keine lebenden Zellen, sondern ein ähnliches, künstlich hergestelltes
und geordnetes System aus Cyaninfarbstoff-Molekülen.

Dabei zeigte sich, dass Vibrationen eine ganz entscheidende Rolle
spielen. „Die Vibrationen koppeln verschiedene Energiezustände
miteinander, man spricht von vibronischen Anregungen – Vibration
und elektronische Zustände gehören untrennbar zusammen, sie
werden ununterscheidbar", sagt Jürgen Hauer.

Diese vibronische Kopplung ermöglicht den schnellen und nahezu verlustfreien Transfer der Lichtenergie in
Lichtsammelkomplexen.

Diese Molekülverbände werden durch das Licht zunächst angeregt und in einen Zustand hoher Energie gebracht. Ähnlich wie
ein Ball auf einer Treppe von Stufe zu Stufe nach unten fällt, muss
die Energie Schritt für Schritt verringert werden, um in der Zelle
genutzt werden zu können. Beim wichtigen ersten Schritt dieser
Energie-Kaskade spielen die Vibrationen ihre entscheidende Rolle. [29]

---

29 Originalpublikation: „Vibronic origin of long-lived coherence in an artificial
   molecular light harvester":
   http://www.nature.com/ncomms/2015/150709/ncomms8755/full/ncomms8755
   .html

4.2   Quantenkohärenz und Elektronentransport bei der Fotosynthese

Die offene Frage im Zusammenhang mit der Fotosynthese lautet immer noch: Wie erfolgt der Elektronentransfer (bzw. Transfer der Exzitone) vom Lichtsammelkomplex zum Reaktionszentrum?

Die etwas kryptische Antwort des Forschers Jürgen Hauer ist, dass Vibrationen dabei eine ganz entscheidende Rolle spielen. Doch wie haben wir uns das vorzustellen? Vibrationen allein können keinen Transfer erklären. Es bedarf jedenfalls weiterer Erklärungen.

Zunächst einmal muss erklärt werden, wie aus dem einfallenden Licht (den Lichtteilchen) Elektronen werden. Dazu muss man wissen, dass der grüne Farbstoff, das Chlorophyll des Lichtsammelkomplexes, im Zentrum seines Moleküls ein Magnesiumatom hat. In der äußeren Elektronenschale des Magnesiums befinden sich im Normalfall zwei Elektronen, von denen eines relativ leicht auf ein höheres Energieniveau gebracht oder aus seiner Bahn geworfen werden kann, wenn es durch genügend Energie angeregt wird.

Um ein Elektron von seinem Energieniveau auf ein höheres zu heben, bedarf es einer quantisierten Menge an Energie. Das bedeutet: Nur bestimmte diskrete Energiebeträge führen zu einem Wechsel des Niveaus. Allerdings reicht die Energie eines einzelnen Lichtteilchens des sichtbaren Lichts im Regelfall nicht aus, um so einen Vorgang zu bewirken. Rechnungen haben gezeigt, dass die Energie von vier Lichtteilchen benötigt wird.

Leider ist es so, dass niemals vier Lichtteilchen im gleichen Augenblick zusammentreffen, um eine Wechselwirkung mit dem gleichen Elektron einzugehen.

Um das Problem zu lösen, hat sich die Natur etwas einfallen lassen. Es ist das, was der Physiker Quantenkohärenz nennt. Bezogen auf die Chlorophyllmoleküle ist damit gemeint, dass größere Bereiche des Antennenkomplexes in gleichem Takt (gleicher Phase) schwingen, etwa wie eine Balletttanzgruppe, bei der kein Tänzer aus der Reihe tanzt. Diese Form des Schwingens wird als „farbiges Rauschen" bezeichnet. Die Schwingungen erfolgen nur mit bestimmten Frequenzen.

Die Moleküle der Bereiche farbigen Rauschens sind quanten-mechanisch verschränkt (vgl. Kap. 2.7 Seite 116). Die Elektronen der verschränkten Bereiche verhalten sich bezogen auf die Wechsel-wirkung mit Licht, wie ein einziges Elektron.

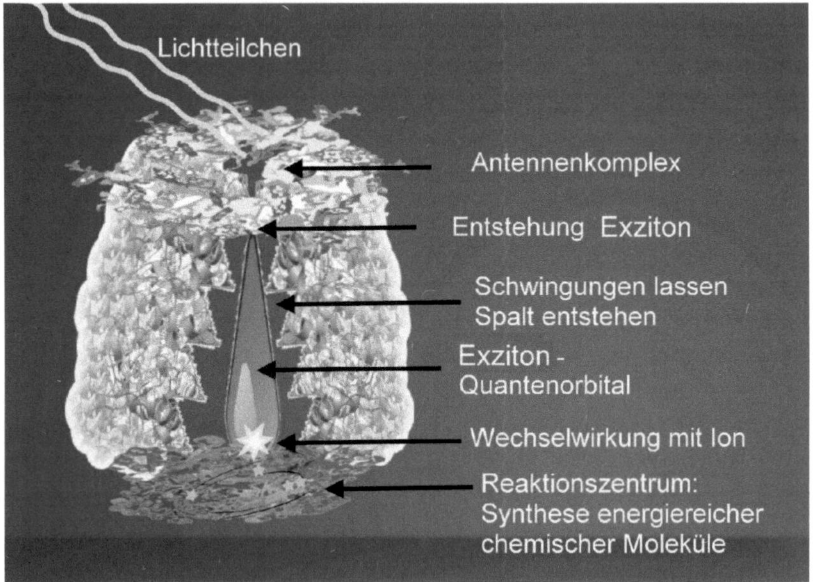

Abb. 4.1 Fotosynthese: Lichtsammelkomplex (Antennenkomplex) und Reaktionszentrum. Vier Licht-teilchen lassen ein freies Elektron (Exziton) entstehen, das zum Reaktionszentrum transferiert wird und dort im Rahmen einer biochemischen Reaktion zur Synthese eines energiereichen Moleküls führt. Grafik: Sedlacek

Wenn nun vier Lichtteilchen verteilt auf den Lichtsammelkomplex mit Elektronen wechselwirken, dann ist es so, als würden sie mit einem einzigen Elektron reagieren. Und durch den reinen Quantenzufall wird eines der Elektronen bestimmt, sein Energie-niveau zu wechseln.

Doch Wechsel des Energieniveaus bedeutet noch nicht, dass das Elektron den Anziehungsbereich des positiv geladenen Magnesiumatomkerns verlässt und zum Exziton wird. Um zum Exziton zu werden, ist ein noch höherer Energiebetrag notwendig, als das Elektron durch die vier Photonen erhalten hat.

Hier kommt ein weiterer Quanteneffekt ins Spiel. Es ist das Tunneln (vgl. Kap. 2.7 Seite 115). Auch wenn die notwendige Energie dazu fehlt, so tunnelt, durch den Quantenzufall ausgewählt, doch das eine oder andere Elektron aus dem Anziehungsbereich seines Magnesiumatoms heraus und wird zum Exziton.

Das Exziton weiß zunächst nicht, was es mit seiner Freiheit anfangen soll. Die Molekülorbitale der Moleküle rings herum wirken auf das Exziton abstoßend. Denn in den Molekülorbitalen halten sich negativ geladene Elektronen auf. Und zwei negative Ladungen stoßen sich bekanntlich gegenseitig ab.

Wenn dem Exziton kein weiterer Effekt zu Hilfe kommt, dann erreicht es nie sein Ziel, das Reaktionszentrum, wo es in chemische Energie umgewandelt werden kann. Zwar liegt das Reaktionszentrum direkt unter dem Lichtsammelkomplex, aber in der Größenordnung des atomaren Maßstabs ist das eine enorme Strecke. Und zwischen ihm und dem Ziel liegt ein ganzes Gestrüpp abstoßender Orbitale, die nicht daran denken das Exziton durchzulassen.

An dieser Stelle wirkt nicht nur ein einziger Effekt, sondern gleich drei weitere Effekte helfen dem Exziton auf seinem Weg hin zum Reaktionszentrum.

Der erste dieser drei Effekte ist, dass die Quantenkohärenz zwischen den Molekülen des Lichtsammelkomplexes nicht nur wie erwähnt Exzitone entstehen lassen. Die kohärenten Schwingungen sorgen zusätzlich dafür, dass zwischen den Molekülorbitalen immer wieder Lücken entstehen, die teilweise groß genug für ein Hineinschlüpfen eines Exzitons sind. Die Lücken öffnen sich im regelmäßigen Takt und schließen sich wieder.

Würde ein Exziton in so eine Lücke schlüpfen, könnte es nach dem Schließen seinen Platz behaupten. Denn der Abstoßungseffekt seiner negativen Ladung würde das Elektronenorbital eines angrenzenden Moleküls ein wenig zurückdrängen. Allerdings könnte das Exziton nicht mehr zurück, denn die verschlossene Lücke würde seinen Bewegungsspielraum eingrenzen. Jedoch hätte es in der nächsten Schwingungsphase die Chance in eine neue Lücke zu schlüpfen.

Die Frage ist nur: Verharrt das Exziton im Außenraum seines angestammten Magnesiumatoms oder macht es sich auf die Wanderschaft hin zum Reaktionszentrum? Hier kommt ein weiterer Effekt zum Tragen.

Dass das Exziton nicht regungslos verharrt, dafür sorgen un-geordnete Bewegungen der Atome und Elektronen. Wer schon einmal etwas von Brownscher Molekularbewegung gehört hat, der weiß, was passiert. Die Brownsche Bewegung ist eine unregel-mäßige und ruckartige Bewegung kleiner, aber mikroskopisch sichtbarer Teilchen in Flüssigkeiten und Gase, die vom schottischen Botaniker Robert Brown im Jahr 1827 entdeckt wurde.

Ganz analog zur Brownschen Bewegung bewegt sich das Exziton unregelmäßig und ruckartig, bzw. sprunghaft. Dabei handelt es sich wohl um ein thermodynamisches Hin und Her, was auch als „weißes Rauschen" bezeichnet wird. Auf Quantenebene ist das eine für Quanten typische Form des Ortswechsels, der „Quanten-sprung".

Wenn sich nun eine Lücke zwischen den umgebenden Molekülen auftut, dann bewegt sich das Exziton infolge des weißen Rauschens hinein, denn woanders kann es nicht hin. Und nach dem Schließen der Lücke kann es nicht zurück.

Doch wird das Exziton aufgrund solch einer ungeordneten Be-wegung überhaupt beim Reaktionszentrum ankommen, oder wird es irgendwo anders landen, also praktisch verloren gehen?

Experimente und Messungen haben gezeigt, dass so gut wie keine Exzitone verloren gehen. Sie gelangen zu fast 100% zum Reaktions-zentrum. Wie machen sie das?

Es muss etwas Verlockendes im Reaktionszentrum existieren, das die Exzitone anzieht.

Das Verlockende sind positiv geladene Ionen. Atome, denen ein Elektron fehlt, sind positiv geladen, weil die positive Kernladung nicht mehr durch ein negativ geladenes Elektron neutralisiert wird. Man nennt solche Atome, denen ein oder mehrere Elektronen fehlen, Ionen.

Solche Ionen lauern im Reaktionszentrum und warten nur darauf, dass sie Elektronen einfangen können, um mit ihnen im Rahmen eines biochemischen Prozesses zu reagieren.

Die Exzitone, die nicht einfach zurück können zu ihrem an-gestammten Atom, werden also von den Ionen angezogen und wandern von Lücke zu Lücke hin zum Reaktionszentrum.

Dieser Transfer geschieht außerordentlich effektiv mit großer Geschwindigkeit, wie Messungen gezeigt haben. Die hohe Effektivität lässt sich nur erklären, wenn man einen dritten Effekt berücksichtigt.

Dieser dritte Effekt beruht darauf, dass sich Exzitone im Quantenzustand befinden und somit wie alle Teilchen im Quantenzustand Wellencharakter haben (siehe Kap. 2.9 Seite 131). Erst mit der Dekohärenz im Reaktionszentrum nehmen die Exzitone den Teilchencharakter von Elektronen an.

Der Wellencharakter der Exzitone sorgt dafür, dass die Exzitone ihren ganzen Orbitalraum (wie Wasser einen Behälter) ausfüllen und sich nicht mühselig größere Lücken zwischen vibrierenden Molekülen suchen müssen, um dem Reaktionszentrum näherzukommen. Der Orbitalraum eines Exzitons vergrößert sich mit der Entfernung von seinem Entstehungsort und nimmt auch schmale Lücken zwischen den Molekülen ein. In Wirklichkeit bewegt sich nicht das Teilchen, sondern sein Orbitalraum. So gelangt das Exziton auf vielen Wegen gleichzeitig zum Ziel.

Wenn man diese letzte Aussage mit dem vergleicht, wie sich Elektronen am Doppelspalt verhalten, dann weiß man, dass Elektronen im Quantenzustand nicht durch einen einzelnen Spalt hindurchschlüpfen, sondern wellenartig beide Spalte nutzen. Genauso schlüpfen die Exzitone durch alle entstehenden Lücken wellenartig hindurch, bis sie das Reaktionszentrum erreicht haben.

Dabei muss vorausgesetzt werden, dass die zwei unterschiedlichen Bewegungen, weißes und farbiges Rauschen koordiniert erfolgen. Zu starke oder zu schwache unregelmäßige Bewegungen des weißen Rauschens kann dem Vorwärtstreiben der Exzitone entgegenwirken, genauso wie Lichtfrequenzen, die zu ungeeigneten Molekülschwingungen (farbigem Rauschen) der Chlorophylle führen. Aber offensichtlich hat die Natur für eine geeignete Abstimmung bzw. Koordination im Rahmen der Evolution gesorgt. Physiker bezeichnen aufeinander abgestimmte Schwingungen als Schwebung. Der Schwebungseffekt tritt auf, wenn zwei überlagerte Schwingungen, sich in ihrer Frequenz wenig voneinander unterscheiden. Bei Schallwellen führt das zu einem schwebenden Auf- und Ab des Tons. Deshalb der Name.

Mit der Aussage des letzten Absatzes haben wir auch die Erklärung, was Jürgen Hauer mit „vibronische Kopplung" gemeint haben mag. Kopplung muss dabei nicht bedeuten, dass die zwei unterschiedlichen Bewegungen mechanisch oder quantenmechanisch zusammenhängen. Kopplung braucht nur zu bedeuten, dass die zwei unterschiedlichen Bewegungen nicht zu schnell oder zu langsam erfolgen, sondern jeweils in einem Geschwindigkeitsbereich liegen, der die beschriebene Vorwärtsbewegung der Exzitone ermöglicht. Und genau das mag die Kopplung sein, oder in der Fachsprache der Physiker, eine Schwebung sein.

Abschließend ist nur noch zu bemerken, dass im Rahmen der Synthese energiereicher chemischer Moleküle im Reaktionszentrum, Elektronen frei werden, welche die Elektronenlücken im Chlorophyll wieder auffüllen, bis diese Elektronen durch Lichtenergie angeregt sich erneut auf die Wanderschaft zum Reaktionszentrum machen. So entsteht ein Kreislauf zur Erzeugung chemischer Energie, der vom Licht getrieben wird.

4.3   Enzyme – eine fantastische Antwort auf die Frage nach der Natur des Lebens von Norbert Wrobel

Ribozyme

Ribozyme[30] (von Ribonucleinsäure (RNA) und Enzym) sind RNA-Moleküle, die wie Enzyme chemische Reaktionen katalysieren können. Für diese Entdeckung wurden Sidney Altman und Thomas R. Cech 1989 mit dem Nobelpreis für Chemie ausgezeichnet. Bis zu diesem Zeitpunkt hatte man angenommen, ausschließlich Proteine würden katalytische Aktivitäten in einer Zelle entfalten. Neu entdeckt wurden besondere Fähigkeiten der RNA, sich selber zu schneiden, spleißen und aus Bausteinen zusammenbauen zu können.

Informationsspeicher gibt es in einer Zelle in Form der DNA und der RNA. Gespeichert und verschlüsselt sind alle für den Bau- und Betriebsstoffwechsel, wie auch die für die Fortpflanzung nötigen Anweisungen. RNA-Moleküle können zugleich wie Enzyme

---

30 https://de.wikipedia.org/wiki/Ribozym

wirken: Sie katalysieren die für den Zellstoffwechsel relevanten chemischen Reaktionen. Mit dieser Entdeckung haben sich weitreichende Auswirkungen vor allem in der Theorie über den Ursprung des Lebens ergeben, sodass man heute eine RNA-Welt vor der biotischen Evolution - wie wir sie heute kennen - annimmt.

Ribozyme sind jedoch keine Seltenheit, jede Zelle enthält etliche Tausend davon. So katalysiert beispielsweise die 23S-RNA der Ribosomen die Knüpfung der Peptidbindung bei der Translation. Auch die Spliceosomen sind Ribozyme, hier katalysiert das enge Netzwerk der snRNAs das Splicing. Sowohl im Ribosom als auch im Spliceosom gibt es aber auch Proteine. Diese nehmen an der eigentlichen Reaktion nicht teil, sondern sorgen lediglich dafür, dass die RNA die richtige Struktur für die Katalyse einnimmt. Daneben gibt es Ribozyme, die völlig ohne Proteine auskommen, etwa das Hammerhead-Ribozym, welches beispielsweise einige Viren nutzen, um – anschaulich formuliert – ihre RNA auf die richtige Länge zu schneiden, oder auch das Selfsplicing Intron aus Tetrahymena thermophila, für dessen Entdeckung der oben erwähnte Nobelpreis verliehen wurde.

Im Reagenzglas wurde weiterhin eine ganze Reihe von Ribozymen entwickelt, welche diverse Reaktionen katalysieren. Der Hauptunterschied zwischen Enzymen und Ribozymen liegt dabei in der Reaktionsgeschwindigkeit, nicht aber in der Vielfalt der katalysierten Reaktionen. Besonders interessant ist momentan die Katalyse einer Diels-Alder-Reaktion (eine chemische Reaktion, bei der Bindungen zwischen Kohlenstoff-Atomen aufgebaut werden), da sie in der sehr frühen Phase der Evolution prinzipiell dazu gedient haben könnte, weitere Bausteine für RNA zu schaffen. Ein großer Schritt also zu einer RNA, die ihre eigenen Bausteine synthetisiert und sich selbst repliziert – ein möglicher Ursprung des Lebens mit einem Übergang von einer (bio-)chemischen in eine belebte Evolution.

Lässt sich mit solchen Erkenntnissen eine Antwort auf Schrödingers Frage „Was ist Leben?" finden? Wie wir inzwischen wissen, ist Leben ein von Ordnung beherrschtes System, das sich ordnungsbedingt von ganz oben bis ganz unten erstreckt: von der hoch entwickelten Organisation der Organismen, der thermodynamischen Unordnung bis hinab zur Quantenebene. Offensichtlich ist die Dynamik des Lebens derart fein ausbalanciert, sodass das, was sich auf der Quantenebene abspielt, sich bis auf die makroskopische Welt auswirkt. Eben genau dieses makroskopische Ansprechen auf Wechselwirkungen der Quantenebene scheint die einzigartige Eigenschaft des Lebendigen zu sein: zielgerichtetes und bedarfsgerechtes Ausnutzen quantenphysikalischer Phänomene, wie Tunneleffekte, Kohärenz oder Verschränkung.

Vor diesem Hintergrund zeichnen sich Enzyme dadurch aus, aktiv eine Dekohärenz in Schach halten zu können. Anderenfalls verlöre ein System biologischer Moleküle sofort seinen Quantencharakter und verhielte sich ganz und gar klassisch-physikalisch. Die Strategie des Lebendigen und der Enzyme besteht wohl darin, das thermodynamische Rauschen für eine Verbindung zur Quantenwelt irgendwie zu nutzen. Im Nachfolgenden wird beschrieben, wie Enzyme das genau machen.

Physikalische Realität und Wirklichkeit

Die neuere Wissenschafts-Theorie und die moderne Psychologie stellen zwei früher als Synonyme betrachtete Begriffe als ein Gegensatzpaar heraus:

- Als Realität bezeichnen sie die Menge aller objektiv wahren Aussagen, unabhängig davon, ob sie einem einzelnen Menschen oder der Menschheit als Ganzem bekannt oder auch nur erkennbar sind.

- Die Wirklichkeit hingegen ist die Menge der Aussagen, die ein einzelner Mensch oder eine Gruppe von Menschen für zutreffend hält.

In diesem Kontext lässt sich eine reale, physikalische Entität ableiten, die wie folgt beschrieben werden kann:

Es gibt ein abgeschlossenes System, für das der Energieerhaltungssatz volle Anwendbarkeit findet. Dieses System besteht aus:

- einer 4-dimensionalen Wirklichkeit,

- und zusätzlich einer raum- und zeitlosen (metrikfreien) Wirklichkeit,

- einem informationsverarbeitenden Prozess (=physikalischer Messprozess). Über diesen entstehen

Wechselwirkungen innerhalb des Systems auch zwischen den zwei Wirklichkeiten.

- konstanter Energie im abgeschlossenen System.

Daraus ergeben sich zusammengefasst folgende Schlussfolgerungen. Detaillierte Ausführungen dazu finden sich den Veröffentlichungen der Autoren[31]:

- Wenn in der 4-dimensionalen Wirklichkeit Arbeit verrichtet wird, entsteht Entropie.

- In einem zeitlichen Kontext erreicht das System bei zunehmender Entropie ein Maximum, was physikalisch gesehen seinen Wärmetod bedeutete.

- Zur Vermeidung dieses Zustands muss Entropie aus der 4-dimensionalen in die raum- und zeitlose Wirklichkeit übergeführt werden.

- Die Überführung in die raum- und zeitlose Wirklichkeit ist durch einen informationsverarbeitenden Prozess möglich.

- In der raum- und zeitlosen Wirklichkeit entsteht etwas, was semantisch als ein Informationsspeicher bezeichnet werden kann.

- Im Informationsspeicher der raum- und zeitlosen Wirklichkeit existiert eine Informationsart, die äquivalent zu Energie oder Materie ist, und die wir Substanzinformation nennen wollen. Hätte die Substanzinformation eine andere Eigenschaft, wäre der Energieerhaltungssatz verletzt.

- In der raum- und zeitlosen Wirklichkeit ist Substanzinformation real, aber aus Sicht der 4-dimensionalen Wirklichkeit völlig unbestimmt und abstrakt.

- Durch einen informationsverarbeitenden Prozess (Messprozess) entsteht aus Substanzinformation äquivalente Materie oder Energie.

- Entropie muss außerdem äquivalent zu dem sein, was ein informationsverarbeitender Prozess physikalisch erzeugt. Anderenfalls wäre der Energieerhaltungssatz ebenfalls verletzt.

---

31 Siehe Veröffentlichungen der Autoren im Literaturverzeichnis.

- Jedwede Verrichtung physikalischer Arbeit in der 4-dimensionalen Wirklichkeit ist immer verbunden mit einem informationsverarbeitenden Prozess.

Zugleich ergibt sich als Schlussfolgerung, dass die beschriebene Wirklichkeit gemäß obiger Definition auch eine Realität ist.

Mithilfe dieser Anschauung lassen sich nun Fragen formulieren, woraus weitere Erkenntnisse mithilfe einer wissenschaftlich-empirischen Methodologie gewonnen werden können.

Die Tatsache, dass beispielsweise Enzyme inmitten von Zellen wirken, lässt schließen, dass das Leben besondere Fähigkeiten entwickelt hat, um etwaige Vorteile der Quantenwelt für sich nutzbar zu machen. Aber welche sind es genau?

Wie ist es dem Lebendigen möglich, nicht nur eine Verbindung mit der Quantenwelt herzustellen, sondern auch eine Dekohärenz des Systems ausreichend lange zu verhindern?

Enzyme sind in der Lage, quantenphysikalische Tunnelphänomene für ihre spezifischen Funktionen zu nutzen. Das Bemerkenswerte daran ist, sie entfalten ihre Wirkung in den entsprechenden Situationen auf folgende Weise:

- Aktiv.

- Zielgerichtet.

- Bedarfsgerecht.

In letzter Konsequenz bedeutet das: Enzyme sind in der Lage, von sich aus mit der metrikfreien Wirklichkeit zu interagieren. Anders als während eines reinen (Quanten-)Zufalls mit Kondensation von Photonen durch Fluktuation und Dekohärenz, können sie offensichtlich einen interaktiven Prozess gezielt und bedarfsgerecht steuern.

Enzymfunktionen auf der 4-dimensionalen und der raum- und zeitlosen Wirklichkeitsebene

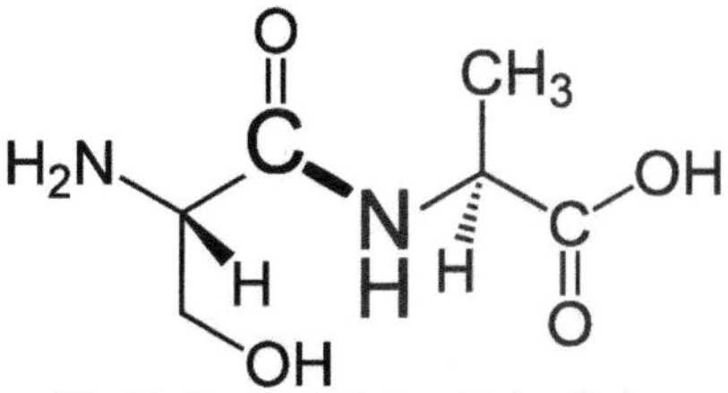

Abb. 4.2: Eine Peptidbindung ist eine Bindung zwischen der Carboxygruppe einer Aminosäure und der Aminogruppe des α-Kohlenstoffatoms (α-C-Atom) einer zweiten Aminosäure. Zwei Aminosäuren können (formal) unter Wasserabspaltung zu einem Dipeptid kondensieren. Dargestellt ist ein Dipeptid (Ser-Ala) mit der N-terminalen Aminosäure L-Serin (links von NH) und der C-terminalen Aminosäure L-Alanin (rechts von NH). Die Peptidbindung ist die zwischen C-N als dicke Linie eingezeichnet.

Mehr und mehr sieht es danach aus, als ob die „Katalysatoren des Lebendigen", wie Enzyme manchmal genannt werden, in der Lage sind, auf verschiedenen Wirklichkeitsebenen - im Vergleich zu der einfachen, klassischen Biochemie - zurückgreifen können, indem sie sich die Prinzipien der Quantenmechanik zunutze machen.

Nach der Theorie des klassisch-chemischen Übergangszustandes beschleunigen Katalysatoren einen chemischen Prozess, wie etwa die Auflösung einer Peptidbindung. Sie stabilisieren den Übergangszustand und steigern so die Wahrscheinlichkeit der Entstehung von Endprodukten. Dies ist auf verschiedenen Wegen möglich: Ein positiv geladenes Metallatom in der Nähe der (Peptid-)Bindung kann beispielsweise das negativ geladene Sauerstoffatom im Übergangszustand neutralisieren. Die Stabilisierung des O-Atoms wird dadurch erreicht, indem das vom Wassermolekül gespendete Elektron nicht rasch zurückgegeben werden muss.

Man muss davon ausgehen, dass es in lebenden Zellen außerordentlich beengt zugeht: Dort gibt es eine Vielzahl komplexer Moleküle, die sich in einem Zustand ständiger Bewegung befinden, ganz ähnlich wie die Moleküle aus dem Boltzmann-Schlüsselexperiment (Gasmoleküle in einem Glaskolben bei Wärmezufuhr)[32]. Bedingt dadurch zerstreuen und zerstören solche Zufallsbewegungen die empfindliche Quantenkohärenz und lassen uns die Alltagswelt so erscheinen, wie wir sie gewohnt sind. Demnach würde man in einem Molekülgetümmel nicht erwarten, dass Quantenkohärenz erhalten bleibt. Umso überraschender lassen

---

32   Wrobel, Sedlacek Was ist Krankheit?, S.221

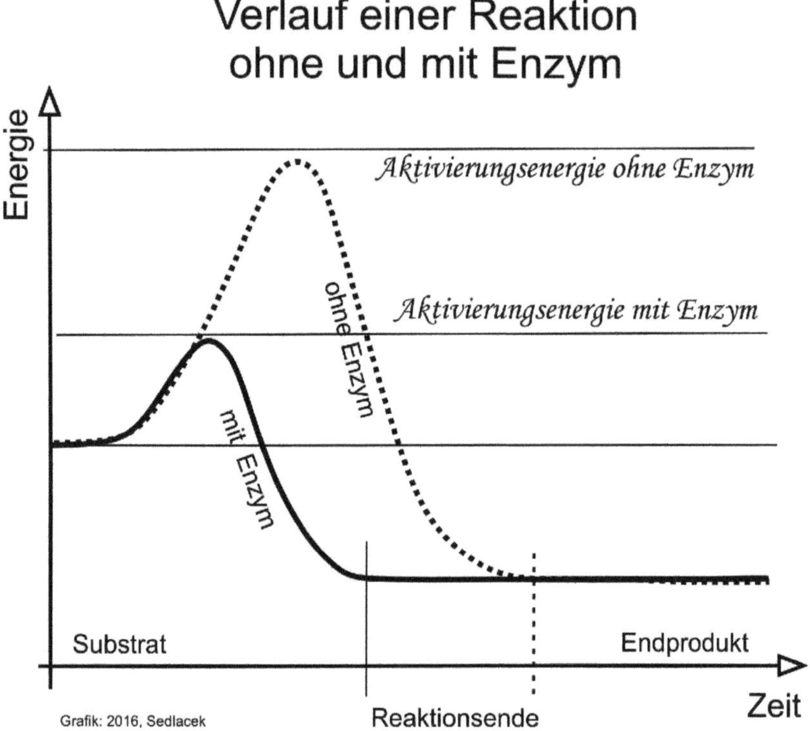

Abb. 4.3: Energie-Zeit-Diagramm einer enzymatischen Reaktion: Die notwendige Aktivierungsenergie wird im Vergleich zur unkatalysierten Reaktion gesenkt. Reaktionen mit Enzymen beschleunigen den biochemischen Prozess (Darstellung nicht maßstäblich).

sich aber ausgerechnet dort Quantenphänomene - wie beispielsweise Tunneleffekte - beobachten.

Wie wirken Enzyme in einer lebendigen Zelle?

Inmitten der turbulenten und thermodynamischen Zufallsaktivitäten der Moleküle, etwa in einer Zelle, entfalten Enzyme an ihrem Zielort Wirkungen, indem sie sich durch ihre Bewegung von dem chaotischen Molekülgetümmel um sie herum unterscheiden. Zwar erscheint ein Enzym mit seiner unförmigen Gestalt recht schwerfällig und vermittelt den Eindruck eines unsortierten Haufens. Bei näherer Betrachtung findet sich bei jedem Enzym eine präzis festgelegte Struktur: Jedes Atom nimmt eine ganz bestimmte Position im Molekül ein. Und im Gegensatz zu dem zufälligen Gerangel der umgebenden Moleküle führt das Enzym einen eleganten, akkuraten molekularen „Tanz" auf: Es legt sich beispielsweise um eine Eiweißkette, windet ihre Spirale auseinander und zerschneidet Peptidbindungen, von denen die Aminosäuren in der Kette zusammengehalten werden. Im Anschluss daran lässt es los und wandert weiter, um die nächste Peptidbindung in der Kette anzugehen.

Es handelt sich hier ganz und gar nicht um eine artifiziell hergestellte Nanomaschine, deren Tätigkeit auf molekularer Ebene durch chaotische Bewegungen von Millionen zufällig bewegter Teilchen zustande kommt. Vielmehr führen Enzyme auf molekularer Ebene einen sorgfältig einstudierten Tanz auf, dessen Wirkungen wohl über viele Millionen von Jahren durch eine natürliche Selektion gestaltet worden sind. Insbesondere dadurch werden sie in die Lage versetzt, Elementarteilchen - wie Protonen oder Elektronen - in ihren Bewegungen zu beeinflussen.

Das Enzymmolekül hält bei seinem Wirkvorgang Substrate, etwa eine Proteinkette und ein einzelnes Wassermolekül an ihren Plätzen fest. Mit seinem funktionstragenden Teil - dem aktiven Zentrum des Enzyms - wird die Auflösung von Peptidbindungen durch Katalyse beschleunigt. Der sorgfältig einstudierte Prozess, der in diesem molekularen Steuerungszentrum abläuft, unterscheidet sich völlig von dem zufälligen Gerangel der Proteine außerhalb des Enzyms und in seiner Umgebung.

Das Enzym hält die Peptidbindung im instabilen Übergangszustand fest. Dieser Übergangszustand muss sich zwingend eingestellt haben, bevor sich die Bindung auflösen lässt. Die Substrate werden dabei durch schwache chemische Bindungen fixiert, und zwar genau an den richtigen Positionen, sodass Verbindungen der Proteinkette zielgerichtet aufgelöst werden können. Im Wesentlichen werden die Kräfte durch Elektronen vermittelt, die sich Substrat und Enzym teilen.

Wie interagieren Enzyme quantenmechanisch?

Die wenigen Teilchen am aktiven Zentrum eines Enzyms, deren choreografierten Bewegungen in deutlichem Gegensatz zu dem zufälligen Molekülgerangel im übrigen molekularen Umfeld stehen, sind es, die den Takt vorgeben. Ganz verschiedene, hoch strukturierte Biomoleküle wechselwirken miteinander, wobei Enzyme entscheiden, wo es lang geht, und zwar im Lebewesen bei allen organisiertem Gewebe und allen Zellen. Weiter führen die Prozesse zu einer sorgfältig einstudierten Bewegung der Elementarteilchen im aktiven Zentrum des Enzyms. Und im Endeffekt entstehen Auswirkungen auf den gesamten Organismus.

Was hier geschieht, unterscheidet sich grundlegend von der thermodynamischen, chaotischen Molekularbewegung in einer Zelle.

Wie schaffen es also Enzyme, eine solch bemerkenswerte, molekulare Ordnung inmitten eines Chaos herzustellen?

Die Antwort: Sie nutzen verschiedene quantenphysikalische Effekte. Einer davon ist der Tunneleffekt.

Tunneleffekte am Beispiel der Methylierung von Cytosin zu Uracil[33]

Die Abbildung 4.4 zeigt ein DNA-Stück mit Nukleotiden, den Nukleinbasen und den Wasserstoffbrücken[34] zwischen den Strängen. Betrachten wir einmal, was passiert, wenn in der Nukleinbase Cytosin ein Proton seinen Platz wechselt, indem es zu einem benachbarten Ort tunnelt. Cytosin gehört zusammen mit Adenin, Guanin und Thymin (bzw. Uracil in der RNA) zu den vier wichtigsten Nukleinbasen in der DNA und RNA. Die Strukturformel von Cytosin ist in Abb. 4.4 dargestellt. Ein Wasserstoffatom (Symbol: H) besteht aus einem einfach positiv geladenen Atomkern (mit einem Proton und meist null Neutronen) und einem negativ geladenen Elektron.

Wenn nun ein Atom oder Molekül ein oder mehrere Elektronen weniger besitzt als im Neutralzustand, hat es dadurch elektrische Ladung und wird als Ion bezeichnet. Ionen mit Elektronenmangel sind positiv geladen. Einige Substanzen setzen beispielsweise in der Umgebung von Wasser H^+-Ionen frei. H^+-Ionen sind aber nichts anderes als einzelne Protonen mit ihrer positiven Ladung. Die -NH_2 Gruppe im Cytosin ist eine in biologischen Verbindungen häufig

---

33 Wrobel, Sedlacek Was ist Krankheit?, S.99 ff

34 Eine Wasserstoffbrücke ist die anziehende Wirkung einer schwachen elektro-
    statischen Bindung, die zwischen der leicht positiven Ladung eines Wasserstoff-
    atoms und der leicht negativen Ladung eines nahe gelegenen Sauerstoff- oder
    Stickstoffatoms entsteht.

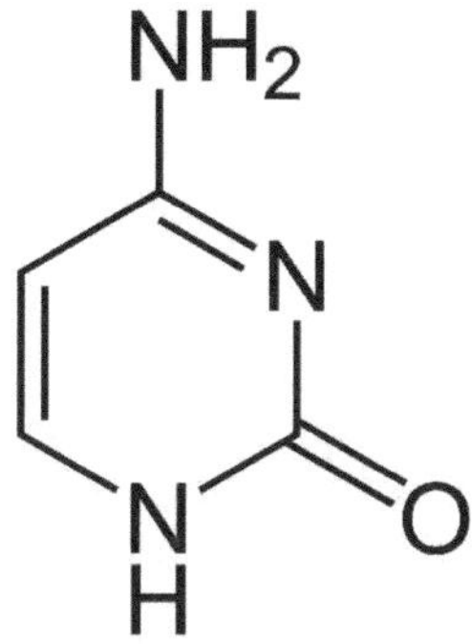

Abb. 4.4: Strukturformel von Cytosin.. N = Stickstoff, H = Wasserstoff, O = Sauerstoff

vorkommende Aminogruppe und gehört zu den Basen. Normalerweise ist die Bindungsenergie (= Potenzialbarriere) von Wasserstoff und Stickstoff in der Aminogruppe so groß, dass keine H^+-Ionen freigesetzt werden. Aber was klassisch eigentlich nicht vorkommen kann, hat aus quantenmechanischer Sicht doch eine Wahrscheinlichkeit ungleich null. Und so kann es aufgrund des Tunneleffekts tatsächlich vorkommen, dass ein H^+-Ion aus der Aminogruppe heraustunnelt.

Doch wo tunnelt das H+-Ion hin? Tunneleffekte spielen schließlich nur bei extrem kurzen Distanzen eine Rolle. In einer extrem kurzen Distanz findet sich ein N-Atom (vgl. Abb. 4.4). Es ist gleich in der Nachbarschaft. Mit diesem geht das H^+-Ion eine Verbindung (-NH) ein. Dadurch wird allerdings die ursprüngliche Doppelbindung, die zum N-Atom bestand, aufgebrochen. Die Aminogruppe, der durch den Tunneleffekt ein Wasserstoffatom geraubt wurde, sucht sich jetzt einen Reaktionspartner. Weil Wasser gleich in der Umgebung zur Verfügung steht, kommt dafür ein Wassermolekül H_2O infrage:

$$NH^- + H_2O \rightarrow O^- + NH_3$$

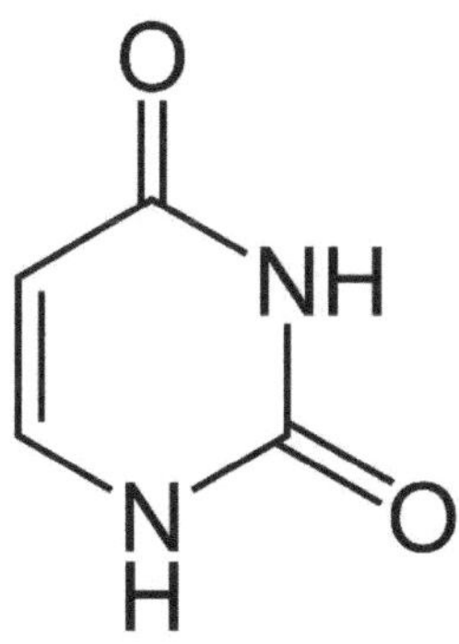

Abb. 4.5: Uracil (Strukturformel) als Ergebnis vom Protonen-Tunneln bei der Nukleinbase **Cytosin**.

Die NH_3-Gruppe hat keine unbesetzten Stellen in ihren Elektronenorbitalen. Deshalb bindet sie auch nicht mehr an das Cytosin. Sie löst sich und wird ein eigenständiges Molekül, bekannt unter dem Namen Ammoniak. Dagegen hat das Sauerstoffatom ein Elektron zu viel. Es sucht die Bindung, wo es sein überzähliges Elektron einbringen kann. Die findet es an der Stelle, die ursprünglich die Aminogruppe im Cytosin einnahm. Das Ergebnis dieser Reaktion ist Uracil (in Abb. 4.5 dargestellt). Uracil kommt normalerweise nur in der RNA vor. Anstelle von Uracil tritt in der DNA das Thymin. Das Protonen-Tunneln hat zu einer Veränderung des genetischen Codes

(Mutation) in der DNA geführt. Da aber glücklicherweise Uracil nicht zur DNA gehört, kann es relativ leicht von den Reparaturmechanismen der Zelle erkannt und repariert werden. Das darf aber nicht darüber hinwegtäuschen, dass andere spontane Mutationen infolge von Protonen-Tunneln vorkommen können, die nicht so leicht repariert werden können.

Proton-Tunneleffekte bei Enzymen

Ein Quanten-Tunneleffekt ist bekanntermaßen höchst empfindlich gegenüber der Masse der betroffenen Teilchen: Kleine Teilchen, wie Elektronen, sind leichter zu tunneln, schwere dagegen haben wesentlich mehr Probleme, es sei denn, sie müssen nur eine sehr kurze Entfernung zurücklegen. Aber wie steht es mit größeren Teilchen, etwa ein Proton, welches 2000-mal so schwer wie ein Elektron ist? Aktuelle Experimente weisen darauf hin, dass selbst diese relativ massereichen Teilchen in Enzymreaktionen tunneln können:

So begünstigt ein Enzym nicht nur den Elektronentransfer, sondern bewegt außerdem ein Wasserstoffatom von einer Stelle an eine andere, um etwa die Bindung einer Proteinkette aufzulösen. Ein Protonen-Tunneleffekt lässt sich außerdem daran erkennen, dass entsprechende Effekte relativ unabhängig von der Temperatur ablaufen. Anders als bei den typischen physikalischen Experimenten zur Untersuchung von Quanteneffekten, die sich bei besonders tiefen Temperaturen einstellen, funktioniert Leben - nach den Maßstäben der Quantenwelt – auch und gerade bei höheren Temperaturen.

Den ersten direkten Beleg für einen Protonen-Tunneleffekt in Enzymreaktionen lieferte Judit Klinman[35]. Sie konnte zeigen, dass Alkoholdehydrogenase (ADH), ein Hefeenzym, das die Aufgabe hat, ein Proton von einem Alkoholmolekül auf ein anderes kleines Molekül namens NAD^+ zu übertragen, wobei NADH entsteht (NADH: Nikotinamid-Adenin-Dinucleotid-Hydrid). Das Team konnte den Protonen-Tunneleffekt mit einer Methode des kinetischen Isotopeneffekts nachweisen.

35   Enzyme dynamics and hydrogen tunnelling in a thermophilic alcohol dehydrogenase. Amnon Kohen, Raffaele Cannio, Simonetta Bartolucci, Judith P. Klinman. Nature 399, 496-499 (3 June 1999) | doi:10.1038/20981.

Fähigkeit von Enzymen, inmitten des Chaos nach einem einstudierten Rhythmus zu tanzen.

Enzyme sind weiche, flexible Strukturen, die ständig ihren eigenen thermischen Schwingungen unterliegen und gleichzeitig ununterbrochen von den sie umgebenden Molekülen herumgestoßen werden. Es ist wie ein andauerndes molekulares Rauschen. Eigentlich würde man damit rechnen, dass diese zufälligen Schwingungen und Kollisionen die empfindliche Anordnung einer Molekülstruktur stark beeinträchtigt. Eine robuste Anordnung wird spätestens dann von den am Prozess beteiligten Elementarteilchen benötigt, wenn ein hergestellter Quantenzustand aufrechterhalten werden soll.

In diesem Kontext konnte die Arbeitsgruppe um Martin Plenio[36] nachweisen, dass „weißes" und „farbiges" Rauschen für die Schwingungen des (quantenphysikalischen) Exzitons und der umgebenden Proteine dann relevant sind, wenn alle Strukturen nach demselben Rhythmus tanzen. Solche kohärenten Quantenschwebungen[37] spielen offenbar die Schlüsselrolle, um Dekohärenz einzudämmen. Gestört werden kann dieser Zustand durch das weiße thermische Rauschen: In einem Experiment wurden natürliche und künstliche Lichternte-Prozesse herangezogen, um die dauerhafte Kohärenz biologischer Systeme spektroskopisch zu untersuchen. Während es unverändert unklar geblieben ist, wie der Verlust der Kohärenz durch Interaktion mit den lauten (Rausch-)Umgebungen in natürlichen Systemen abgewendet werden kann, ließen sich unter künstlichen Rahmenbedingungen durch Vibrations-Koppelungen längere Kohärenzzustände aufrechterhalten.

---

36 Vibronic origin of long-lived coherence in an artificial molecular light harvester. James Lim, David Paleček, Felipe Caycedo-Soler, Craig N. Lincoln, Javier Prior, Hans von Berlepsch, Susana F. Huelga, Martin B. Plenio, Donatas Zigmantas & Jürgen Hauer. Nature Communications 6, Article number: 7755 doi:10.1038/ncomms8755

37 Als Schwebung bezeichnet man den Effekt, dass zwei überlagerte Schwingungen, die sich in ihrer Frequenz nur wenig voneinander unterscheiden.

Ausblick: wie mit Enzymen gezielt einzelne Buchstabenfehler in der Erbsubstanz DNA korrigiert werden können

Progerie (krankhaftes Altern) ist eine jener Krankheiten, die durch einen auf Mutation beruhenden Buchstabierfehler im Erbgut ausgelöst wird. Solche Punktmutationen sind für viele Erbkrankheiten verantwortlich. Forscher der Universität Harvard in Cambridge haben die Genschere CRISPR (= biochemische Methode, um DNA gezielt zu schneiden und zu verändern) so optimiert, dass solche Punktmutationen zielgenau korrigiert werden können. Mit keiner anderen Methode können Forscher so einfach und präzise an jeder beliebigen Stelle im Wollknäuel des drei Milliarden Bausteine langen Erbgutfadens einen Schnitt setzen und Veränderungen herbeiführen. In der Erforschung der Genfunktionen, aber vor allem in der Pflanzen- und Tierzucht und der Therapie kranker Gene eröffnet das Genome-Editing mit CRISPR neue Möglichkeiten.

Der Haken bei dieser Methode besteht allerdings darin, einen Doppelstrangbruch, also einen Schnitt durch beide Stränge der DNA-Doppelhelix zu erzeugen. Im Rahmen der natürlichen Reparaturmechanismen versucht die Zelle die beiden Fäden wieder zusammenzufügen. Das kann funktionieren, mitunter gehen dabei aber ein paar Erbgutbausteine am Ende der Fäden verloren (Deletion genannt) oder es werden welche hinzugefügt (Insertion).

Um diesen Nachteil zu überwinden, hat das Team um David Liu[38] die Genschere so verändert, dass sie stumpf geworden ist. Zwar findet sie noch immer präzise den Erbgutabschnitt, in dem sie schneiden soll, trennt die Helix aber nicht mehr. Sie entwindet und öffnet den Doppelstrang lediglich. Dadurch kommen zwei besondere Enzyme an die Erbgutbausteine heran, die Liu an die Schere angehängt hat. Sie können einen der vier Erbgutbausteine A, G, C und T chemisch verändern: Ein C-Baustein (die Base Cytosin) wird in einen T-Baustein (die Base Thymin) verwandelt.

An diesem Beispiel eines „Baseneditors" wird der Unterschied zwischen klassisch-biophysikalischer und der in der Natur vorkommenden "natürlichen" Vorgehensweise offensichtlich: Erst durch den Einsatz von Enzymen lässt sich durch eine

---

38 Programmable editing of a target base in genomic DNA without double-stranded DNA cleavage. Alexis C. Komor, Yongjoo B. Kim, Michael S. Packer, John A. Zuris & David R. Liu. Nature (2016) doi:10.1038/nature17946

(wahrscheinliche) Demethylierung eine vorangegangene Punktmutation (in 20% der Fälle) rückgängig machen.

Während Punktmutationen auch durch quantenphysikalische Tunneleffekte oder rein zufällig erzeugt werden können, schaffen es ganz offensichtlich Enzyme, diese Genom-Veränderungen wohl nach den gleichen quantenphysikalischen Prinzipien rückgängig zu machen.

Man kann sich diesen Vorgang so vorstellen:

Innerhalb des (klassisch-physikalischen) thermodynamischen Rauschens (Chaos, Unordnung) erzeugen Enzyme durch sorgfältig einstudierte Vibrationen Resonanz und damit einen kohärenten Quantenzustand (Quantenschwebung). Dieser wird für eine spezifische Aufgabe, etwa eine Demethylierung an Bindungen bei einem Nukleotid aufrechterhalten. Durch Tunneleffekte werden Protonen räumlich verschoben und dadurch ein anderes Nukleotid hergestellt. Auf diese Art und Weise kann (bislang in 20% der Fälle) eine Punktmutation rückgängig gemacht werden.

4.4   Regulation und Bewusstsein

Das Bio-Regulationssystem eines Lebewesens ist die Gesamtheit der Prozesse, welche die Steuerung seiner biologischer Aktivitäten übernimmt. Es enthält alle Regulationsmechanismen bzw. Regelkreise innerhalb seines Organismus.

Der Regelkreis stellt ein universelles Prinzip dar und kommt immer dann vor, wenn ein Ziel (Normalwert) oder ein Gleichgewicht angestrebt wird, das sich aufgrund von Störeinflüssen oder infolge labiler bzw. indifferenter Gleichgewichtssysteme nicht von alleine einstellt.

Ein biologisches System bleibt nur deswegen intakt, weil vorhandene Regelkreise lebensgefährlichen Störeinflüssen entgegenwirken. Zum Beispiel erreicht eine mit Geißeln ausgestattete Mikrobe höchstens zufällig den Ort der Futtersubstanz, würde seine Fortbewegung trotz aller Störeinflüsse nicht durch einen Regelkreis immer wieder zum Zielort ausgerichtet.

Ein Regelkreis benötigt mindestens drei Komponenten, um zu funktionieren. Einmal den Regler selbst, der durch Steuerungsinformationen in Form elektrischer oder biochemischer Signale oder

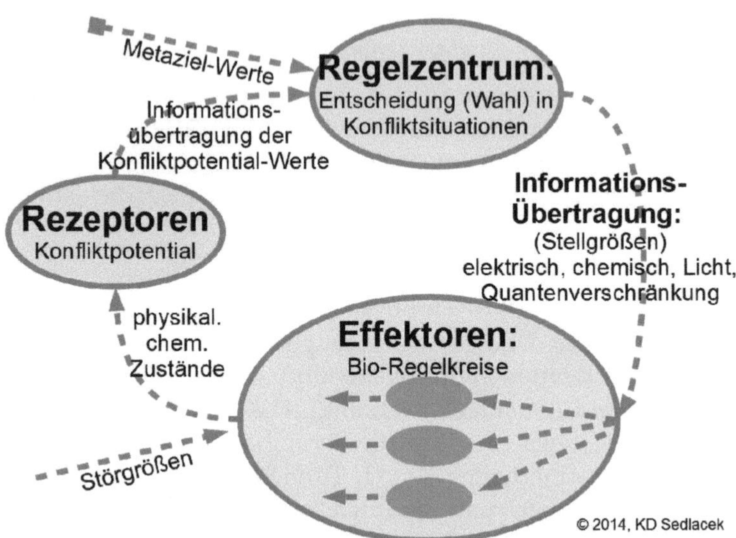

Abb. 4.6 Regulation: Schematische Darstellung eines biologischen Regelkreises, dessen Effektoren wiederum Regelkreise sind. In der untersten Stufe beeinflussen die Effektoren die Stoffwechselaktivität, Reproduktionsaktivität, Hormonproduktion oder die Aktivität der Muskelzellen. Eine wichtige Funktion des Regelkreises ist die Verarbeitung der anfallenden Information. In der obersten Stufe der Regelkreise eines Systems wird das Regelzentrum durch das zentrale Nervensystem (Gehirn) repräsentiert. Dort erfolgt jene Informationsverarbeitung, die das Gesamtsystem beeinflusst und steuert. In der untersten Stufe ist das Regelzentrum in den einzelnen Zellen ansässig, sodass innerhalb der Zellen ebenfalls eine spezifische Informationsverarbeitung stattfindet. Grafik: Sedlacek

durch Licht Sorge dafür trägt, Zielwerte korrekt anzusteuern. Zielwerte sind entweder abgegriffene Normalwerte eines biologischen Systems oder auch übergeordnete Zielwerte (Metazielwerte) des Zellverbandes, dem die Zelle angehört. Eine zweite, wichtige Komponente eines Regelkreises schließt die Gruppe der Effektoren ein, die den Zustand eines Systems ändern kann. In Zellen und Zellverbänden werden diese Stellglieder aktiviert durch Veränderung der Zellaktivität und der Durchlässigkeit der Zellmembran. In vier Bereichen besteht eine Möglichkeit, Änderungen vorzunehmen:

1. Stoffwechselaktivität

2. Reproduktionsaktivität

3. Sekretionsaktivität (z. B. Hormonproduktion)

4. Aktivitätsänderung der Muskelzellen

Damit der Regler überhaupt sinnvolle Steuerungsinformationen für die Effektoren ausgeben kann, benötigt er Informationen über den aktuellen Zustand des Systems, d. h. in unserem Fall des Körpers. Diese Informationen liefern ihm in biologischen Systemen die Rezeptoren. Um den Regelkreis komplett zu machen, bedarf es noch des Informationsaustausches zwischen den drei Komponenten. Unserer bisherigen Erkenntnis nach erfolgt der Informationsaustausch elektrisch (Nervenzellen), biochemisch (etwa durch Hormone), durch Licht oder durch Quantenverschränkung. Jede dieser Formen ist gleichzeitig mit einer Energieübertragung verbunden.

Das Bio-Regulationssystem ist also etwas Leitendes und dabei zweckmäßig Wirkendes. Man kann es als ein Willens-Prinzip, eine Art geistiges Prinzip ansehen. In der technisch-wissenschaftlichen Ausdrucksweise bezeichnet man so ein geistiges Prinzip als ein informationsverarbeitendes System.

Dem informationsverarbeitenden System kommt ganz allgemein das Merkmal der Unbewusstheit zu; denn selbst in uns erfolgen alle Lebenserscheinungen, z. B. die Ernährungsvorgänge, durchaus ohne dass wir uns ihrer bewusst würden.

Im Laufe ihres Lebens haben Tiere eine Folge von Entscheidungen zu treffen: wann sie sich bewegen und wohin, wo sie ein Nest bauen sollen, was sie essen, ob sie kämpfen oder fliehen sollen, mit wem sie eine Gemeinschaft eingehen oder mit wem sie sich paaren. Ohne Entscheidungen bleibt ihr Überleben dem Zufall überlassen. Falsche Entscheidungen zu treffen, reduziert ihre biologische Fitness.

Eine der wichtigsten Entscheidungen, die ein Tier treffen muss, ist die Wahl eines Lebensraums. Der Lebensraum muss ein sicherer Platz für ein Nest sein, Nahrung in der Umgebung und Zugang zu Sexualpartnern bieten. Beispielsweise wählen Seevögel Klippen oder Felsen im Meer, um zu nisten, weil diese Orte Schutz vor Raubtieren bieten. Tiere, mit einer spezifischen Ernährungsweise wählen Lebensräume, in denen ihre Nahrungsquelle reichlich vorhanden ist. Also verwenden Tiere Merkmale, um einen geeigneten Lebensraum auszuwählen.

Für viele Arten ist die Anwesenheit von Artgenossen ein wichtiges Merkmal für die Eignung eines bestimmten Ortes als Lebensraum. Die Beobachtung von Artgenossen liefert ihnen Informationen über die Qualität des Lebensraums. Halsbandschnäpper (Ficedula albicollis) zum Beispiel, die in ihren Brutgebieten im Frühjahr ankommen, inspizieren regelmäßig die Nester ihrer Nachbarn und anderer Individuen.

Forscher vermuten, dass Halsbandschnäpper die Qualität eines Lebensraums danach beurteilen, wie gut es den Individuen in ihrer Nachbarschaft geht. Die Beobachtung der Bruten in der Nachbarschaft liefert den Vögeln Informationen, ob es in der Umgebung ausreichend Nahrung oder sogar einen Nahrungsüberschuss gibt. Um ihre Hypothese zu testen, vergrößerten die Forscher in einigen Gebieten die Bruten, indem sie Jungvögel aus den Nestern anderer Gebiete entnahmen und im Testgebiet zusätzlich einsetzten. Und tatsächlich, im folgenden Jahr siedelten die Halsbandschnäpper vorzugsweise an jenen Orten, an denen die Forscher die Bruten künstlich vergrößert hatten. Die großen Bruten waren für die Vögel das Merkmal für vorhandenen Nahrungsüberfluss.

Auch wenn die Wahl der Tiere in dem einen oder anderen Beispiel sehr einfach erscheint, kann man die Entscheidungen nicht ohne Weiteres als angeborene Reaktionen auf den stärksten Umweltreiz abtun. Unzweifelhaft sammeln die Tiere zunächst Informationen, bevor sie sich entscheiden. Diese Informationen müssen verarbeitet werden. Die Informationsverarbeitung enthält einen Prozess, der zum Wiedererkennen beobachteter Merkmale führt. Wiedererkennen bedeutet, dass ein wahrgenommener Gegenstand als übereinstimmend mit einem Gedächtnisinhalt festgestellt wird. Dieser Gedächtnisinhalt kann angeboren oder durch eine frühere Erfahrung erworben sein. Das Wiedererkennen führt zu einer Bewertung, die einen mehr oder weniger starken Reiz in Richtung einer Entscheidung ausübt.

Nun wird es so sein, dass nicht auf das erst beste wiedererkannte Merkmal sofort die Entscheidung folgt. Wenn keine Auswahl unter verschiedenen Entscheidungsmöglichkeiten vorgenommen wird, würde sich eine Art kaum an verändernde Umweltbedingung anpassen können, indem es die unter gegebenen Umständen bestmögliche Wahl trifft.

Die Beobachtung der Tierwelt zeigt häufig eine große Anpassungsfähigkeit an wechselnde Umweltbedingungen, sodass wir ausschließen können, Tiere würden keine echte Wahl treffen und sich ausschließlich vom Zufall treiben lassen.

Echte Wahl bedeutet, dass mindestens zwei gleiche Merkmale wiedererkannt und so bewertet werden, dass daraus Entscheidungen folgen. Zwei oder mehr Bewertungen führen zu gleich vielen Reizen, die miteinander verglichen werden. Die Entscheidung wird für den stärksten Reiz fallen. Man kann so eine Entscheidung als determiniert ansehen, und durch „angeborenes Verhalten" erklären.

Doch auch jetzt ist die Erklärung der Entscheidung nicht ganz so einfach, wie es scheint. Es wird sich nämlich häufig der Fall ergeben, dass zwei oder mehr erkannte Merkmale zu gleich starken Reizen führen. Es gibt dann offensichtlich keine wesentlichen Unterschiede in dem Wiedererkannten. Beispielsweise kann es sein, dass die Seevögel keine wesentlichen Unterschiede zwischen dem einen oder anderen Felsen erkennen, den sie zwecks Entscheidung für einen Nistplatz inspizieren. Oder Halsbandschnäpper werden womöglich keine Unterschiede in den verschiedenen Bruten ihrer Umgebung entdecken.

Jetzt kann es keine Entscheidung mehr auf der Basis des stärksten Reizes geben, weil es keine Unterschiede in der Reizstärke gibt. Wie sich das Tier entscheidet, kann durch kein Experiment mehr vorhergesehen werden. Einmal entscheidet sich das Tier für den einen, ein andermal für den anderen Lebensraum. Die Entscheidung ist nicht determiniert und lässt sich deshalb nicht allein durch „angeborenes Verhalten" erklären. Hier bedarf es eines weiteren Erklärungsmodells.

So ein weiteres Erklärungsmodell finden wir, wenn wir Tieren eine Art Bewusstsein zugestehen. Eine mit der Naturwissenschaft vereinbare Definition von Bewusstsein findet sich im Kapitel 2.5 Seite 86.

Durch diese Definition ist zwar noch kein höheres Selbstbewusstsein definiert, aber sie enthält die Mindestanforderungen, die Verhaltenspsychologen als Kriterien für das Vorhandensein von Bewusstsein aufgestellt haben.

Vergleichen wir die Definition mit dem, was wir über die Entscheidungen der Tiere wissen, so stellen wir fest:

1. Es ist ein informationsverarbeitender Prozess, der letztlich zur Entscheidung führt.

2. Zumindest bei der Wahl des Lebensraums kommt es zur Konfrontation mit neuen Anforderungen.

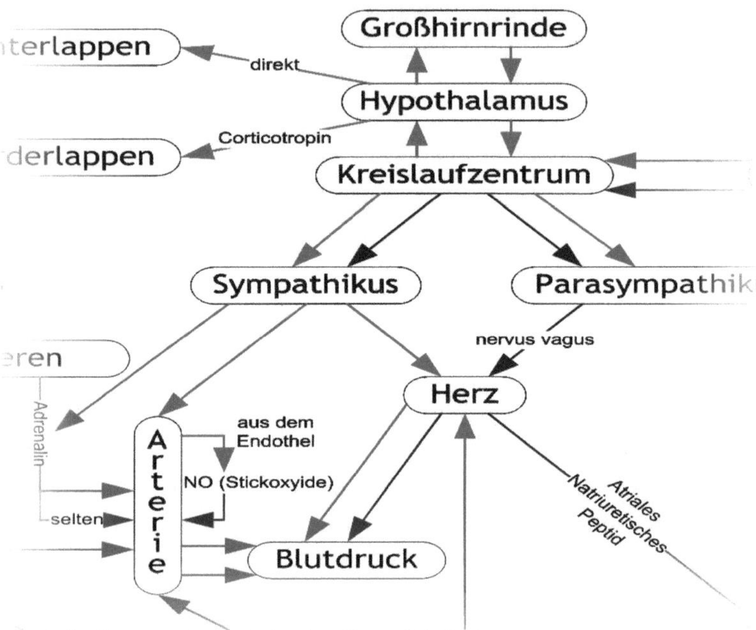

Abb. 4.7: Zusammenhang zwischen Großhirn und Blutdruck.

3. Bei gleich starken Reizen kommt es zu nicht determinierten Entscheidungen.

4. Und schließlich befriedigen die Entscheidungen zumindest das oberste Bedürfnis, nämlich das Leben zu erhalten. Wenn man genauer hinschaut, erkennt man, dass mit einer Entscheidung auch untergeordnete Bedürfnisse befriedigt werden (Nahrung, Vermehrung, Sicherheit usw.).

Das bedeutet, die Entscheidungen, welche die Tiere treffen müssen, sind bewusste Entscheidungen, weil sie die Kriterien für Bewusstsein erfüllen.

Den Zusammenhang des Bewusstseins als oberstes Regelzentrum mit Regulationsvorgängen des Körpers sieht man besonders deutlich am Mechanismus der Blutdruckregulation.

In Abb. 4.7 wird eine Verbindung zwischen der Großhirnrinde – als die wesentliche Trägerin des Oberbewusstseins –, dem Herz und den Arterien dargestellt. Daraus geht der Einfluss des Gehirns auf die Blutdruckregulation hervor.

Psychische Belastungen, sowie bestimmte eigene Einstellungen, Erwartungshaltungen und Befürchtungen können auf emotionaler Ebene als Stressfaktoren wirken. Als *Stressfaktoren* werden alle inneren und äußeren Reize bezeichnet, die das betroffene Individuum zu einer Anpassungsreaktion veranlassen. Stress ist die Anpassung des Körpers auf Stressfaktoren bzw. seine Reaktion auf diese.

Der Hypothalamus interpretiert die auf ihn einwirkenden Reize und ihre Auswirkungen für die jeweilige Situation und bewertet sie entweder positiv oder negativ. Im Fall der negativen Bewertung wird das im Nebennierenmark gebildete Stresshormon Adrenalin in das Blut ausgeschüttet. Adrenalin bewirkt eine Steigerung der Herzfrequenz und einen Anstieg des Blutdrucks. Bei entsprechend disponierten Menschen mit einer bereits bestehenden koronaren Herzerkrankung, steigt das Risiko, einen Herzinfarkt oder einen Schlaganfall zu erleiden - annähernd linear mit der Zunahme des Blutdrucks.

Eigene Einstellungen und Erwartungshaltungen sind dem Willen des Menschen unterworfen. Sollten diese dauerhaft und ausgeprägt sein, und zudem durch den Hypothalamus negativ bewertet werden, entsteht zunächst Stress. Hält dieser Zustand länger an, manifestiert sich eine regulatorische Dysfunktion, welche dauerhaft den Blutdruck und damit das Risiko einer Herz-Kreislauf-Erkrankung signifikant erhöht.

Beispiele für durch den Hypothalamus negativ bewertete, eigene Einstellungen:

- Überhöhte Ansprüche an sich selbst und an andere,

- Schlafmangel,

- Reizüberflutung,

- Geldmangel (unterschiedlicher Gründe),

- Neid (soziales Umfeld),

- Seelische Probleme, etwa Konflikte zwischen religiöser Einstellung und der Realität,

- Andere.

Das Oberbewusstsein kann also auf indirektem Weg - aber willentlich - für eine regulatorische Dysfunktion sorgen, die das Risiko für eine Herz-Kreislauf-Erkrankung signifikant erhöht.

Der Verbindung von Bewusstsein mit einem nichtlokalen Quantenvakuum

Seit der Relativitätstheorie von Albert Einstein wissen wir, dass Masse und Energie äquivalent, also gleichwertig sind. Äquivalenz bedeutet, dass das eine in das andere umgewandelt werden kann.

Wie die Experimente der Teilchenphysik zeigen, kann die Masse von Teilchen in Teilchenbeschleunigern nach der Kollision mit anderen Teilchen teilweise in Energie umgewandelt werden. Diese Energie strahlt in Form von Photonen weg.

Andererseits hat man auch schon Licht, also reine Energie, in Materie-Teilchen umgewandelt. Aus Photonen sind Elektronen entstanden.[39]

Aber sind Energie und Information ebenfalls äquivalent, also gleichwertig? Wenn ja, dann ließe sich Energie in Information umwandeln und umgekehrt aus Information Energie bzw. die zur Energie äquivalente materielle Masse erzeugen.

Und tatsächlich sind Energie und eine Art Information äquivalent. Um zu verstehen, warum das so ist, müssen wir vorher das Wesen der Entropie betrachten.

Entropie ist der nicht mehr nutzbare Teil der Energie eines geschlossenen Systems. Durch Zerstreuung oder Ausgleichung wächst die Entropie, während die Energie im Ganzen konstant bleibt.

Entropie strebt somit einem Höchstbetrag (Maximum) zu, der erreicht ist, wenn keine nutzbare Energie mehr vorhanden ist. Bezogen auf unser Weltall, führt das zum Wärmetod, dem absoluten Temperaturnullpunkt. Nichts regt sich dann mehr. Dieser Zustand tritt allerdings erst nach mehreren Hundert Milliarden Jahren ein.

Entropie wurde in die Physik als eine fundamentale thermodynamische Zustandsgröße eingeführt. Von zwei ansonsten gleichen Körpern enthält derjenige mehr Entropie, dessen

---

39 vgl. Wrobel u. Sedlacek: *Leben aus Quantenstaub;* Norderstedt (2014), S. 77 f.

Temperatur höher ist. Stehen zwei Körper unterschiedlicher Temperatur miteinander in Kontakt, so fließt Entropie vom wärmeren zum kälteren Körper; dadurch gleichen sich auch die Temperaturen der beiden Körper an. In einem abgeschlossenen System, bei dem es keinen Wärme- oder Materieaustausch mit der Umgebung gibt, kann die Entropie nicht abnehmen. Es kann im System jedoch Entropie entstehen.

Entropie entsteht z. B. dadurch, dass mechanische Energie durch Reibung in thermische Energie umgewandelt wird. Da die Umkehrung dieses Prozesses nicht möglich ist, spricht man auch von einer „Energieentwertung".

Erfreulicherweise gibt es einen Zusammenhang zwischen Entropie und Information, der auf den Begründer der Informationstheorie Claude Shannon zurückgeht. Es gilt:

1. Gesamtinformation eines Systems = Zufallsinformation+geordnete Information. Wenn man die Entropie als die Menge der Zufallsinformation eines Systems betrachtet und die geordnete Information als die Information des nutzbaren Anteils der Energie des Systems, dann ist die Gesamtinformation des Systems immer größer oder gleich der Entropie.

2. Die Größe der geordneten Information eines Systems ist aber grundsätzlich sehr viel kleiner als die Größe der Zufallsinformation. Bei näherungsweiser Betrachtung kann deshalb die geordnete Information vernachlässigt werden und es gilt dann:
Gesamtinformation
= Zufallsinformation
= **Entropie**
= nicht mehr nutzbare **Energie**.

Diese letzte Aussage bedeutet, dass die Gesamtinformation eines Systems äquivalent ist zu dem nicht mehr nutzbaren Teil der Energie.

Und egal ob die Energie bezogen auf das System, aus dem sie stammt, nicht mehr nutzbar ist, es ist und bleibt Energie und die Information über das System ist äquivalent dazu.

Wer übrigens eine Umrechnungsformel haben möchte, um Energie in Information umzurechnen, der findet diese unter anderem in dem von mir veröffentlichten Büchlein: *„Äquivalenz von Information und Energie."*[40]

Jedes reale System erzeugt bei seiner Arbeit Entropie. Die Entropie, die eine Form der Energie ist, nämlich die innerhalb des Systems nicht mehr nutzbare, erzeugt damit auch Information, die gleichwertig mit dieser Energie ist.

Gleichgültig ob Maschine oder Lebewesen, jede und jeder erzeugt durch Arbeit Entropie, die als Energieform zur Information wird. Menschen erzeugen durch ihr Leben Entropie. Unser Bewusstsein erzeugt durch seine informationsverarbeitenden Prozesse Entropie. Und all die Entropie ist eine Form der Energie, die gleichwertig mit Information ist.

Wo bleibt die erzeugte Information?

Eine weitere Frage, die wir klären müssen, ist die Frage, wo die Information zu finden ist, die ein Lebewesen und sein Bewusstsein erzeugt.

Während Arbeit verrichtet oder gedacht wird, entsteht Wärme, und zwar jene meist nicht mehr nutzbare Wärme, die wir als Entropie bezeichnet haben.

Wärme ist eine Form der elektromagnetischen Strahlung. Licht ist bekanntlich auch eine Form der elektromagnetischen Strahlung. Und wie wir wissen, hat Licht auch Teilchencharakter, der in Form von Photonen festgestellt werden kann. Das Gleiche gilt für Wärme. Als elektromagnetische Strahlung hat Wärme ebenfalls Teilchencharakter.

Elementare Teilchen, die sich einerseits als kleine wellenartige Energiepakete zeigen andererseits als Teilchen, nennen wir, wie weiter oben ausgeführt, Quanten.

Eine wichtige Eigenschaft von Quanten kennen wir durch die Experimente zur Quantenverschränkung. Quanten nehmen erst bei ihrer Messung einen realen Zustand an. Vorher haben sie keinen definierten Zustand, oder wie der Physiker sagt, sie befinden sich im Zustand der Überlagerung, also in allen möglichen Zuständen gleichzeitig.

---

40 Sedlacek, Klaus-Dieter: *Äquivalenz von Information und Energie*; Norderstedt (2009), S. 36 ff.

Dinge, die keinen definierten, realen Zustand haben, sind keine Dinge unserer Raumzeit. Sie sind nicht im Diesseits, denn Dinge unseres Diesseits haben Ausdehnung, können keine größere Geschwindigkeit als die Lichtgeschwindigkeit besitzen und können an keinen nichtlokalen Fernwirkungen beteiligt sein. Doch Quanten ohne definierten realen Zustand können alle Geschwindigkeiten gleichzeitig haben, können an nichtlokalen Fernwirkungen beteiligt sein und haben, solange sie nicht gemessen werden, keine räumliche Ausdehnung. Quanten sind offensichtlich keine Dinge, die vollständig der diesseitigen lokalen Welt angehören, sondern zumindest teilweise dem Bereich außerhalb von Raum und Zeit, also einem nichtlokalen quantenphysikalischen Jenseits.

Letztendlich bedeutet diese Aussage, dass alles biologische Leben unserer Welt mit der Quantenwelt in enger Verbindung steht. Die Quantenbiologie ist ein nicht mehr wegzudenkender Bestandteil von allem Leben. Sie ist das Werkzeug, mit dem wir die Lebenskraft naturwissenschaftlich beschreiben können, ja sogar beschreiben müssen.

4.5   Der springende Punkt

Wir haben das Leben und was es antreibt, aus den verschiedensten Blickwinkeln betrachtet. Zunächst nutzten wir den klassischen Blickwinkel, der uns einige elementare Prozesse des Lebens näher brachte. Die Darstellung, was Blut für die höheren Lebensformen leistet gehört ebenfalls zur klassischen Sichtweise.

Doch die klassische Betrachtung führte immer wieder an Grenzen, die mit den hergebrachten Erklärungen nicht mehr ausgeleuchtet werden konnten. Ein erster Hinweis auf Erklärungsmodelle, die in der Quantenbiologie angesiedelt werden müssen, fand sich bereits in der Einführung, als es um den Magnetsinn des Rotkehlchens ging. Dabei handelt es sich um einen Magnetismus, der nicht so funktioniert wie eine magnetisierte Kompassnadel aus Metall. Es ist ein Magnetsinn, der auf einem Molekülpaar beruht, das durch Licht aktiviert werden kann. Der von einem Molekülpaar erzeugte Magnetismus, der durch Licht an oder ausgeschaltet wird, lässt sich nicht klassisch erklären. Hier beginnt die Quantenmechanik und wir befinden uns auf einmal in der Welt der Quantenbiologie.

Die Quantenbiologie ist ein schnell wachsender Bereich der Wissenschaft, der erst am Anfang seiner Entwicklung steht und bestimmt noch von vielen Wissenschaftlern abgelehnt oder als unbedeutend abgetan wird.

In den letzten Jahren gelang es immer mehr, hinter die Schliche der Natur der Fotosynthese zu kommen. Und das Erstaunen war groß. Die Natur nutzt bei der Fotosynthese in großem Stil quantenmechanische Effekte. Besonders deutlich tritt das in der Beschreibung des Elektronentransfers zutage (siehe Kap. 4.2 ab Seite 215). Die Fotosynthese, ohne die es kein Leben auf der Erde gäbe, ist somit fest in der Quantenwelt verankert. Damit ist die Quantenbiologie ein nicht mehr wegzudenkender Bestandteil der wissenschaftlichen Naturbeschreibung geworden.

Ein weiterer Blickwinkel beruht auf der Informationsverarbeitung in biologischen Systemen. Angeregt, uns mit Informationsverarbeitung und Bewusstsein zu beschäftigen, wurden wir von der Tatsache, dass es Regulations- und Regenerationsphänomene gibt, die sich nicht allein mechanistisch oder klassisch physikalisch erklären lassen. Zur Erklärung könnte man natürlich auch die Biochemie oder Mikrobiologie heranziehen. Doch würden beide Fachbereiche dem Sachverhalt der Informationsverarbeitung in keiner Weise gerecht werden. Spätestens dann, wenn Bewusstsein ein lebendes System veranlasst, Stresshormone zu bilden, muss auch der eingefleischteste Biochemiker anerkennen, dass die Biosynthese von Hormonen irgendwie mit der Informationsverarbeitung übergeordneter Regulationssysteme zusammenhängt.

Um den Aspekt der Informationsverarbeitung besser fassen zu können, habe ich den Begriff Bewusstsein in diesem Buch so definiert, dass man anhand bestimmter Kriterien feststellen kann, welche Einflüsse über das hinausgehen, was durch ein klassisches Erklärungsmuster abgedeckt werden kann. Das Kapitel 4.4 hat uns schließlich einen kurzen Blick von dem erhaschen lassen, wie informationsverarbeitende Prozesse eine unsichtbare aber physikalische Welt mit unserer Anschauungswelt verbindet.

Was ist denn nun der springende Punkt von alle dem?

Ich denke, das hängt davon ab, was einem besonders wichtig ist. Dem einen mag der Erkenntnisgewinn besonders wichtig sein. Und wahrhaftig, die Erkenntnis, dass in jedem grünen Blatt und mit jedem Lichtstrahl, die Natur alle Tricks der Quantenphysik auf das Perfekteste anwendet und das schon seit Jahrmillionen, kann einen in Ehrfurcht erstarren lassen. Allerdings neigen Wissenschaftler weniger dazu in Starre zu verfallen, sondern lassen sich lieber von ihrer Neugier getrieben auf weitere abenteuerliche Entdeckungsreisen ein, um das Wesen der Natur zu erforschen.

Vielleicht ist der springende Punkt aber auch die Erkenntnis, dass der wichtigste Motor des Lebens die Enzyme sind. Ein Highlight zum Thema Enzyme und eine fantastische Antwort auf die Frage nach der Natur des Lebens ist das Kapitel 4.3 . Ohne Enzyme gäbe es die ganzen biochemischen Prozesse, die bekanntes Leben erst ermöglichen, nicht: Es gäbe keine Fotosynthese, keinen Stoffwechsel, keinen Körper und keine durch Hormone gesteuerten Gefühle. Leben ohne Enzyme ist undenkbar.

Für mich persönlich gibt es nicht nur den einen springenden Punkt, sondern zwei Punkte, die mir wichtig erscheinen.

Ein Punkt ist etwas, was wir in diesem Buch immer nur kurz angesprochen haben, weil eine detailliertere Ausführung das Thema und den Rahmen des Buchs gesprengt hätte. Es ist eine Erkenntnis, die Auswirkungen auf das tägliche Leben haben kann. Das will ich kurz erläutern.

Wir haben das Thema Mitochondrien gestreift. Der aufmerksame Leser wird dennoch festgestellt haben, dass ohne Energie auch in der Biologie nichts funktioniert. Und populär gesprochen sind die Mitochondrien die Organellen, in denen der größte Teil der biochemischen Energie erzeugt wird, die wir Menschen täglich benötigen. Zwei der drei wichtigsten Energiestoffwechselvorgänge finden in den Mitochondrien statt. Das sind die Atmungskette und der Citratzyklus.

Im Zusammenhang mit diesen Energiestoffwechselprozessen kommt die Erkenntnis: Wenn der Energiestoffwechsel nicht richtig funktioniert, oder die Mitochondrien nicht richtig arbeiten, dann fühlen wir uns schwach oder werden sogar krank. Es können chronische Krankheiten entstehen, von denen kaum ein Arzt weiß, dass die Ursache in der mangelhaften Energieproduktion der Mitochondrien liegt.

Der Energiestoffwechsel wird unter anderem dann nicht richtig arbeiten, wenn die Substrate (Ausgangsstoffe) für die Biosynthese oder für die notwendigen Enzyme nicht oder in zu geringer Menge vorhanden sind. Pflanzen, die keinen Dünger erhalten, kümmern auch dahin.

Wir konnten im Buch leider nicht auf das Thema Ernährung, Vitamine, Mineralstoffe eingehen. Das würde ein eigenes Buch füllen. Doch soviel möchte ich sagen: Seit ich erkannt habe, was Mitochondrien zum guten Funktionieren benötigen, führe ich neben einer ausgewogenen Ernährung zusätzlich noch an Ergänzungsstoffen meinem Körper zu, was ihm trotz guter Ernährung fehlt. Was fehlt oder zu wenig vorhanden ist, kann übrigens der Arzt durch geeignete Blutuntersuchungen feststellen. Schön wäre es, wenn Erkenntnisse aus der Ernährungsmedizin, insbesondere bei Fehl- und Mangelzuständen besser berücksichtigt würden. Ob auch bei normaler und ausreichender Ernährung der Einsatz von Nahrungsergänzungsmittel erforderlich werden könnte, sollte im Einzelfall geprüft werden.

Außerdem möchte ich auf eine weitere Tatsache hinweisen: Im Kapitel 3.4.2 ab Seite 181 haben wir als Beispiel für den Einfluss der Aminosäuren auf die Lebensfunktionen L-Arginin besprochen. L-Arginin gilt als semi-essenziell. Das bedeutet, man braucht diese Aminosäure nur in bestimmten Lebenssituationen und im Allgemeinen bekommt man bei einer ausgewogenen Ernährung ausreichend davon. Einen Teil synthetisiert der Körper sogar selbst. Doch Achtung: Das ist nur die halbe Wahrheit.

Der Stoffwechsel des Körpers und seine biosynthetischen Prozesse können sich im Laufe eines Lebens ändern. Mag das nun ein Alterungsprozess sein, oder was auch immer. Bezogen auf die L-Arginin sieht es so aus, dass der ältere Mensch weder durch eine ausgewogene Ernährung noch durch eigene Biosynthese die Mengen an L-Arginin erhält, die er braucht, denn sein Bedarf an dieser Aminosäure ist mit den Jahren deutlich und dauerhaft gestiegen. Möglicherweise kann im Einzelfall durch die Einnahme von L-Arginin ein pathologisch erhöhter Blutdruck gesenkt werden. In jedem Fall sollte aber immer auch an eine Optimierung des individuellen Lebensstils gedacht werden.

Nicht umsonst wurde für die Erforschung der Wirkung des Arginins ein Nobelpreis vergeben, denn mit dem Wissen über Arginin liegt einer der Schlüssel für segensreiche biologische Wirkungen in unserer Hand.

Schließlich möchte ich einen Kommentar abgeben zum dritten wichtigen Stoffwechselweg für die Energiegewinnung, der Glykolyse. Wenn jemand einen Beruf hat, bei dem es auf Kreativität, Konzentration oder folgerichtiges Denken ankommt, der sollte sich nicht zu einer kohlenhydratarmen Diät hinreißen lassen. Denn wie wir gesehen haben, bezieht das Gehirn seine Energie fast ausschließlich aus der Verwertung von Kohlenhydraten im Rahmen der Glykolyse. Denkfehler und falsche Entscheidungen wären sonst vorprogrammiert.

Andererseits ist es denkbar, mit einer extrem kohlenhydratarmen Diät Krebs zu bekämpfen und Krebszellen auszuhungern, denn Tumorzellen besitzen eine sehr viel höhere Glykolyserate als gesunde Zellen. Hier gibt es bereits interessante Forschungsansätze, wie beispielsweise den von Warburg beschriebenen (Warburg-Effekt). Eine weiterführende Forschung sollte vor allem unter quantenbiologischen Aspekten untersuchen, warum gerade bei Krebszuständen verstärkt Glykolyse zulasten der oxidativen Phosphorylierung auftritt.

Soweit zu den praktischen Auswirkungen auf die Lebensfunktionen. Für mich gibt es einen weiteren springenden Punkt, der sich auf die geistig-seelische Komponente des Lebens bezieht: Es ist das Thema Bewusstsein.

Wir haben gesehen, dass bereits die elementarsten Lebewesen Entscheidungen treffen, die möglicherweise von rudimentären Ansätzen eines Bewusstseins gefällt werden. Sicher werden es viele Wissenschaftler ablehnen, Schnecken oder sogar einzelligen Lebewesen so etwas wie Bewusstsein zuzugestehen. Doch seien wir einmal ehrlich. Wenn sich der Mensch oder das höhere Säugetier im Laufe der Evolution aus ursprünglich einfachen Zellen entwickelt hat, soll dann Bewusstsein erst im höchst entwickelten Evolutionsstadium, wie der Heilige Geist in den Körper hineingefahren sein? Ich denke, das glaubt kein Naturwissenschaftler. Viel wahrscheinlicher ist doch, dass sich das höhere Bewusstsein im Laufe der Evolution genauso entwickelt hat, wie das Leben selbst.

Dabei mag die Beantwortung der Frage, ab welcher Entwicklungsstufe es zu Selbstbewusstsein kommt und ob auch beim Selbstbewusstsein eine rudimentäre Form in frühen Entwicklungsstadien existiert, solange außen vor bleiben, solange die Wissenschaftler sich noch nicht einmal einig sind, was Bewusstsein überhaupt ist.

Nur angedeutet habe ich in diesem Buch, die wohl bestehende physikalische Verbindung von informationsverarbeitenden Prozessen, welche die aufgestellten Kriterien für Bewusstsein erfüllen, mit einem nichtlokalen Quantenvakuum (siehe Seite 240 ff). Ich halte diese Verbindung für einen springenden Punkt und habe ihm ausführlichere Darstellungen in anderen Büchern gewidmet.

Hinter dem unscheinbaren Wörtchen „nichtlokal" verbirgt sich die ganze noch wenig verstandene Revolution der Quantenphysik. Physiker verwenden zwar das unscheinbare Wörtchen, um ein großartiges Phänomen zu benennen, das weder durch die klassische Physik, noch durch Albert Einsteins Relativitätstheorie, noch durch die Quantentheorie erklärt werden kann. Doch benennen ist etwas anderes, als erklären oder verstehen. Es ist vielmehr so, dass die Mainstream-Naturwissenschaft auf dem Gebiet der Quanten seit Jahrzehnten immer wieder an Grenzen stößt und bei der Beantwortung wichtiger Fragen im Dunkeln tappt. Ohne eine Klärung durch die Physik wird die Quantenbiologie viele dunkle Stellen selbst nicht ausleuchten können, aber das, was sie in den letzten Jahren ausleuchten konnte, stimmt zuversichtlich.

So sind wir nun am Ende unserer Reise durch die wichtigsten Aspekte der Lebenskraft angelangt. Wir haben erkannt, dass Lebenskraft nicht das geheimnisvolle Agens ist, das aus toter Materie lebende macht, wie man bis weit ins 19. Jahrhundert hinein glaubte. Nichtsdestotrotz ist die Lebenskraft, wie wir sie in diesem Buch kennengelernt haben, nicht in allen ihren Facetten bereits bekannt. Es bleiben immer noch Geheimnisse für die Wissenschaft zu erforschen übrig. Allerdings stecken keine übernatürlichen Vorgänge hinter der Lebenskraft. Vielmehr sind es Wunder der Wissenschaft, die es zu entdecken gilt und deren Licht wir bereits durch das Fenster haben scheinen sehen, das sich uns aufgetan hat. Und je mehr wir von dem verstehen, was hinter allem steckt, sollten wir dennoch nicht aufhören über das, was Leben ausmacht, zu staunen.

Klaus-Dieter Sedlacek

5. Literaturverzeichnis

Literatur: allgemein

Auerbach, Felix: *Raum und Zeit, Materie und Energie;* Dürr'sche Buchhandlung, Leipzig (1921)

Bekenstein, J.D.: *Phys. Rev. D7* (1973) 2333 und *Phys. Rev. D23* (1981) 278

Bennet, Charles H.: *Maxwells Dämon;* in: Spektrum der Wissenschaft, Heft 1/1988, S. 48-55

Blome, Hans-Joachim u. Zaun, Harald: *Der Urknall – Anfang und Zukunft des Universums;* München (2. aktualisierte Auflage 2007)

Born, Max: *Die Relativitätstheorie Einsteins;* Springer, Berlin-Heidelberg-New York (1969)

Bouwmeester D, Pan JW, Mattle K, Eibl M, Weinfurter H, Zeilinger A (1997) Experimental Quantum Teleportation, Nature 390: 575-579

Churchland, Paul M.: *Die Seelenmaschine. Eine philosophische Reise ins Gehirn;* Spektrum, Heidelberg (2001)

Cypionka, Heribert: *Grundlagen der Mikrobiologie;* Springer (2006)

Davis, Paul: *Der Plan Gottes. Die Rätsel unserer Existenz und die Wissenschaft;* Insel Verlag (1996)

Dawkins R (2003): A Devil's Chaplain: Reflections on Hope, Lies, Science, and Love. Houghton Mifflin 2003, ISBN 0-618-33540-4

Dawkins, Marian Stamp: *Die Entdeckung des tierischen Bewusstseins;* Spektrum, Heidelberg (1994)

Dennet, Daniel C.: *Spielarten des Geistes;* Bertelsmann, München (1999)

DIN 19226 Teil 1, Deutsche Elektrotechnische Kommission im DIN und VDE (DKE) Februar 1994

Driesch, Hans: *Metaphysik;* Hirt, Breslau (1924)

Dubislav, Walter: *Naturphilosophie;* Junker und Dünnhaupt, Berlin (1933)

Dürr, Hans-Peter, Hrsg.: *Physik und Transzendenz,;* Scherz (1989)

Ebeling W, Feistel R (1982) Physik der Selbstorganisation und Evolution. Akademie Verlag Berlin, S. 83 ff

Einstein, Albert: *Über die spezielle und die allgemeine Relativitätstheorie;* Vieweg+Sohn, Braunschweig (1973)

Einstein, Albert: *Zur Elektrodynamik bewegter Körper;* In: Annalen der Physik. 322, Nr. 10, 1905, S. 891-921

Feynman, Richard: *Vorlesungen über Physik;* Band II, Oldenburg (2007), Kap. 15-4.

Froböse, Rolf: *Die geheime Physik des Zufalls;* Norderstedt (2008)

Görnitz, B & Th.: *Der kreative Kosmos – Geist und Materie aus Quanten-information;* Spektrum, Heidelberg (2007)

Görnitz, Th. Graudenz, D., Weizsäcker, C.F.v.: *Quantum Field Theory of Binary Alternatives;* Intern. J. Theoret. Phys. 31 (1992) 1929-1959

Goswami, Amit: *Die schöpferische Evolution. Zwischen Gottesglaube und Darwinismus;* Lüchow, Stuttgart (2009), S. 31 f.

Gould, James L. & Gould, Carol Grant: *Bewusstsein bei Tieren;* Spektrum, Heidelberg (1997)

Griffin, D. R.: *Wie Tiere denken;* dtv, München (1990)

Haeckel, Ernst u. Sedlacek, Klaus-Dieter (Hrsg.): *Die Welträtsel – Gemein-verständliche Studien über monistische Philosophie;* Norderstedt (2009)

Hawking, S. W.: *Particle creation by black holes;* Comm. Math. Phys. 43 (1975) 199-220

Heisenberg, Werner: *Quantentheorie und Philosophie;* Reclam, Stuttgart (2008), S. 43

Herbert, Nick: *Quantenrealität. Jenseits der neuen Physik;* Birkhäuser, Basel (1987)

Hey, Tony u. Walters, Patrick: *Das Quantenuniversum;* Spektrum (1998)

Hofstadter, Douglas R. & Dennet, Daniel C.: *Einsicht ins Ich. Fantasien und Reflexionen über Selbst und Seele;* Klett-Cotta, Stuttgart (1986)

Kanitscheider, Bernulf: *Kosmologie;* Reclam (1991)

Küng, Hans: *Der Anfang aller Dinge: Naturwissenschaft und Religion;* Piper (2005)

Law, Stephen: *Philosophie;* Dorling Kindersley, München (2008)

Lazlo, Ervin: *Holos die Welt der neuen Wissenschaften;* Via Nova (2002)

Monod J (1970) Zufall und Notwendigkeit. R. Piper Verlag München 1971, ISBN 3-492 01913-7

Neumann von J (1991) Die Rechenmaschine und das Gehirn. R. Oldenbourg Verlag München, ISBN 3-486-45226-6

Penrose R (1995) Schatten des Geistes. Wege zu einer neuen Physik des Bewusstseins. Spektrum, Heidelberg/Berlin/Oxford ISBN 3-86025-260-7

Penrose, R.: *The Emperor's New Mind.* Oxford University Press, Oxford (1989; Deutsch: *Computerdenken;* Spektrum, Heidelberg (1991)

Prigogine I (1980) Dialog mit der Natur. R Piper Verlag München 1990, ISBN 3-492-11181-5

Rae, Alastair I.M.: *Quantenphysik: Illusion oder Realität;* Reclam, Stuttgart (1996)

Schlichting HJ (2000) Von der Energieentwertung zur Entropie. Praxis der Naturwissenschaften/ Physik 49(2): 7-11

Schrenck-Notzing, Dr. A. Freiherrn von u. Sedlacek, Klaus-Dieter: *Die Natur Psycho-Physikalischer Phänomene. Erforschung telekinetischer Vorgänge;* Norderstedt (2009)

Schrödinger (1989) Was ist Leben? R. Piper GmbH & Co. KG München 1987, ISBN 3-492-11134-3

Sedlacek, Klaus-Dieter: *Äquivalenz von Information und Energie. Auf der Suche nach den Grundbausteinen der Welt;* Norderstedt (2009)

Sedlacek, Klaus-Dieter: *Supervereinigung. Wie aus nichts alles entsteht. Ansatz einer großen einheitlichen Feldtheorie;* Norderstedt (2010)

Sedlacek, Klaus-Dieter: *Synthetisches Bewusstsein. Wie Bewusstsein funktioniert und Roboter damit ausgestattet werden können;* Norderstedt (2011)

Sedlacek, Klaus-Dieter: *Unsterbliches Bewusstsein. Raumzeit-Phänomene, Beweise und Visionen;* Norderstedt (2008)

Sedlacek, Klaus-Dieter: *Der Widerhall des Urknalls;* Norderstedt (2012)

Sedlacek, Klaus-Dieter: *Leben nach dem Leben. Die Befreiung des Bewusstseins von den Fesseln der Zeit;* Norderstedt (2016)

Shannon CE, A Mathematical Theory of Information. In: Bell System Technical Journal. Short Hills N.J. 27.1948, (Juli, Oktober): S. 379–423, 623–656 ISSN 0005-8580

Sharov, Alexander S. u. Novikov, Igor D.: *Edwin Hubble. Der Mann, der den Urknall entdeckte;* Birkhäuser, Basel (1994)

Sperling, Jan: *Untersuchung von H/D-Isotopeneffekten bei der elektrolytischen Wasserspaltung im Hinblick auf eine mögliche Quantenkorrelation;* Dissertation, FU Berlin (1999)

Szilard, Leo: *Über die Entropieverminderung in einem thermodynamischen System bei Eingriffen intelligenter Wesen;* In: Zeitschrift für Physik 1929; 53: 840-856

Tipler, Paul A. Und Mosca, Gene: *Physik für Wissenschaftler und Ingenieure;* 6. Auflage, Spektrum (2009)

Verweyen, J.M.: *Naturphilosophie;* Teubner, Leipzig (1915)

Volkmann, Paul: *Erkenntnistheoretische Grundzüge der Naturwissenschaften;* Teubner, Leipzig (1910)

von Weizsäcker, Carl Friedrich: *Aufbau der Physik;* Hanser, München (1985)

von Weizsäcker, Carl Friedrich: *Die Einheit der Natur;* Hanser, München (1971), S. 269

Wilber, Ken: *Naturwissenschaft und Religion. Die Versöhnung von Wissen und Weisheit;* Fischer, Frankfurt (2010)

Wrobel N, Sedlacek KD (2014) *Leben aus Quantenstaub*. Books on Demand Norderstedt, ISBN 978-3-7357-2412-0

Wrobel N, Sedlacek KD (2014) *Quantenbewusstsein*. Books on Demand Norderstedt, ISBN 978-3-7386-0013-1

Wrobel N, Sedlacek KD (2015), *Was ist Krankheit? Quanteneffekte in der Medizin*. Books on Demand, Norderstedt, ISBN 978-3-7347-9263-2

Zeilinger, Anton: *Einsteins Spuk: Teleportation und weitere Mysterien der Quantenphysik;* Goldmann, München (2007)

Literatur: Die Biochemie und die Entdeckung der Enzyme

Donald Voet et al.: Lehrbuch der Biochemie. Wiley-VCH, 2002, ISBN 3-527-30519-X

Jeremy M. Berg, Lubert Stryer et al.: Biochemie. 5. Auflage. Spektrum Akademischer Verlag, 2003, ISBN 3-8274-1303-6, Online Version, Volltextsuche (englisch)

Manfred Schartl, Manfred Gessler, Arnold von Eckardstein: Biochemie und Molekularbiologie des Menschen. 1. Auflage. Elsevier: München 2009. ISBN 978-3-437-43690-1

Philipp Christen, Rolf Jaussi: Biochemie. Eine Einführung mit 40 Lerneinheiten. Springer-Verlag, 2005, ISBN 3-540-21164-0

Florian Horn et al.: Biochemie des Menschen – Das Lehrbuch für das Medizinstudium. 3., vollst. überarb. u. erw. Aufl. Thieme, Stuttgart, 2005, ISBN 3-13-130883-4

Graeme K. Hunter: Vital Forces. The discovery of the molecular basis of life. Academic Press, London 2000, ISBN 0-12-361811-8 (englisch)

Joachim Rassow, Karin Hauser, Roland Netzker, Rainer Deutzmann: Biochemie. Georg Thieme Verlag, 2006, ISBN 3-13-125351-7

David L. Nelson & Michael M. Cox: Lehnin-ger Biochemie. Springer, 4. vollständig überarbeitete & erweiterte Auflage, korrigierter Nachdruck 2011. [Übersetzung der 5. amerikanischen Auflage]. ISBN 978-3-540-68637-8

David L. Nelson & Michael M. Cox: Lehninger Principles of Biochemistry. W. H. Freeman, 6th International Edition 2013. ISBN 978-1-4641-0962-1

Peter C. Heinrich et al.: Löffler/Petrides: Biochemie und Pathobiochemie. Springer, 9. vollständig überarbeitete Auflage 2014. ISBN 978-3-642-17971-6 (Print); ISBN 978-3-642-17972-3 (eBook)

Literatur: Lebewesen

Hans-Joachim Flechtner: Grundbegriffe der Kybernetik – eine Einführung. Wissenschaftliche VerlagsGesellschaft, Stuttgart 1970.

Anna Maria Hennen: Die Gestalt der Lebewesen. Versuch einer Erklärung im Sinne der aristotelischscholastischen Philosophie. Königshausen & Neumann, Würzburg 2000, ISBN 3-8260-1800-1.

Sven P. Thoms: Ursprung des Lebens. FischerTaschenbuch-Verlag, Frankfurt 2005, ISBN 3-596-16128-2.

Günther Witzany: Natur der Sprache – Sprache der Natur. Sprachpragmatische Philosophie der Biologie. Königshausen & Neumann, Würzburg 1993, ISBN 978-3-88479-827-0.

Literatur: Das Bewusstseinsproblem

Alva Noë: Du bist nicht Dein Gehirn. Eine radikale Philosophie des Bewusstseins. Piper Verlag, München 2010, ISBN 978-3-492-05349-5.

Antonio Damasio: Der Spinoza-Effekt. Wie Gefühle unser Leben bestimmen. List, Berlin 2005, ISBN 3-548-60494-3.

Daniel C. Dennett: Spielarten des Geistes. Goldmann 2001, ISBN 3-442-15111-2.

Dietrich Dörner: Bauplan für eine Seele. Rowohlt, Reinbek 2001, ISBN 3-499-61193-7.

Gerald M. Edelman, Giulio Tononi: Gehirn und Geist. Wie aus Materie Bewusstsein entsteht. Beck, München 2002, ISBN 3-406-48836-6.

Gerald M. Edelman: Das Licht des Geistes. Wie Bewusstsein entsteht. Rowohlt, Reinbek 2007, ISBN 978-3-499-62113-0.

David R. Hawkins, Die Ebenen des Bewusstseins. VAK, Kirchzarten 2006, ISBN 3-932098-02-1.

Julian Jaynes: Der Ursprung des Bewußtseins durch den Zusammenbruch der bikameralen Psyche. Rowohlt, Reinbek 1988, ISBN 3-498-03320-4 (TB 1993 rororo Sachbuch 9529 ISBN 978-3-499-19529-7; nicht seitenkonkordanter Scan des Gesamttextes hier (PDF; 2,4 MB) – Engl. Originalausgabe 1976, seit 1990 mit ausführl. Nachwort, seit 2000 auch als A Mariner Book ISBN 978-0-618-05707-8).

Michio Kaku: Die Physik des Bewusstseins – Über die Zukunft des Geistes, Rowohlt, Reinbek 2014, ISBN 978-3-498-03569-3

Christof Koch: Bewusstsein – ein neurobiologisches Rätsel. Spektrum Akademischer Verlag, 2005, ISBN 3-8274-1578-0.

Christof Koch: Bewusstsein – Bekenntnisse eines Hirnforschers. Springer Spektrum, 2013, ISBN 978-3-642-34770-2.

Benjamin Libet: Mind Time. Wie das Gehirn Bewusstsein produziert. Suhrkamp, Frankfurt 2005, ISBN 3-518-58427-8 und 2007 als TB stw 1834 ISBN 978-3-518-29434-5.

Stephen Pinker: Wie das Denken im Kopf entsteht. Büchergilde Gutenberg, Frankfurt 1999, ISBN 3-463-40341-2.

K. R. Popper, John C. Eccles: Das Ich und sein Gehirn. Piper, 2008, ISBN 978-3-492-21096-6.

Gerhard Roth: Das Gehirn und seine Wirklichkeit. Kognitive Neurobiologie und ihre philosophischen Konsequenzen. Suhrkamp, Frankfurt 1994, 5. überarb. Aufl 1996, seit 1997 seitenident.TB-Ausg. stw 28875-7.

Dominik Perler, Markus Wild (Hrsg.): Der Geist der Tiere. Philosophische Texte zu einer aktuellen Diskussion. Suhrkamp, Frankfurt 2005 (stw 1741) ISBN 978-3-518-29341-6.

Literatur: Der Blick in die biologische Zelle

May-Britt Becker, Armin Zülch, Peter Gruss: Von der undifferenzierten Zelle zum komplexen Organismus: Konzepte der Ontogenie. In: Biologie in unserer Zeit. Bd. 31, Nr. 2, 2001, ISSN 0045-205X, S. 88– 97.

David S. Goodsell: Wie Zellen funktionieren. Wirtschaft und Produktion in der molekularen Welt. 2. Auflage. Spektrum, Akademischer Verlag, Heidelberg 2010, ISBN 978-3-8274-2453-2.

Friedrich Marks: Datenverarbeitung durch Proteinnetzwerke: Das Gehirn der Zelle. In: Biologie in unserer Zeit. Bd. 34, Nr. 3, 2004, S. 159–168.

Sabine Schmitz: Der Experimentator. Zellkultur. Elsevier, Spektrum, Akademischer Verlag, München 2007, ISBN 978-3-8274-1564-6.

Sven P. Thoms: Ursprung des Lebens (= Fischer 16128 Fischer-kompakt). Fischer, Frankfurt am Main 2005, ISBN 3-596-16128-2.

Joachim Ude, Michael Koch: Die Zelle. Atlas der Ultrastruktur. 3. Auflage. Spektrum, Akademischer Verlag, Heidelberg u. a. 2002, ISBN 3-8274-1173-4.

Klaus Werner Wolf, Konrad Joachim Böhm: Organisation von Mikrotubuli in der Zelle. In: Biologie in unserer Zeit. Bd. 27, Nr. 2, 1997, S. 87–95.

Literatur: Diverse Interpretationen der Quantenmechanik

David Albert: Quantum Mechanics and Experience. Harvard University Press, Cambridge 1992. (Gut lesbare Einführung mit einfachen Modellen.)

Giorgio Auletta: Foundations and Interpretation of Quantum Theory. World Scientific, Singapore 2000, ISBN 981-02-4039-2. (Umfassende Darstellung der Grundlagen der Quantenmechanik und ihrer Interpretationen.)

K. Baumann und R.U. Sexl (Hrsg.): Die Deutungen der Quantentheorie. 3. überarbeitete Auflage, Vieweg, Braunschweig 1987, ISBN 3-528-08540-1.

Literatur: Die Allgegenwart der Enzyme

Jeremy M. Berg, John L. Tymoczko, Lubert Stryer: Biochemie. 5. Auflage. Spektrum Akademischer Verlag, Heidelberg – Berlin 2003, ISBN 3-8274-1303-6.

David Fell: Understanding the Control of Metabolism. Portland Press Ltd, London 1997, 2003, ISBN 1-85578-047-X.

Alfred Schellenberger (Hrsg.): Enzymkatalyse. Einführung in die Chemie, Biochemie und Technologie der Enzyme. Gustav Fischer Verlag, Jena 1989. ISBN 3-540-18942-4

Donald Voet, Judith G. Voet: Biochemistry. 3. Auflage. John Wiley & Sons Inc., London 2004, ISBN 0-471-39223-5.

Maria-Regina Kula: Enzyme in der Technik, Chemie in unserer Zeit, 14. Jahrg. 1980, Nr. 2, S. 61–70, doi:10.1002/ciuz.19800140205

Brigitte Osterath, Nagaraj Rao, Stephan Lütz, Andreas Liese: Technische Anwendung von Enzymen: Weiße Wäsche und Grüne Chemie. Chemie in unserer Zeit 41(4), S. 324–333 (2007), doi:10.1002/ciuz.200700412

Literatur: Die Bedeutung der Aminosäuren

Harold Hart: Organische Chemie: Ein kurzes Lehrbuch. VCH, 1989, ISBN 3-527-26480-9.

Lubert Stryer: Biochemie. 4. Auflage, Spektrum Akademischer Verlag, 1995, ISBN 3-86025-346-8.

Roland Glaser: Biophysik. 4. Auflage, Gustav Fischer Verlag, 1996, ISBN 3-334-60967-7 (Fischer), ISBN 3-8252-8116-7.

Uwe Meierhenrich: Amino Acids and the Asymmetry of Life. Springer-Verlag, Heidelberg und Berlin 2008, ISBN 978-3-540-76885-2.

Friedrich Lottspeich, Haralabos Zorbas: Bioanalytik. Spektrum Akademischer Verlag, Heidelberg 1998, ISBN 978-3-8274-0041-3.

Hubert Rehm, Thomas Letzel: Der Experimentator: Proteinbiochemie / Proteomics. 6. Auflage, Spektrum Akademischer Verlag, Heidelberg 2009, ISBN 978-3-8274-2312-2.

Literatur: Proteine

Jeremy M. Berg, John L. Tymoczko, Lubert Stryer: Biochemie. 6. Auflage. Spektrum, Heidelberg 2007, ISBN 3-8274-1800-3.

Friedrich Lottspeich, Haralabos Zorbas: Bioanalytik. Spektrum Akademischer Verlag, Heidelberg 1998, ISBN 978-3-8274-0041-3.

Hubert Rehm, Thomas Letzel: Der Experimentator: Proteinbiochemie / Proteomics. 6. Auflage, Spektrum Akademischer Verlag, Heidelberg 2009, ISBN 978-3-8274-2312-2.

E. Buxbaum: Fundamentals of Protein Structure and Function (englisch), Springer, New York 2007, ISBN 9780387263526.

P. Kaumaya: Protein Engineering, Intech Open, 2012, ISBN 978-953-51-0037-9. (Online Version in Englisch).

Literatur: Glykolyse – ein weiterer Energieerzeugungsmechanismus

Geoffrey Zubay: Biochemie. Mcgraw-Hill Professional. 4. Auflage. 1999, ISBN 3-89028-701-8, S. 293ff.

Donald Voet, Judith G. Voet: Biochemie. Wiley-VCH 1994, ISBN 3-527-29249-7, S. 420ff.

Jeremy M. Berg, John L. Tymoczko, Lubert Stryer: Biochemie. 6 Auflage. Spektrum Akademischer Verlag, Heidelberg 2007, ISBN 978-3-8274-1800-5, S. 486ff.

H. Robert Horton, Laurence A. Moran, K. Gray Scrimgeour, Marc D. Perry, J. David Rawn, Carsten Biele (Übersetzer): Biochemie. 4. aktualisierte Auflage. Pearson Studium, 2008, ISBN 978-3-8273-7312-0, S. 442ff.

Reginald Garrett, Charles M. Grisham: Bioche-mistry. (International Student Edition). 4. Auflage. Cengage Learning Services, 2009, ISBN 978-0-495-11464-2, S. 535–562.

David L. Nelson, Michael M. Cox, Albert L. Leh-ninger (Begr.): Lehninger Biochemie. 4., vollst. überarb. u. erw. Auflage. Springer, Berlin 2009, ISBN 978-3-540-68637-8, S. 607–730.

R. S. Ronimus, H. W. Morgan: Distribution and phylogenies of enzymes of the Embden-Meyerhof-Parnas pathway from archaea and hyperthermophilic bacteria support a gluconeogenic origin of meta-bolism. In: Archaea 1(3) 2003, S. 199–221, PMID 15803666, PMC 2685568 (freier Volltext)

W. C. Plaxton: The organization and regulation of plant glycolysis. In: Annu Rev Plant Physiol Plant Mol Biol. 47 (1996), S. 185–214, PMID 15012287, doi:10.1146/annurev.arplant.47.1.185

T. Dandekar, S. Schuster, B. Snel, M. Huynen, P. Bork: Pathway alignment: application to the compa-rative analysis of glycolytic enzymes. In: Biochem. J.. 343 Pt 1, Oktober 1999, S. 115–24. PMID 10493919. PMC: 1220531 (freier Volltext).

Literatur: Citratzyklus

Reginald Garrett, Charles M. Grisham: Biochemistry. International Student Edition. 4. Aufl. Cenga-ge Learning Service, Australia 2009, ISBN 0-495-11464-2, S. 563ff.

Geoffrey Zubay: Biochemie. 4. Aufl. Mcgraw-Hill International, London 1999, ISBN 3-89028-701-8.

Donald Voet, Judith G. Voet: Biochemie. Wiley-VCH, Weinheim 1994, ISBN 3-527-29249-7.

Jeremy M. Berg, John L. Tymoczko, Lubert Stry-er: Biochemie. 6 Aufl. Spektrum, Heidelberg 2007, ISBN 3-8274-1800-3.

H. Robert Horton, Laurence A. Moran, K. Gray Scrimgeour, Marc D. Perry, J. David Rawn, Carsten Biele (Übers.): Biochemie. 4. Aufl. Pearson Studium, München 2008. ISBN 3-8273-7312-3.

David L. Nelson, Michael M. Cox, Albert L. Lehninger (Begr.): Lehninger Biochemie. 4. Aufl. Springer, Berlin 2009, ISBN 3-540-68637-1.

Literatur: RuBisCO – das häufigste Protein der Erde

Hans W. Heldt und Birgit Piechulla: Pflanzenbiochemie. Spektrum Akademischer Verlag GmbH, 4. Auflage 2008; ISBN 978-3-8274-1961-3; S. 161ff.

Caroline Bowsher, Martin Steer und Alyson Tobin: Plant Biochemistry. Garland Pub 2008; ISBN 978-0-8153-4121-5; S. 97ff.

Tabita, FR. et al. (2008): Distinct form I, II, III, and IV RuBisCO proteins from the three kingdoms of life provide clues about RuBisCO evolution and structure/function relationships. In: J Exp Bot. 59(7); 1515– 1524; PMID 18281717; PDF (freier Volltextzugriff, engl.)

Tabita FR. et al. (2008): Phylogenetic and evolutionary relationships of Ru-BisCO and the RuBisCO-like proteins and the functional lessons provided by diverse molecular forms. In: Philos Trans R Soc Lond B Biol Sci. 363(1504); 2629–2740; PMID 18487131; PMC 2606765 (freier Volltext)

6. Stichwortverzeichnis

7. Textquellen und Autoren

Die Biochemie und die Entdeckung der Enzyme

Quelle: https://de.wikipedia.org/wiki/Biochemie?oldid=153281821 Lizenz: Creative Commons Attribution-Share Alike 3.0. Autoren: Ben-Zin, Magnus Manske, Rho, Schewek, Fristu, Nerd, Thomas~dewiki, Kku, Gnu1742, Aka, Stw, Ahoerstemeier, TomK32, ErikDunsing, Plattmaster, Echoray, Mathias Schindler, GNosis, Sansculotte, Juergen Bode, Rolz-reus, Napa, Hashar, Anathema, Geof, Zwobot, HaeB, Lupino, Karl-Henner, Steffffi, Zumbo, Webkid~ dewiki, Synapse, Adalbert, Hystrix, Nina, Hardenacke, Bertonymus, Martin-vogel, Thiesi, Pinguin.tk, Zbik, DF, Elwe, Unscheinbar, Phfactor, Cepheiden, Tsui, ChristophDemmer, Mogelzahn, Onkelkoeln, FabianL, Melancholie, Magnummandel, Marilyn.hanson, Polarlys, Meister-Lampe, Botteler, Nicor, MBq, AndreasPraefcke, Albe, M.L., Heinte, Cherubino, PDD, Jergen, FlaBot, Gerbil, Achim Raschka, Fah, Schlurcher, Leyo, Mca, FataMorgana, Tolanor, Itti, HV, Mulno, RobotE, Chobot, E.male, Hydro, Dr. Strangelove, Gardini, RobotQuistnix, WikiCare, Bota47, YurikBot, Hermannthomas, Savin 2005, Lilly S., BishkekRocks, MelancholieBot, Schlesinger, Axel.Mauruszat, Eskimbot, Nightflyer, NEUROtiker, PortalBot, Rannallayna, Jü, KocjoBot~dewiki, Michael Sch., Giessauf A, Gpvosbot, DHN-bot~dewiki, Flothi bot, Il Maestro, Feba, Sargoth, Graphikus, Pathomed, FK1954, Spuk968, Thijs!bot, Mr.molecule, Hoffmeier, Kogge, XenonX3, Gleiberg, Escarbot, Physikochemiker, Horst Gräbner, Superzerocool, Tobi B., Engelbaet, JAnDbot, Acetobacter, YourEyesOnly, Erdbeermaeulchen, Morgus, CommonsDelinker, Cvf-ps, Euphoriceyes, Widipedia, SashatoBot, Der Wolf im Wald, Gerakibot, DTeetz, VolkovBot, AlnoktaBOT, TXiKiBoT, Regi51, Hartmuoth, Ronny Michel, JWBE, AlleborgoBot, BotMultichill, SieBot, Entlinkt, Yen Zotto, PipepBot, Pittimann, Chemiewikibm, Christian1985, PRoos, DragonBot, LA2-bot, Matthias M., Mellebga, Origamiemensch, Felix König, Alle wollen Freiheit, Grey Geezer, SilvonenBot, 82squaremetres, H.Marxen, Hoo man, Numbo3-bot, Jüppken, Luckas-bot, Ptbotgourou, Jotterbot, Senbat, Shisha-Tom, Xqbot, Acky69, CactusBot, RibotBOT, Delian, □□□, Jivee Blau, Serols, Mabschaaf, TjBot, EmausBot, Thorin I., ZéroBot, Ottomanisch, Didym, Aendy, Nohome, Huggybear0802, MerllwBot, Xune, Mdphddr, KLBot2, Ghilt, Himbear, Ruoch, 44otto, XRobertX, Toggo232132132, David P Minde, FMP2013, FDMS4, Gubino, Chrilli, Emeldir, Haferflockentüte, Kritzolina, HeicoH, Tippex3000, Museopedia und Anonyme: 120

Die Quantenmechanik des Mikrogeschehens

Quelle: https://de.wikipedia.org/wiki/Quantenmechanik?oldid=146926961 Lizenz: Creative Commons Attribution-Share Alike 3.0. Autoren: Brion VIBBER, Kurt Jansson, Ben-Zin, Magnus Manske, Schewek, Ce, Fristu, Nerd, Saschik32, Christian List, Koethnig, Kku, Media lib, Aka, Stefan Kühn, Ulrich.fuchs, Morken-dewiki, ErikDunsing, Onno, Lotho, Head, Hhoffmann, El, Echoray, Philipp W., Schulzjo, Ce2, Atman Sun, Tsor, Odin, Hubi, Blubbalutsch, Nephelin, Peterlin-dewiki, Fedi, Andim, Hokanomono, GGiesen, Inner.glow, Srbauer, Zwobot, Ernstl, D, Wirbelmann, Gorgo, Nikai, Wolfgangbeyer, Mw, Stern, Karl-Henner, Backtrieb, Doc Sleeve, MikeTheGuru, Zhost, Alexander.stohr, Shannon, G, Cali-gulaminus, Okorf, Jkrieger, Suspekt, SteffenB-dewiki, Stechlin, Webkid-dewiki, MOrph, Ulrich Rosemeyer, Bergi, Feliz, Sinn, Peter200, Voyager, Hystrix, Delok, Evolux, Nina, Jan G, °, Martin-vogel, Hoehue, Aloiswuest, P. Birken, Rybak, MAK, CWitte, Gerhardvalentin, Kvlado80, Philipendula, Matthy, Max Plenert, Andizo, Zivilverteidigung, Ri st, Patrick.kursawe, Cepheiden, ChristophDemmer, Darian, Mogelzahn, Kam Solusar, TNolte, Pjacobi, Onkelkoeln, Proxima, Wissen, Juesch, Joni2, BWBot, Zylinder, Botteler, Traitor, Shepard, Qcomp, BLueFiSH.as, Hob Gadling, Rax, Pelz, AndreasPraefcke, René Schwarz, Allen McC., Horgner, PDD, Superplus, He3nry, Jergen, Batrox, Martin Rasmussen, FlaBot, Saperaud, M0m0, Dtrx, Jodo, Pegasus2, Achim Raschka, Albedo-dewiki, Frustraniti, Boemmels, Gerd Breitenbach, Mandavi, Leyo, RedBot, AF666, Redecke, Gerlach, Bur, Mst, DL5MDA, Ellywa, Hgroetz, Floriang, Günther, Yahp, Ca$e, Spawn Avatar, Docmo, Pediadeep, Dodo von den Bergen, FritzG, Wikipediaphil, JuTa, RKBot, Laurascudder, Steinwolf, MovGPO, Detlef Lindenthal, Lycidas, KaiMartin, Florian Adler, Tilde, Amtiss, W!B:, Tinz, Saehrimnir, Chobot, BuSchu, Ponte, Ephraim33, Fabolu, JFKCom, Nobart, Hydro, Mef.ellingen, Ulm, W313g, Rtc, RobotQuistnix, Te, Bota47, UserOIOlOlOlOl, Skygazer, QWemer, YurikBot, Kko, StefanPohl, Tod, Amanol, Gamma, Arnero, Jan Schreiber, L3nnox, Peymanpi, Gerd W. Zinke, SebastianSchmidt, JCS, Suiluj, Bel-sazar, Mijanima, Eskimbot, Friedrichheinz, Nost, Phantom, Aegon, Schiefesfragezeichen, Thogo, DerHerrMigo, MaikHH, Victor Eremita, Reseka, DHN-bot-dewiki, Logograph, UvM, Mfb, Heinzelmann, Porto-dewiki, Cjesch, Mosmas, Hei ber, Kölscher Pitter, DIS, Prandr, WortUmBruch, Thorp, D-Kuru, BesondereUmstaende, Kreuzberger, PaulPanther, Möchtegern, Rufus46, Spuk968, Leyki, Thijs!bot, YMS, FBE2005, Massimo Macconi, Physikochemiker, Johanna R., Horst Gräbner, Gustav von Aschenbach, Pfanny, Weissenburg, Muck31, Petra Pokomy, JAnDbot, Herbertweidner, Nanotrix, Big Boss, H.Grob, GF Hund, Sebbot, Ben-Oni, Frankee 67, Orci, Cspan64, Septembermorgen, CommonsDelinker, Zipferlak, Caynan, Kuebi, Numbo3, Don Magnifico, Bot-Schafter, Anony, L&K-Bot, Knoerz, Bleckneuhaus, Mwaka72, DodekBot, Gravitophoton, Pitbullen, TXiKiBoT, Was du glaubst ist wahr, Zwikki, Lexischemen, DaMafia, Regi51, Claude J, Peer Sm., Synthebot, AlleborgoBot, OecherAlemanne, Markl92, Atompilz, Grenzdebiler, Stephan Kulla, YonaBot, SieBot, Crazyl880, Kochmc, Loveless, Engie, Aktionsbot, Albtalkourtaki, Pittimann, Global667, Chemiewikibm, Christianl985, Schuermann, DragonBot, Telli, Steak, Kein Einstein, FranzR, Alexbot, FerdiBf, Agash C, Pyrrhocorax, Sprachpfleger, LinkFA-Bot, Luckas-bot, KamikazeBot, Jot-terbot, Laufe42, GrouchoBot, Krd, Das Kollektiv, Canaimo, Shisha-Tom, Prokhor, Xqbot, Jkbw, GiftBot, Pneumatiker, Howwi, Wnme, Physiosoziologicus, Pfieffer Latsch, Geierkrächz, Almabot, Acky69, Ernsts, Frakturfreund, Quartl, BKSlink, Heiße Hummel, Nanahara, Quintero, Balliballi, ???, Augenstemchen, Jivee Blau, MorbZ-Bot, Quanteneule, Meier99, Toni am See, Corrigo, Mabschaaf, Martinl978, Ripchip Bot, EmausBot, Debenben, Sukarnobhumibol, A.Giacometti, RonMeier, Tarboler, WikitanvirBot, ChuispastonBot, Bin im Garten, Liuthar, CocuBot, Polyextremophiler, Krdbot, Paul White-dewiki, MerllwBot, Rob S. Pierre, HilberTraum, Tapetis, Derschueler, Fridoo, Mmbot, Richard Lenzen, Gleiten, Dexbot, Steinsplitter, MarRho, MacuserIO, Svocud, Iwesb, Muruj, Emeldir, Agricolax, Theostoelzl, ApolloWissen, Jan.kiethe, Schnabeltassentier, Wissenschaftskenner, EdelschrOtt und Anonyme: 308

Lebewesen

Quelle: https://de.wikipedia.org/wiki/Lebewesen?oldid=151323412 Lizenz: Creative Commons Attribution-Share Alike 3.0. Autoren: Ben-Zin, Elian, Schewek, Jed, Gnu1742, Aka, Krtschil, Fritz, Schoebu, GNosis, PyBot, Franz Xaver, PatriceNeff, Glenn, Denis Barthel, Crux, Tsor, Matthäus Wander, Seewolf, Robodoc, Christopher, SirJective, Asthma, Aglarech, Hashar, Hati, Paddy, Zwobot, Kai11, Wolfgang1018, Eckhart Wörner, MichaelDiederich, Wiegels, Pandaemonium, Nocturne, Terabyte, Sinn, Peter200, Haplochromis, Hystrix, Nina, Hardenacke, Brudersohn, °, Bertonymus, Martin-vogel, Mnh, Ot, Aloiswuest, Ahellwig, SnowCrash, Gerhardvalentin, Seefahrt, Anneke Wolf, Tigerente, Unscheinbar, Koerpertraining, PhilToleranz, Chrisfrenzel, Darian, Uwe Gille, DasBee, Divisor, HAL Neuntausend, S.K., Liberatus, Raphael Kirchner, Calculus, BWBot, Botteler, Margaux, Netzrack.N, Lordus, BLueFiSH.as, Martin Bahmann, Bierdimpfl, Udo T., Birger Fricke, Heinte, Diba, Tom- CatX, ConBot, Jergen, Factumquintus, Dietmar13, FlaBot, Gerbil, A.Rhein, Blaumaler, Achim Raschka, Allander, DD 04, Stefan Hintz, RedBot, Taadma, Hoggemeister, Windharp, DL5MDA, Sir.toby, Gunther, Zaphiro, Bachsau, Density, Dodo von den Bergen, Achates, Sae1962, Kursch, Suit, RobotE, Amtiss, W!B:, Maieronfire, Ra'ike, Thomas M., Saehrimnir, Wirthi, Chobot, Ephraim33, Hydro, Pajz, RobotQuistnix, Elvaube, Bota47, Androl, Rolf29, Savin 2005, Gamma, DerHexer, WAH, MelancholieBot, Augiasstallputzer, Eskimbot, Asw-hamburg, PortalBot, Jü, Griensteidl, Shadak, Queryzo, Cxxl, Wissling, Victor Eremita, Sabine0111, Speifensender, Mfb, Kuemmi, Flothi bot, Manuel Krüger-Krusche, An-d, Trg, Lzs, Gancho, Kölscher Pitter, Leo Michels, FelixP, HardDisk, Lipstar, BJ Axel, Oberfoerster, Christoph.H, Tönjes, Erdhummel, Armin P., Zaibatsu, Roo1812, Möchtegern, Hoffmeier, Megatherium, FBE2005, Leider, Ulsimitsuki, Escarbot, Horst Gräbner, PhJ, JAnDbot, YourEyesOnly, ComillaBot, Wolfgang Deppert, W like wiki, Duden-Dödel, Bildungsbürger, Niteshift, Kuebi, Ticketautomat, Wonkoderverstaendige, Ies~dewiki, Muscari, Abavus, Bleckneuhaus, Hic et nunc, SashatoBot, Klapper, Complex, VolkovBot, Maschinchen, AlnoktaBOT,

Tischbeinahe, TXiKiBoT, Zwikki, Aibot, Ireas, Quilbert, RLJ, Rei-bot, Regi51, Bücherwürmlein, Duschgeldrache2, Synthebot, Tobias1983, AlleborgoBot, YonaBot, PolarBot, SieBot, Prof. Holzfäller, Entlinkt, Geaster, W.Borchert, Loveless, Fetter Ekelbert, Kibert, Singsangsung, Eulenspiegel1, Zenit, Nikkis, Avoided, KnopfBot, PipepBot, Pittimann, Björn Bornhöft, DragonBot, LA2-bot, Cymothoa exigua, Grey Geezer, SilvonenBot, Toter Alter Mann, Schotterebene, Mimin~dewiki, CarsracBot, Fili85, Louperibot, Philipp Wetzlar, PeterSpiegelmann, Luckas-bot, GrouchoBot, Berita, Biopauker, Xqbot, ArthurBot, Verita, Mottentanz, Geierkrächz, Suhadi Sadono, De rien, Wirama, Jivee Blau, D'ohBot, AaronEmi, MD Wagner, TobeBot, Wurmkraut, Vogelfreund, Helium4, Perhelion, DerGraueWolf, Martin1978, EmausBot, Sokonbud, Jugrü, RonMeier, Dilidarium, Georg.Frch, RoesslerP, Iste Praetor, Toytoy~dewiki, Relie86, AvocatoBot, Ghilt, BuschBohne, Derschueler, Himbear, Schwunkel, Makecat-bot, Halbmastwurf, Lektor w, Peter Stotz, Astrofreund, Diopuld, Biologe 2, Schneckal4677, Melanie Riedel, Geo-Science-International und Anonyme: 160

Das Bewusstseinsproblem

Quelle: https://de.wikipedia.org/wiki/Bewusstsein?oldid=153340650 Lizenz: Creative Commons Attribution-Share Alike 3.0.Autoren: Wst, Magnus Manske, Alex Anlicker, Rho, Elian, Schewek, Kku, JakobVoss, Media lib, Zeno Gantner, AlexR, Jed, Aka, Ulrich.fuchs, Tric, TomK32, Hafenbar, ErikDunsing, Irmgard, Head, El, Echoray, Ninahotzenplotz, Dishayloo, Mathias Schindler, Crux, Devnull, Seewolf, Robodoc, ChristophLanger, HenrikHolke, Asthma, Tzeh, Christian2003, Koren, Zwobot, D, Necrophorus, HaeB, JensG, Wolfgangbeyer, ArtMechanic, Stern, Karl-Henner, Jpp, HaSee, Shannon, Manny, Stechlin, RokerHRO, Asdert, Luhmannius, Terabyte, Synapse, Hans-Joachim Heyer, Henning.Schröder, Dnaber, Wheelz, MFM, Steschke, John Eff, Mnh, Gerhardvalentin, SiriusB, TheK, Bhuck, Togo~dewiki, Thomas G. Graf, Philipendula, Esperantisto, Ri st, Ureinwohner, Michail, Conny, ChristophDemmer, Kam Solusar, JD, HAL Neuntausend, Ninety Mile Beach, Bello~dewiki, Cartaphilus, Raphael Kirchner, Juesch, Ochatelain, Boggie, Polarlys, Onsemeliot, Sabata, Botteler, Atreiju, Tuxman, Panchito, AndreasPraefcke, Schwalbe, J.Ammon, Heinte, Allen McC., ConBot, EZ, He3nry, C.Löser, Jergen, Robot Monk, Sparti, Hajo Keffer, FlaBot, Gerbil, Codc, Dtrx, Hubertl, Jörg Knappen, Bonzo~dewiki, Achim Raschka, Malteser.de, Alexander Maier, FlorianKonnertz, Heeeey, Mbdortmund, Sava, Pladdin, Taadma, AF666, Lycopithecus, David Ludwig, Clemensfranz, Kolja21, Ellywa, Heanz, Ca$e, Spawn Avatar, Thetawave, Lueggu, PaulaK, Zaphiro, Ricky59, Kursch, Michael Kümmling, Florian Adler, Speravir, Mauro.bieg, Purodha, Cami de Son Duc, W!B:, Thomas M., Felix Stember, Markus Mueller, Ephraim33, Luha, Hansolo, Klaus C. Niebuhr, Rtc, ParaDox, Trickstar, €pa, Paddel, Androl, ChristianBier, Smsenff, Andy king50, Olag, Gerpos, Perennis, Durga, Bijick, Belsazar, Archiv, Bernd vdB, Schwall, Tangos, Jördis Alex, Laska~dewiki, Don Quichote, LKD, Besserwisserhochdrei, Mudd1, CHK, Jahn Henne, ThePeter, Wissling, Victor Eremita, PirateGeorge, Marcel601, Mfb, Mäcy Spool, Trg, Rfc, Felistoria, Gancho, K4ktus, Sauerteig, MagicRabbit, HansSch, Pendulin, Doudo, Karsten11, Andreas 06, Leumar01, RitaC, Armin P., As0607, Semper, Spuk968, Fischkopp, Richterks, Voalli, Hablu, Trespass, Eick Sternhagen, Cholo Aleman, Arno Matthias, Horst Gräbner, Gustav von Aschenbach, Kunstfaehler, JAnDbot, Wega14, Kickof, Wolfgang Deppert, Aktionsheld, =, Lounge7, H.Albatros, Bildungsbürger, CommonsDelinker, Testtube, Olynth, Christian Storm, Herbert Lehner, Expeditor, Complex, Campan43, Michileo, Zwikki, Til Lydis, Getüm, Regi51, OecherAlemanne, Angemeldeter Benutzer, Atompilz, PolarBot, Gottlobpreiswert, Kibert, Engie, HermesCom, Punktor, Tabbelio, KnopfBot, Aktionsbot, Chaoticneuron, Umherirrender, ADK, Emdee, Jesi, Tusculum, Anwalt, Ju52, Manbu, Tolentino, Zulu55, Se4598, Citrin, LA2-bot, Ambross07, Science4u, Inkowik, Ingo-Wolf Kittel, Peter adamicka, Stephan polatzek, Schulpädagoge, Goiken, Johnny Controletti, Hans-Werner34, Cestoda, Onkel74, Oneworld~dewiki, Kroschka Ru, Obersachsebot, Xqbot, Bodo Sperling, Astralkörper, Omnipaedista, MerlLinkBot, Grindinger, Wnme, Croq, 24karamea, Achim Dieter Zielo, Zero Thrust, Jivee Blau, MorbZ-Bot, SusannKrumpen, Mabschaaf, Jo.Fruechtnicht, Sntinapo, JamesP, Hahnenkleer, Sokonbud, Mces1989, Nachx, Anhezu, Sukarnobhumibol, RonMeier, DerSalamander, Deglibeise, Werner Hofmann, Nirakka, In dubio pro dubio, Taxoman, WPCommons, Widerborst, KLBot2, Wiki13, Mat11001, Boshomi, Walmei, Oduander, 1323skopf, Discordion, FrauAva89, Richard Lenzen, IDSN, Rosanick, MPK, Wikiwau, Anna-Liese, Limarodessa, Kaiwelp, Dexbot, Friedrich peer seitz, Temmytammy, Rmcharb, Hkwm rls, Turnstange, Metaflow, PaulPuhmann, Judo870, Saidmann, Schnabeltassentier, Heebi, Philbert81, D. U. K. Neumann und Anonyme: 236

Der Blick in die biologische Zelle

Quelle: https://de.wikipedia.org/wiki/Zelle_(Biologie)?oldid=153583055 Lizenz: Creative Commons Attribution-Share Alike 3.0. Autoren: Wst, Magnus Manske, LA2, Kpjas, Andre Engels, Kku, Straktur, Media lib, Gnu1742, Aka, Stefan Kühn, Ulrich.fuchs, Hafenbar, Suisui, El, Markobr, GNosis, Nd, Denis Barthel, Crux, Robodoc, Fabiane, HenrikHolke, Balû, Aglarech, Vyasa, Romanm, Zwobot, D, HaeB, Velten de, Robbot, Jpp, APPER, Rdb, Pandaemonium, Zumbo, Renato Caniatti~dewiki, Zinnmann, MichiK, Taraxacum, PhilippWeissenbacher, Soebe, Burgkirsch, Mijobe, Synapse, Sinn, Peter200, Vic Fontaine, Nina, Hardenacke, Sicherlich, Brudersohn, Bertonymus, Ot, MAK, Gerhardvalentin, Benji, Philipendula, Tigerente, AHZ, Jannemann, Conny, Pcgod, Uwe Gille, DasBee, Cairimba, To old, VeronikaM, Wissen, Joni2, Magnummandel, PBolbrinker, Botteler, Mikano, BLueFiSH.as, Zaungast, Robbatt, Pelz, Albe, Kliv, M.L, Ikiwaner, Thorbjoern, Heinte, Wisi, Diba, PDD, He3nry, C.Löser, Jergen, Martin Rasmussen, FlaBot, Gerbil, Xantares, AkaBot, Hubertl, Binter, Mandavi, Stefan Hintz, Biobertus, Leyo, Mca, Gpvos, Itti, Dilerius, MsChaos, Sepia, UW, Millbart, FritzG, Kleinweber, Kursch, Gelegentlicher Besucher, Bernardissimo, AlB, Palica, Multi-AC, Wolf-Dieter, Olei, Arma, Sechmet, Aragorn05, Nepenthes, Regiomontanus, Wirthi, Chobot, 2000, JFKCom, Nobart, Hydro, Gardini, RobotQuistnix, Nockel12, Tsca.bot, Nightchiller, Mätes, Ercas, YurikBot, Xocolatl, ChristianBier, Andante, Savin 2005, Winkelmann, LeonardoRob0t, Sproink, Saibo, Sallynase, DerHexer, WAH, Arist0s, Schlesinger, Eskimbot, Fullhouse, PortalBot, LKD, Oxymoron83, Lonewalker, Lichtenauer, Keilern, WPview, Logograph, Moorteufel, Ulz, Dassler, An-d, Uka, Stefan Knauf, Ayacop, Luziferase, Carol.Christiansen, Fritzbruno, Granuse, Church of emacs, Tönjes, Graphikus, Qforce, Phil41, Armin P., MarianSigler, JXN, Zaibatsu, Roo1812, Echinotrix, Spuk968, Mindestens, Thijs!bot, Hoffmeier, Manuel Heinemann, Nagy, El., Escarbot, Ben Ben, Horst Gräbner, PhJ, Tobi B., Muck31, Dietzel65, Dandelo, JAnDbot, Nicolas G., PassPort, YourEyesOnly, .anacondabot, Aktionsheld, Botanikvogt, Nolispanmo, Septembermorgen, Redlinux, Giftmischer, Bernhard Wallisch, Bot-Schafter, Jay1980, Daniel 1992, Sooty~dewiki, SashatoBot, Complex, VolkovBot, P UdK, AlnoktaBOT, Jussty, TXiKiBoT, Dottore E., Zwikki, Thorsten.alge, Regi51, Janurah, Hannes Röst, Idioma-bot, Synthebot, JWBE, Die Barkarole, AlleborgoBot, ChrisHamburg, Färber, BotMultichill, SieBot, Blunt., Kai0815, Der.Traeumer, Kibert, Alauda, Engie, Oceancetaceen, Byrialbot, OKBot, Nikkis, Snoopy1964, Tc80, ADK, Marzival, PipepBot, Alnilam, Vanita, Torwartfehler, Pittimann, Mkessels, Fortuna999, TRobert, DragonBot, Woches, Matthias M., Cymothoa exigua, Flo 1, Inkowik, DumZiBoT, Guandalug, DerM, Cartinal, Grey Geezer, Brackenheim, KCMO, LinkFA-Bot, Schoxxer, Johnny Controletti, Numbo3-bot, Luckas-bot, Ptbotgourou, Nallimbot, GrouchoBot, Small Axe, Biopauker, Xqbot, Iogos82, ArthurBot, Howwi, Wnme, MastiBot, Geierkrächz, RibotBOT, BKSlink, LucienBOT, Jivee Blau, HRoestBot, D'ohBot, □ □ □, MorbZ-Bot, Serols, Susanne und Stefanie, Rubblesby, Corrigo, TobeBot, Schnupf, Baird's Tapir, TjBot, Martin1978, Slammingr, EmausBot, Sokonbud, Nicht vorhanden, Ul1-82-2, ZéroBot, Prüm, Busssard, CSp1980, BPatG BOAR, WikitanvirBot, Randolph33, ChuispastonBot, Wiesebohm, Iste Praetor, LolaHanna, Hephaion, MerllwBot, Minihaa, Maspi11, Mortalmoth, Ghilt, Himbear, Dexbot, Joël157, XRobertX, Freddy2001, Rmcharb, Holmium, Abrixas2, Diopuld, Biologe 2, Schnabeltassentier, Unfugsbeseitiger, SüdWest, Centenier, EineSensationBahntSichAn, FNDE, 123456789qwertzuiopü, Kunibor und Anonyme: 470

Fotosynthese – Motor biogeochemischer Kreisläufe

Quelle: https://de.wikipedia.org/wiki/Fotosynthese?oldid=153413138 Lizenz: Creative Commons Attribution-Share Alike 3.0. Autoren: Ben-Zin, Kku, DaB., Aka, Beyer, Steffen, Yehu, Markobr, GNosis, Tsor, Seewolf, Christopher, Elya, Traroth, Ziko, Maha, HenrikGebauer, Dominik~dewiki, Raymond, Juergen Bode, Pikarl, TheIgel69, Hokanomono, Balû, Schusch, Hashar, Migas, Hati, Zwobot, Kai11, D, Wolfgang1018, Necrophorus, HaeB, Sigune, Stern, Robbot, Karl-Henner, Umehlig, WolfgangS, Anton, Berthold Werner, Wiegels, Boehm, Superbass, Zinnmann, Soebe, Perrak, Mike Krüger, Synapse, Jonathan Hornung, Jan eissfeldt, Justy, Axl0506, Sinn, Peter200, Trublu, Swing, Brummfuss, Nina, Hardenacke, Brudersohn, Martin-vogel, C.lingg, Mnh, Ot, Vagabund, Aloiswuest, Solid State, Gerhardvalentin, Pischdi, Togo~dewiki, Anneke Wolf, Bdk, Kubrick, Philipendula, Carstor, Ri st, Michail, Conny,

Cepheiden, Uwe Gille, Chepry, DasBee, Kam Solusar, Onkelkoeln, Wissen, Juesch, Magnummandel, Fhherfurth, Marilyn.hanson, Botteler, Steppe, Da ola, Nicor, Dapete, ElRaki, Moguntiner, FischX, Martin Bahmann, Pixelfire, Zaungast, Seb.froh, AndreasPraefcke, M.L, Thorbjoern, Gum'Mib'Aer, Heinte, Martinl, Diba, Splayn, Gustavf, Zahnstein, PDD, He3nry, C.Löser, Olaf Studt, Jergen, Miki~dewiki, FlaBot, Gerbil, Codc, Emes, Gesichtsgünther, Hubertl, LeCornichon, Bernd Bergmann, Achim Raschka, FelixReimann, BMK, Czeko, Stefan Hintz, Lanzi, Daferdi, Leyo, HdEATH, RedBot, Atamari, Nematocera, RalfEichler, Georg-Johann, Littl, Gpvos, MsChaos, Zaphiro, Instantbio, FriedhelmW, Schweikhardt, UW, Millbart, Wahldresdner, I-user, Normalo, Alkibiades, Kursch, XChaos~dewiki, Florian Adler, Jo-Jo, Olei, MiMa, Georg Slickers, Purodha, Fkoch, W!B:, T.christi, Ra'ike, Saehrimnir, Sypholux, STBR, Tksali, JFKCom, TAXman, Hydro, Ulm, Guffi, RobotQuistnix, Xocolatl, Hermannthomas, Savin 2005, Juergen861, Wiki-Fan, LeonardoRob0t, Andy king50, Gerd Fahrenhorst, Chlorobium, Frank C. Müller, Vanillairmabochumexpress, Sallynase, DerHexer, WAH, Schlesinger, Mo4jolo, Revvar, Asw-hamburg, MutluMan, Justus Nussbaum, Helmut Guttenberger, Bärlach, Tomreplay, Holder, Michael Martin, Bodenseemann, LKD, Oxymoron83, Jü, Chlewbot, Manecke, Griensteidl, BillTür, FMoeckel, DHN-bot~dewiki, Logograph, Timo.Scheffler, Andrew-k, Kasiwai, MrsMyer, Klitsch, Ayacop, Felistoria, Rainer Lippert, Flying sheep, Geist, der stets verneint, Lipstar, CBeebop, Sandra Burger, Fritzbruno, Mitternacht, Jt-h2o, Church of emacs, Tönjes, Beek100, RitaC, Cramunhao, Phil41, Armin P., Xato, And3k, Roo1812, Rufus46, Spuk968, Thijs!bot, HubiB, Micha S, Hoffmeier, Kogge, S.Didam, Lefcant, Richterks, Bergsee, Cholo Aleman, Escarbot, Horst Gräbner, Gustav von Aschenbach, PhJ, Sr. F, Rokwe, Dietzel65, JAnDbot, Herbertweidner, Schlafsack, YourEyesOnly, Kuhlo, ComillaBot, Supermartl, Botanikvogt, Callipides, Nas007, Orci, KleinKlio, Septembermorgen, Enzyklofant, Zwei- Bein, Kuebi, DerAnalyst, Numbo3, Giftmischer, Blaufisch, Muscari, Bernhard Wallisch, ABF, Totenmontag, Stemke, Zollernalb, Cvf-ps, Axolotl Nr.733, RacoonyRE, Hallo12, SashatoBot, DodekBot, Complex, VolkovBot, TheWolf, Gravitophoton, DorganBot, Osmium, AlnoktaBOT, TXiKiBoT, La Corona, Ireas, Regi51, Eschenmoser, Arcantael, Bücherwürmlein, Idioma-bot, Qman232, Synthebot, JWBE, AlleborgoBot, OecherAlemanne, ChrisHamburg, Krawi, Stephan Kulla, SieBot, Abrakadabra, Entlinkt, Norby~dewiki, Niesen, Der kleine grüne Schornstein, Der.Traeumer, Biggerj1, Nanokras, Kaneiderdaniel, Engie, Boronian, Florian77, Nikkis, Tolliver, Snoopy1964, Nisibaer, Yikrazuul, Jbo166, MPrucha, Succu, Alnilam, Biggxxen, Pittimann, Haircutter, Björn Bornhöft, Chemiewikibm, ToePeu.bot, Se4598, Emergency doc, Der ohne Benutzername, DragonBot, Estirabot, Matthias M., Wivoelke, Cymothoa exigua, Holtzhammer, Alexbot, Flo 1, Florian Weber-alt, Berlicke-Berlocke, Inkowik, Xeph, FerdiBf, Ejka, Wissenschaftsking, Phantasialand fan, Grey Geezer, Hoffi08, Hardcoreraveman, Wickey-nl, C3r4, LinkFA-Bot, Cestoda, Philipp Wehofer, Paramecium, Numbo3-bot, Chesk, Cäsium137Bot, Marscher, Philipp Wetzlar, Luckas-bot, Anton Sevarius, Pluto611, Shisha-Tom, Philipp.b, Xqbot, ArthurBot, Lambada, Howwi, Jojokrebs, Dreisam, Tilo.atlas, CactusBot, RibotBOT, BKSlink, Rr2000, Andreas aus Hamburg in Berlin, Aigurn, Qniemiec, LucienBOT, Wirama, □□□, Saimondo, Jivee Blau, HRoestBot, D'ohBot, Serols, Baertierchen, TobeBot, Mabschaaf, JamesP, OsGr, Zeit ist unendlich, TumtraH- PumA, DerGraueWolf, Christian Augustin, JustMyThoughts, EmausBot, Vorrauslöscher, JackieBot, WikitanvirBot, ChuispastonBot, Andras.II, Krdbot, Nix schlecht, Andol, KLBot2, AvocatoBot, Ohrnwuzler, Ghilt, Minsbot, Sidious1987, Mauerquadrant, Lukas[23], Valkmor, Tn4196, JYBot, Dexbot, Sturmjäger, GeorgDerReisende, Abrixas2, Filterkaffee, Jungn8242, *thing goes, Natsu Dragoneel, Biologe 2, HeicoH, Unfugsbeseitiger, Centenier, Postfachannabella, Proffesorthrhtd, Cockschelleatweb, Spannungsquelle und Anonyme: 584

Die Allgegenwart der Enzyme

Quelle: https://de.wikipedia.org/wiki/Enzym?oldid=153578818 Lizenz: Creative Commons Attribution-Share Alike 3.0. Autoren: Ben-Zin, Maveric149, Magnus Manske, Unukorno, Nerd, Thomas~dewiki, Jed, Aka, Stefan Kühn, Mikue, Head, Dishayloo, Reinhard Kraasch, Katharina, Seewolf, Christopher, Sansculotte, Dominik~ dewiki, Juergen Bode, Andrsvoss, Migas, Romanm, Paddy, Zwobot, D, Kiker99, Southpark, Robbot, Karl-Henner, Manfred Roth, Wiegels, APPER, Lennert B, Nerdi, Boehm, SteffenB~dewiki, Tim Pritlove, MarkusZi, Burgkirsch, Synapse, Peter200, Voyager, Chb, Phrood, Geos, Hystrix, Nina, Hardenacke, Acf, Bertonymus, Martin-vogel, Joh3.16, Mnh, Ot, Cads, Thiesi, Solid State, Pinguin.tk, Woodpecker~ dewiki, Gerhardvalentin, TheK, Schubbay, Philipendula, Viruzz, Gorwin, Zivilverteidigung, Ri st, Michail, Tobias Bergemann, Conny, Ilion, Uwe Gille, Igrimm12, Kam Solusar, Adornix, HAL Neuntausend, Krtek76, To old, Dundak, Melancholie, Wissen, Marilyn. hanson, Zwoenitzer, Zaxxon, BWBot, Jonathan Groß, Polarlys, Botteler, Nicor, Leithian, MBq, Martin Bahmann, Bubo bubo, Roland1952, Albe, Gum'Mib'Aer, Diba, Carbidfischer, Rohieb, Jergen, Jailbird, FlaBot, Gerbil, Saperaud, Sir, Neubi, Hubertl, Wizzar, Le- Cornichon, StGSteve, Achim Raschka, Nk, Liberal Freemason, BMK, Stefan Hintz, Daferdi, Leyo, RedBot, Volty, Anhi, Steinbach, 790, Wilhans, Windharp, O.Koslowski, FataMorgana, Ellywa, SuperFLoh, Gpvos, Itti, MsChaos, PaulaK, Instantbio, WikiNick, Haruspex, Density, JuTa, Muck, Kursch, CUbrA, Bernardissimo, Speravir, Olei, Andreas Werle, JAN.R, Purodha, DanM, Alfred Grudszus, Suirenn, Dr. Strangelove, Ulm, EsLin, Gardini, RobotQuistnix, Bota47, Tsca.bot, YurikBot, ChristianBier, Gelack, TimBärrel, Löschfix, Shizhao, Video2005, BishkekRocks, DerHexer, Abigail, ThomasHofmann, SpBot, Eskimbot, Liberaler Humanist, Kaisersoft, Wikitom2, Nightflyer, Matzematik, NEUROtiker, PortalBot, AxelvE, LKD, Jü, Chlewbot, Griensteidl, Mons Maenalus, Bjb, Centipede, DHN-bot~dewiki, Logograph, Invisigoth67, Ayacop, Gancho, Luziferase, Doudo, Jockl1979, Roland.chem, Klaus Frisch, Cinh, Lämpel, Roo1812, Spuk968, Thijs!bot, Lechhansl, Linksfuss, El., Gleiberg, Escarbot, Horst Gräbner, Superzerocool, Siebzehnwolkenfrei, Gohnarch, Dandelo, JAnDbot, Nicolas G., Knopfkind, Oliver S.Y., Mardil, D.., YourEyesOnly, Sebbot, Haascht, Supermartl, Orci, Kuebi, Numbo3, Bernhard Wallisch, Bot-Schafter, Zollernalb, Diwas, BK-Master, Euphoriceyes, Bierlaufkönig, Klapper, Gerold Broser, Gerakibot, DTeetz, VolkovBot, TXi- KiBoT, Babyface90, Regi51, Eschenmoser, Boonekamp, Idioma-bot, Synthebot, JWBE, ChrisHamburg, Krawi, BotMultichill, SieBot, Karol007, DaBot, Der.Traeumer, Nfreaker91, Engie, OKBot, Nikkis, Maximilian Wolf, Snoopy1964, Avoided, Jesi, PipepBot, VsBot, Pittimann, Konya42, Lucioa, Se4598, Kuriwa, HexaChord, Matthias M., Daisy1620, Kein Einstein, Alexbot, Inkowik, Fish-guts, Grey Geezer, SilvonenBot, Sprachpfleger, Anka Friedrich, Thomas Glintzer, LinkFA-Bot, Achim Raschka (Nawaro), Johnny Controletti, LaaknorBot, Paramecium, Informatik, Numbo3- bot, Philipp Wetzlar, Lascorz, MystBot, Luckas-bot, Null Drei Null, Jotterbot, GrouchoBot, Small Axe, Hurin Thalion, Xqbot, Jkbw, GiftBot, DSisyphBot, Howwi, Wnme, WissensDürster, MastiBot, Geierkrächz, CactusBot, Ribot- BOT, Bert.Kilanowski, BKSlink, Jo Bot, LucienBOT, Jogo30, Jivee Blau, HRoestBot, Serols, Susanne und Stefanie, Rubblesby, TobeBot, DixonDBot, Mabschaaf, Rilegator, Martin1978, EmausBot, Deeroy, Sokonbud, Didym, Xayax, WikitanvirBot, Randolph33, ChuispastonBot, Ph9694, Iste Praetor, Hephaion, Römert, Mikered, Oguenther, Hkoeln, Ohrnwuzler, Ghilt, NeoDot, WishmasterIQ16, Himbear, Hybridbus, SchwarzerKater(BLN), LordOider, Dexbot, □□□, Bene*, Holmium, EssexGirl, Iwesb, Emeldir, *thing goes, Xtiger11, Christiansen, Carol, Giletteabdi, Geo- Science-International, ChemPro, 98w7r9hasf und Anonyme: 304

Die Bedeutung der Aminosäuren

Quelle: https://de.wikipedia.org/wiki/Aminos%C3%A4uren?oldid=153263566 Lizenz: Creative Commons Attribution-Share Alike 3.0. Autoren: Kurt Jansson, Magnus Manske, Unukorno, Schewek, Andre Engels, Nerd, Kku, Cymacs, JakobVoss, Media lib, Zeno Gantner, Gnu1742, Aka, Stefan Kühn, Extrawurst, TomK32, Plattmaster, Echoray, Mathias Schindler, Gandalf~dewiki, Herrick, Joachimrang, ApeBot, Juergen Bode, Fedi, Elrond, Schusch, GDK, Hati, Zwobot, D, HaeB, Kiker99, TorstenWill, Mm1, Hadhuey, Southpark, PeerBr, Pm, Prolineserver, Jpp, Wiegels, Cstinner, Lode, Pietz, MarkusZi, Sinn, Peter200, Seudberg, StYxXx, Hystrix, Nina, Hardenacke, Martin-vogel, Barny22, KaerF, Speleo3, Aloiswuest, Thiesi, Nyfferet, Pinguin.tk, Makaveli, Cornischong, MAK, Gerhardvalentin, Wiki-observer, Van Flamm, Geierunited, Zoelomat, Zivilverteidigung, Cepheiden, DarkSaga, DasBee, Cairimba, HAL Neuntausend, Krtek76, Onkelkoeln, Sipalius, Dundak, Stepwiz, Wissen, BWBot, Polarlys, Botteler, DerSchim, ElRaki, Atomos, Bierdimpfl, Zaungast, Roland1952, Rax, Albe, Nornen3, Diba, Gegenwind, Urayn, Andrest, Blockp, He3nry, Olaf Studt, Batrox, Martin Rasmussen, FlaBot, Gerbil, Codc, Jodo, Hubertl, LeCornichon, Sponk, -jha-, Boemmels, Marathi, Chris^2, Leyo, RedBot, Talaris, Redecke, Horas, Kallculator, Gewa13, Ellywa, Itti, El Fahno, Haruspex, Skee, FritzG, Satohm, Jsiegmann, Hansbaer, Florian Adler, Olei, RobotE, Chobot, Felix Stember, Ephraim33, Alfred Grudszus, Suirenn, Teachi, RobotQuistnix, Bota47, YurikBot, Winkelmann, Masegand, Saibo, DerHexer, MelancholieBot, Kantor.JH, Eskimbot, Friedrichheinz, Streifengrasmaus, Dr Nibbles, Nightflyer, NEUROtiker, PortalBot, Jü,

F.Bulla, DaSch, Griensteidl, DHN-bot~dewiki, Grandy02, McBayne, Harry8, Monochromata, Invisigoth67, Ayacop, Tschäfer, Dschanz, Wadi, DuMonde, Bangin, Segelflieger, Christian Bodenstein, Nemissimo, Hauke Laging, Stefanski, Furfur, BesondereUmstaende, Armin P., Roland.chem, Roo1812, Spuk968, Thijs!bot, San José, Dr.cueppers, Hoffmeier, Germit, Cholo Aleman, Escarbot, Horst Gräbner, RupertD., Dandelo, JAnDbot, Gen Suisse, Miebner, MSprotte62, YourEyesOnly, TARBOT, Baumfreund-FFM, Orci, Xanthus, Markus Prokott, Bildungsbürger, Gerhard wien, Kuebi, Numbo3, Primus von Quack, Muellerb, Don Magnifico, ABF, Jagaloisl, Zollernalb, Cvf-ps, Dp99, Asashina, SashatoBot, Complex, Gerakibot, VolkovBot, Gravitophoton, AlnoktaBOT, Steffen84, TXiKiBoT, Rei-bot, Regi51, Claude J, Spid, Eschenmoser, Hannes Röst, 5gon12eder, JWBE, AlleborgoBot, SieBot, Kibert, Biggerj1, Aleks-ger, Engie, Buteo, Trustable, Avoided, Jesi, Apde, 7gscheitester, Alnilam, Pittimann, Björn Bornhöft, Se4598, LA2-bot, Matthias M., Steak, FranzR, Ewald.H, Inkowik, Urdenbacher, Grey Geezer, Tmv23, SilvonenBot, Wikidienst, Brackenheim, Badlydrawnboy22, LinkFA-Bot, Johnny Controletti, LaaknorBot, Reilinger, SpillingBot, Informatik, AwOc, Zorrobot, Rapober, Luckas-bot, KamikazeBot, Ptbotgourou, Tigeryoshi, Schniggendiller, Wiki007wiki, Björn Hagemann, Shisha-Tom, Xqbot, FWG, Iogos82, DSisyphBot, Howwi, Antikreationist1, Bmarkert, C holtermann, MerlLinkBot, Grindinger, Wnme, Andoria, Almabot, RibotBOT, Josse, Collo83, Chopperkilo, □□□, HRoestBot, Serols, Susanne und Stefanie, TobeBot, Dr. Angelika Rosenberger, Mabschaaf, Gaussianer, Martin1978, EmausBot, Sokonbud, Januar255, NonScolae, PieRat, Silewe, TuHan-Bot, WikitanvirBot, Randolph33, Fix 1998, CannabisEnte, SanFran Farmer, Kanutinchen, Hatüey, Herr von Quack und zu Bornhöft, Langano2, Römert, MerlIwBot, JaneUrban, Minihaa, Geoyo, KLBot2, Oguenther, AvicBot, Ghilt, Hybridbus, Radiojunkie, Dexbot, □□□, Melleiklinchen, Psychostimulans, Chrilli, Abrixas2, *thing goes, Quent~dewiki, Schnabeltassentier, Misslong, Summer ... hier!, Centenier, CastelloButler, Chemgraph und Anonyme: 298

Segensreiche Wirkungen am Beispiel der L-Arginin - Aminosäure

Quelle: https://de.wikipedia.org/wiki/Arginin?oldid=153645318 Lizenz: Creative Commons Attribution-Share Alike 3.0. Autoren: Aka, ErikDunsing, El, Mathias Schindler, Gandalf~ dewiki, Katharina, Crux, Juergen Bode, Fedi, Hokanomono, Balû, Schusch, Hoffmann.th, Zwobot, Wolfgang1018, Necrophorus, Sigune, Rjh, Rrdd, Edgehold, MichaelHaeckel, Soebe, Hystrix, Ot, Pinguin.tk, MAK, Van Flamm, Mow-Cow, Pjacobi, Redf0x, Ickle, BWBot, Polarlys, Libelle63, Botteler, ElRaki, Bierdimpfl, C.Löser, Victor--H, FlaBot, Codc, Geiserich77, Leyo, TekkenTec, Wilhans, Ellywa, Skee, Wampenseppl, Chemiker, Jsiegmann, Florian Adler, RobotE, Drahreg01, Ephraim33, Suirenn, Ulm, RobotQuistnix, WIKImaniac, Tsca.bot, Euku, YurikBot, Andante, Savin 2005, Ruhle, Augiasstallputzer, Revvar, NEUROtiker, PortalBot, Jü, Triple5, Mons Maenalus, Lictuel, Logograph, HorstTitus, Franz Richter, Ayacop, Dinah, Doudo, FK1954, Ingosp, Spuk968, Thijs!bot, Farino, Gleiberg, Escarbot, Horst Gräbner, Gohnarch, YourEyesOnly, Derjochenmeyer, Marc Gabriel Schmid, Orci, Markus Prokott, Septembermorgen, Kuebi, Cvf-ps, VolkovBot, TXiKiBoT, Ireas, Kgersemi, Eschenmoser, JWBE, Krawi, BotMultichill, SieBot, Prof. Holzfäller, Loveless, BuschBot, Oceancetaceen, Lexdigi, Smarter~dewiki, Yikrazuul, PipepBot, Alnilam, Benff, Vatiche, Stiflers Mum, Alexbot, Desade, Ithunn, Hadibe, Zorrobot, Sahra1, Amirobot, Luckas-bot, KamikazeBot, Nallimbot, GrouchoBot, Yonidebot, Xqbot, ArthurBot, CactusBot, Spinnat, □□□, MinaerBa AU, JMaul, HRoestBot, D'ohBot, Hystereser, Mabschaaf, JamesP, Ripchip Bot, Ankid, RonMeier, Wikitanvir- Bot, Bin im Garten, MeissnerVolker, Iste Praetor, Krdbot, EberBot, Nachokaese, KLBot2, Frze, Leo144~dewiki, Ghilt, Himbear, Kris Becker, Werddemer, Timbasket, Chemgraph, Guido Hollstein, AsapBo und Anonyme: 75

Proteine

Quelle: https://de.wikipedia.org/wiki/Protein?oldid=153494566 Lizenz: Creative Commons Attribution-Share Alike 3.0. Autoren: Ben-Zin, Tim~dewiki, RobertLechner, Schewek, Andre Engels, Fristu, Pit, Nerd, Thomas~dewiki, Kku, Media lib, AlexR, Fruge~dewiki, Aka, Tabacha, Ahoerstemeier, Mikue, Mathias Schindler, Arved, Plasmagunman, Tsor, Matthäus Wander, Thomasgl, Seewolf, Christopher, Odin, Itta, Remi-de, Zwobot, D, Ninjamask, Karl- Henner, RichiH, M schnei, Umehlig, Skriptor, Jpp, Jörny, Stefan64, Rdb, Boehm, Nocturne, Soebe, Miriel, Mrpurple, Synapse, Sinn, Peter200, Helmut.E.Meyer, TheFinalLoser, Hystrix, Nina, Bertonymus, Martin-vogel, Fspade, Mnh, Tilman Berger, VerwaisterArtikel, Thiesi, Nyfferet, Solid State, Pinguin.tk, MAK, Gerhardvalentin, Gauss, Backwahn, Philipendula, Thanatos, Unscheinbar, Koerpertraining, NiTenIchiRyu, Hansjörg, Ckeen, Uwe Gille, DasBee, King, LivingShadow, HAL Neuntausend, Tobi S, Proxima, Dundak, Magnummandel, Abdull, Polarlys, Botteler, Dashel, A-giâu, Nicor, 217, Sunnyman, Ixitixel, Bierdimpfl, Roffle, Albe, Espoo, TheRealPlextor, Thorbjoern, Spooner, Diba, Kopoltra, PDD, He3nry, Joho345, NoJ, Froggy, Martin Rasmussen, FlaBot, Gerbil, Hubertl, Boemmels, Geiserich77, Flibbo, Chris^2, Makromic, Issesso, O.Koslowski, Scooter, Gpvos, Dirk123456, Itti, Peter Steinberg, Grochim, Iowausa, UW, Rsteinkampf, JuTa, Skicu, Gelegentlicher Besucher, Zipblitz~dewiki, Margay, JAN.R, RobotE, Nepenthes, Saehrimnir, Tilla, Rainyx, Chobot, Neumeier, Felix Stember, Franzenstein, RoswithaC, Ulm, Hank van Helvete, Gardini, RobotQuistnix, Bota47, Tsca.bot, Lassowski, Yurik- Bot, Androl, Jacerel, Savin 2005, Löschfix, Didaktor, DerHexer, WAH, Dark-Immortal, Revolus, EvaK, Hans.kern, Kantor.JH, Eskimbot, Revvar, GeorgHH, Streifengrasmaus, Rico MD, LKD, Earwig23, Jü, Chlewbot, Manecke, DHN-bot~dewiki, Henning Blatt, MatteX, Etc. gamma, Stefan Knauf, Ayacop, Statler, Doudo, Tönjes, Graphikus, Erdhummel, Morgenstar, Cramunhao, Armin P., Rufus46, Spuk968, Thijs!bot, Zickzack, Summ, Hoffmeier, XenonX3, El., Gleiberg, Delete, Cholo Aleman, Escarbot, Horst Gräbner, Gustav von Aschenbach, Superzerocool, JaMi, JAnDbot, Knopfkind, Acetobacter, Channy8, YourEyesOnly, Wikipartikel, Anmoll, Sebbot, IqRS, Duden-Dödel, Nolispanmo, Bkmzde, Orci, IP-Adresse, AHC-Cornu, Physikant, Kuebi, Zollernalb, Cvf-ps, Daniel 1992, Euphoriceyes, RacoonyRE, SashatoBot, Der Wolf im Wald, VolkovBot, Ippi, DorganBot, AlnoktaBOT, Snahlemmuh, TXiKiBoT, Aibot, Mathematique, Regi51, Fischy, Jonesey, Spid, Eschenmoser, Bücherwürmlein, Accotto, Hannes Röst, Idioma-bot, CeGe, Tobias1983, S!ska, AlleborgoBot, Chris- Hamburg, Christo4711, Krawi, YonaBot, SieBot, Prof. Holzfäller, Yoky, Der.Traeumer, Kibert, Aleks-ger, Coatilex, Engie, TheVi, Pit van Dick, Snoopy1964, Avoided, Florian Gerlach (Nawaro), Jesi, Alnilam, Torwartfehler, Sümpf, Pittimann, Björn Bornhöft, Chemiewikibm, Se4598, DragonBot, Matthias M., ESaNin, Guinsoo, Morphopos, Cymothoa exigua, Alexbot, Probleme?, Inkowik, Dominik Egloff, Felix König, Guandalug, Ejka, BodhisattvaBot, Grey Geezer, SilvonenBot, HostaMadosta, LinkFA-Bot, Achim Raschka (Nawaro), CarsracBot, Azidian, Informatik, Numbo3-bot, Zorrobot, Lascorz, Luckas-bot, Jotterbot, Billinghurst, GrouchoBot, Small Axe, WOBE3333, Xqbot, Iogos82, Jkbw, GiftBot, Lambada, HanaLikesWiki, Christian140, Howwi, C holtermann, Pentachlorphenol, Wnme, Geierkrächz, Almabot, XDDRobin, CactusBot, MrmcX, RibotBOT, GhalyBot, Karlssohn, □□□, Kopiersperre, Jivee Blau, HRoestBot, MorbZ-Bot, Mike C., Serols, Timk70, Corrigo, TobeBot, Baird's Tapir, Wurmkraut, Mabschaaf, Fred77, OsGr, Fstoerkle, Razamb, Morre.meyer, Atzeratze, R*elation, DanielGutenberg, Hahnenkleer, Uwe Dedering, EmausBot, Sokonbud, Lanzen06, HiW-Bot, Rabax63, Mainpage, Nescius, WikitanvirBot, Randolph33, Milad A380, Bullk, Krib, Tamica, MerlIwBot, Mikered, Tubeshelp, Oguenther, Ohrnwuzler, Juncensis, Ghilt, Eiweissmann, Lt. Commander Data, Loimo, Radiojunkie, Dexbot, Steinsplitter, Kris Becker, David P Minde, Axelgriewel, Suriyaa Kudo, Vains, Luke081515, Astrofreund, Iwesb, Abrixas2, Nothingserious, Natsu Dragoneel, Wale cool Oh Ja, Biologe 2, HeicoH, Schnabeltassentier, Summer ... hier!, Lutzclaudiusreuss, Centenier, Arsery7, Michael Milch, Gerhard2000, BenlaxerAh, FNDE und Anonyme: 367

Glykolyse – ein weiterer Energieerzeugungsmechanismus

Quelle: https://de.wikipedia.org/wiki/Glykolyse?oldid=153154459 Lizenz: Creative Commons Attribution-Share Alike 3.0. Autoren: Magnus Manske, Nerd, Kku, Aka, Katharina, Christopher, Juergen Bode, Andim, Andrsvoss, Zwobot, UHelmich, SBS~dewiki, Michael.chlistalla, Jpp, Wiegels, Stefan64, Edgehold, Nocturne, MarkusZi, Sinn, Hystrix, Nina, Brudersohn, Martin-vogel, Thiesi, MAK, Rhodutorula, C-M, Forbfruit, Iridos, ChristophDemmer, Uwe Gille, Kam Solusar, Onkelkoeln, Ickle, Fhherfurth, Thoken, Gardengrove~dewiki, Albe, Heinte, PAPPL, Jailbird, FlaBot, Vux, Achim Raschka, Leyo, RedBot, Necrosausage, Nasiruddin, O.Koslowski, Dexterinus, Shoshone, UW, FritzG, Aholtman, Kursch, Otets, Mnolf, TripleD, RobotE, Lennibert, Drahreg01, Alfred Grudszus, Suirenn, Hydro, RobotQuistnix, Patrick Thuemmel, Tsca.bot, Yurik- Bot, LeonardoRob0t, DerHexer, Axel.Mauruszat, Eskimbot, Streifengrasmaus, NEUROtiker, Knightowld, Jü, Triple5, Chlewbot, Ayacop, Dschanz, Jwollbold, Randall~dewiki, PixelBot, BesondereUmstaende, Armin P., Roo1812, Spuk968, Iwon~dewiki, Dr.cueppers, Stauba, Hoffmeier, Linksfuss, Rainald62, Michael Hobi, Gleiberg, Cholo Aleman, Brisbane, Dietzel65, JAnDbot, Morglin, Jürgen Engel, YourEyesOnly, Sebbot, Cyclosa, =, Mme Mim, Orci,

Citratzyklus

Übrige Texte :

– Die idealistischen Grundwerte unserer Kultur. Von Johannes M. Verweyen u. K.-D. Sedlacek (Hrsg.)

BEWUSSTSEIN

– Leben nach dem Leben: Befreiung des Bewusstseins von den Fesseln der Zeit. Von: K.-D. Sedlacek

– Quantenbewusstsein. Von: N. Wrobel u. K.-D. Sedlacek

– Synthetisches Bewusstsein. Von: K.-D. Sedlacek

– Unsterbliches Bewusstsein: Raumzeit-Phänomene, Beweise und Visionen. Von: K.-D. Sedlacek

LEBEN UND MEDIZIN

– Leben aus Quantenstaub. Von: N. Wrobel u. K.-D. Sedlacek,

– Was ist Krankheit? Von: N. Wrobel u. K.-D. Sedlacek

– Bewusstsein und Unsterblichkeit. Von: C. L. Schleich u. K.-D. Sedlacek (Hrsg.)

– Die Lebenskraft: Wie Enzyme, Bewusstsein und quantenbiologische Effekte das Leben regulieren. Von: K.-D. Sedlacek u. N. Wrobel,

– Die verborgene Ordnung des Weltsystems. Neue Erkenntnisse über die schöpferischen Kräfte der Natur. Von: Dr. h. c. Raoul Francé u. K.-D. Sedlacek (Hrsg.)

– Homöopathie und Praxis: Naturheilkundliche alternative Medizin für den mündigen Patienten. Von: Dr. med. J. Voorhoeve u. K.-D. Sedlacek (Hrsg.)

– Eine andere Sicht auf die Entstehung der sporadischen Form der Alzheimerkrankheit. Von Norbert Wrobel u. K.-D. Sedlacek (Hrsg.)

PSYCHOLOGIE

– Gestalt-Psychologie: Einführung in die neue Psychologie vom Begründer der Gestaltpsychologie. Von: Prof. Dr. Kurt Koffka u. K.-D. Sedlacek (Hrsg.)

– Die ersten Spuren psychischer Erscheinungen: Das psychische Leben von Mikroorganismen – Eine Studie in experimenteller Psychologie. Von Alfred Binet u. K.-D. Sedlacek (Übers.)

– Allgemeine moderne Psychologie: Systematische Einführung in die Wissenschaft psychischer Prozesse. Von August Messer u. K.-D. Sedlacek (Hrsg.).

– Strahlende Kräfte durch positives Denken: Die Wurzeln des Erfolgs und Wege zum Glück. Von Emil Peters u. K.-D. Sedlacek (Hrsg.)

BIOLOGIE

– Wie intelligent sind Pflanzen? Sensationelle Einblicke in die geheime Seite des pflanzlichen Wesens. Von Prof. Dr. phil. Adolf Wagner u. K.-D. Sedlacek

– Über Menschenaffen, Tierseele und Menschenseele: Intelligenzprüfungen an Hominiden. Von Wilhelm Bölsche et. al. und K.-D. Sedlacek (Hrsg.)

GESCHICHTE, VOR- U. FRÜHGESCHICHTE

– Die geheimnisvolle Kultur der alten Kelten. Von Druiden, Fürstensitzen und der Lebensart unserer frühgeschichtlichen Vorfahren. Von Georg Grupp u. K.-D. Sedlacek (Hrsg.)

– Der Alchemist Leonhard Thurneysser: Die Lebensgeschichte des Goldmachers von Berlin. Von Klaus-Dieter Sedlacek (Hrsg.)

– Es begann mit Feuerskraft. Das Werden des Menschen und seiner Kultur. Von Carl W. Neumann u. K.-D. Sedlacek (Hrsg.)

– Gefangen zwischen Eisschollen: Die dramatische Entdeckungsgeschichte der Antarktis. Von Klaus-Dieter Sedlacek (Hrsg.)